工程建设管理与环境保护

阙小生　裴承润　张建恪　主编

吉林科学技术出版社

图书在版编目（CIP）数据

工程建设管理与环境保护 / 阙小生，裴承润，张建恪主编 . -- 长春：吉林科学技术出版社，2019.12
ISBN 978-7-5578-6156-8

Ⅰ．①工… Ⅱ．①阙… ②裴… ③张… Ⅲ．①工程项目管理－关系－环境保护－研究 Ⅳ．① F284 ② X

中国版本图书馆 CIP 数据核字（2019）第 232716 号

工程建设管理与环境保护

主　　编	阙小生　裴承润　张建恪
出 版 人	李　梁
责任编辑	端金香
封面设计	刘　华
制　　版	王　朋
开　　本	185mm×260mm
字　　数	390 千字
印　　张	17.5
版　　次	2019 年 12 月第 1 版
印　　次	2019 年 12 月第 1 次印刷
出　　版	吉林科学技术出版社
发　　行	吉林科学技术出版社
地　　址	长春市福祉大路 5788 号出版集团 A 座
邮　　编	130118

发行部电话／传真　0431—81629529　　81629530　　81629531
　　　　　　　　　　81629532　　81629533　　81629534

储运部电话　0431—86059116

编辑部电话　0431—81629517

网　　址	www.jlstp.net
印　　刷	北京宝莲鸿图科技有限公司
书　　号	ISBN 978-7-5578-6156-8
定　　价	70.00 元

编 委 会

主 编
阙小生　国网福建省电力有限公司建设分公司
裴承润　北京市政路桥股份有限公司
张建恪　北京市政路桥股份有限公司

副主编
王　琼
靳昭辉　中煤科工集团北京华宇工程有限公司
侯高峰　安徽省建筑工程质量监督检测站
梁余泉　国网山西供电工程承装有限公司
张世锋　河北省石津灌区管理局

编 委
王　哲　上海山恒生态科技股份有限公司规划设计研究院
曹　伟　中国电器科学研究院股份有限公司
冯子平　广东省东莞市生态环境局麻涌分局
苏小剑　西安市城中村（棚户区）改造办公室建设工程监管中心
马　峰　北讯电信（天津）公司
邹　丹　广东泛达智能工程有限公司
葛晓红　中钢集团邢台机械轧辊有限公司
邢满江　建投承德热电有限责任公司
陈　光　天津市地下铁道集团有限公司
刘　欣　天津市地下铁道集团有限公司

前　言

　　随着工程项目承发包市场日趋多元化，工程建设投资主体日益多样化，现代工程项目规模不断大型化、科技含量逐渐增大。

　　在全球经济一体化的国际背景下，世界各国与地区的经济联系越来越紧密，产业转移和分工合作不断增强，跨国工程项目越来越多，工程项目管理的国际化、全球化成为趋势和潮流。工程项目管理的国际化主要表现在国际间的大型且复杂的工程项目合作日益增多，国际化的专业交流日趋频繁，工程项目管理的专业信息逐渐实现国际共享。这就要求工程项目按照国际惯例进行管理，即依照国际通行的项目管理程序、准则与方法以及统一的文件形式实施管理，使参与项目的各方（不同国家与地区、不同种族、不同文化背景的团体及组织）在项目实施中建立起统一的协调机制，使各国的项目管理方法、文化、理念得到交流与沟通，但同时也使得国际工程项目竞争领域不断扩大，竞争主体日益强大，竞争程度更加尖锐。

　　随着知识经济时代的到来，工程项目管理信息化将成为提高项目管理水平的重要手段和必然趋势。信息技术与网络技术已经成为工程项目管理中极其重要的组成部分，信息技术使工程项目管理的效益大大提高，并促进了工程项目管理的标准化和规范化；网络技术实现了工程项目管理的信息交流、网络化与虚拟化，促进了工程项目管理水平的提高和研究的深入。随着信息技术与网络技术的快速发展更新，必将给工程项目管理带来更多新的发展思路与特点。

目　录

第一章　建筑工程管理概述

第一节　建筑工程管理的重要性及背景

一、建设工程管理的重要性

基本建设是实现全面小康社会，推进新型工业化和保持经济持续、快速、稳定发展的重要保证。只要有建设就必须要有相应的建设工程管理来保证建设目标的顺利实现，因此，建设工程管理在社会主义现代化建设中的作用就不言而喻了。

（一）建设工程管理关系到我国全面建设小康社会的大局

在全面建设小康社会的过程中，全国各地必然会有成千上万个大大小小的建设工程项目上马。这些工程项目的决策是否科学、设计是否合理、质量是否良好及其效率的高低，以及工程目标能否实现等直接决定了工程项目的成败。这些大大小小的建设工程项目是实现全面建设小康社会的硬件条件，而必要的建设工程管理是确保这些工程成功的前提。因此，这就要求必须更加注重工程管理，不断地提高工程管理的水平。

（二）建设工程管理关系到我国新型工业化道路的实现

在我国当前资源瓶颈制约，环境负荷沉重的条件下，要想实现工业化，就必须要走资源节约型、环境友好型，以及能充分显示我国人力资源优势的新型工业化道路。在走新型工业化道路的过程中必然伴随大量企业的扩建、改建工程，加之建筑行业作为资源消耗量巨大、环境污染较重的行业，这就要求我们必须在此过程中充分利用先进的工程管理技术，加强工程管理，确保资源节约、环境友好，同时又要确保工程质量，以实现工程建设目标。因而可以说加强建设工程管理是实现我国新型工业化道路的必要前提。

（三）建设工程管理关系到我国经济的持续、快速、稳定发展

建设工程管理涉及我国各个产业的方方面面，并与这些产业（如房地产业、建筑业、交通运输业等）相结合，创造了极其巨大的价值。从 2002 年至今，建设工程管理相关行业的产值始终占到国内生产总值的 60% 以上，对我国国民经济的发展起着举足轻重的作用。

如果没有建设工程管理的有力保证，这些相关产业的产值将会大打折扣，国民经济的持续稳定发展也将受到严重制约。因此，加强建设工程管理是保证我国经济持续稳定发展的关键。

二、建设工程管理的发展前景

2018 年是中国改革开放 40 周年，随着改革开放步伐的加快，作为最早步入市场经济的中国建筑业取得了令人瞩目的成就，不仅在国民经济中所占比重不断提升，而且支柱产业的支撑作用越来越明显。根据专家研究的结论，建筑业每增加 1 万元的产出，将对国民经济其他行业产生 7345 元的直接生产拉动和 16700 元的间接拉动，间接拉动数值位列国家 42 个经济部门的第 14 位，而建筑业的影响力系数为 1.2317，在 42 个部门中位列第 16 位（房地产影响力系数只有 0.3193，排倒数第一位）。建筑业的固定资产形成总额占到全社会固定资产形成总额的 54%。特别是"十三五"期间，无论是棚户区和城乡危房改造领域，还是海绵城市、城市地下综合管廊、地上地下停车场的建设；无论是加快城镇化进程，还是关系国计民生的各种大型基础设施建设；无论是长江经济带建设，还是粤港澳大湾区建设，都离不开建筑业。在践行"一带一路"倡议方面，建筑业同样是主力军。

改革开放以来，中国建筑业的实力明显增强，对国家经济及改善人民生活的贡献有目共睹，用"成绩辉煌"形容也不为过。笔者对建筑业发展前景进行分析。

（一）从固定资产投资形势角度分析

2017 年全社会固定资产投资 631684 亿元，比上年增长 7.2%，2018 年 1 ~ 9 月份，全国固定资产投资（不含农户）483442 亿元，同比增长 5.4%，其中，民间固定资产投资 301664 亿元，同比增长 8.7%。根据以往发展规律，第四季度无论投资还是建筑业总产值都会有一定幅度上升，何况国家已要求加大国有资金投入，保持经济平稳发展，所以，2018 年投资额不会低于 8% 的增长。由于国家对民营经济发展的大力支持，民间固定资产投资额有望在四季度上升到两位数的增长。

建筑业的发展历来与固定资产投资密切相关，2018 年的投资增长必定为 2019 年建筑业市场带来活力。国家新型城镇化规划提出，我国城市化率到 2020 年达到 60% 左右，根据日本、韩国的发展历程，城市化率达到 70% 以后，建筑业发展会进入拐点。因此，在没达到拐点之前（2017 年全国城市化率为 59%），建筑业发展还是处于与城市化率同步上升的区间，虽然有可能增速放缓，毕竟处于上升阶段。从区域的投资也可以看出，我国东部大中城市的城市化率已经接近日本和韩国的拐点数值，因而 2018 年 1 ~ 9 月东部地区的投资同比仅增长 5.8%，而中部地区的投资增长 9.6%。中国幅员辽阔，发展不平衡的中西部地区城市化率偏低，发展的空间巨大。

2018 年 11 月 18 日，中共中央、国务院出台了《关于建立更加有效的区域协调发展新机制的意见》（以下简称"意见"），意见指出："以北京、天津为中心引领京津冀城市群发展，带动环渤海地区协同发展。以上海为中心引领长三角城市群发展，带动长江经济带发展。以香港、澳门、广州、深圳为中心引领粤港澳大湾区建设，带动珠江—西江经济带创新绿色发展。以重庆、成都、武汉、郑州、西安等为中心，引领成渝、长江中游、中原、关中平原等城市群发展，带动相关板块融合发展。加强'一带一路'建设、京津冀协同发展、长江经济带发展、粤港澳大湾区建设等重大战略的协调对接，推动各区域合作联动"。意见释放出今后固定资产精准投放的信号。2019年建筑市场形势预计好于2018年，但作为建筑企业的市场布局，要紧随国家大的发展战略，及时进行调整和跟进。

（二）从建筑业营商环境改善角度分析

自国办发2017年19号文《关于促进建筑业持续健康发展的意见》进一步明确了建筑业支柱产业的地位后，在中央各有关部门的关心下，建筑业的营商环境逐步得到改善。

1. 最低价中标规定被取消只是时间问题

据悉，财政部对全国两会期间人大代表提出的《关于在政府采购中建立最优品质中标制度的建议》给予了明确答复：将调整最低价优先的交易规则，研究取消最低价中标的规定，取消综合评分法中价格权重的规定，按照高质量发展的工作要求着力推进优质优价采购。财政部2017年87号令就对最低价中标有所遏制，文件规定："明确投标人不能证明其报价合理性的，评标委员会应当将其作为无效投标处理"。这次对人大代表提案的答复更加直截了当，势必会扭转最低价中标盛行的局面，正如建筑行业有识之士说的："最低价中标原则一天不变，行业就很难有什么工匠精神，更不用说树立中国品牌了。某个20年前的鲁班奖项目，由于是最低价中标工程，质量根本经不住时间考验，仅20年就千疮百孔，惨不忍睹，对比一下老祖宗给我们留下的几百年、上千年的建筑，有的甚至还在使用，真让我们这代建筑人汗颜啊。"

所以，尽快取消最低价中标的规定将为全行业带来福音。江苏省于2018年11月22日在全国率先出台了优质优价的文件，根据江苏省住房和城乡建设厅2018年24号公告，对建设工程按质论价，在《江苏省建设工程费用定额》中明确规定了计取方法。其中，工程按质论价费用按国优工程、国优专业工程、省优工程、市优工程、市级优质结构工程五个等次计列，并强调"工程按质论价费用作为不可竞争费，用于创建优质工程；安全文明施工费用中增列扬尘污染防治增加费，该费用为不可竞争费；安全文明施工费用中的省级标化工地增加费按不同星级计列"。这才叫接地气，这才是为施工企业减负做实事。

2. 工程质量甲方负首要责任

住房城乡建设部印发了关于《住房和城乡建设部工程质量安全监管司2018年工作要点》的通知，对涉及工程质量安全的多项内容进行了规定，重点突出：在严格落实各方主体责任中，强化建设单位的首要责任，并且全面落实质量终身责任制；推进工程质量保险制度的建设，通过市场手段倒逼各方主体质量责任的落实；强化事故责任的追究，严格执行对事故责任企业责令停业整顿、降低资质等级或吊销资质证书等处罚规定；推广BIM

等建筑业 10 项新技术。文件不再笼统讲五方责任主体，重申了建设单位负首要责任，并且是终身负责。

3. 招投标"失信"将被严惩

2018 年 3 月 21 日，国家发改委、住房城乡建设部等 24 个部委联合印发《关于对公共资源交易领域严重失信主体开展联合惩戒的备忘录》的通知（发改法规〔2018〕457 号），该通知不仅对投标人的违法行为进行惩戒，同时也明确了对招标人的惩戒，招标人相关责任人（包括招标代理机构）和评标专家出现违法行为，也将受到严惩。这个通知落实到位后，建筑市场上屡见不鲜的陪标、转让中标项目、把中标项目肢解分包转让、投标人向招标人或评委通过行贿谋取中标等乱象将逐步减少。

4. 对于甲供材项目，适用简易计税方法计税

针对建筑市场愈演愈烈"甲供材"现象和施工企业抵扣空间被大幅压缩的情况，财政部和国家税务总局联合发布《关于建筑服务等营改增试点政策的通知》，把原来有关文件规定："一般纳税人为甲供工程提供的建筑服务，可以选择适用简易计税方法计税"里的"可以选择"删除，修改为"适用简易计税方法计税"，这就意味着，原来施工企业与建设单位相比是相对弱势的，双方为交税方式扯皮，现在明确只要建设单位自行采购主材，该项目就按照简易计税方法计税。

5.《建设工程造价鉴定规范》发布

由于过去基建验收程序制度上的缺陷，造成工程质量验收了，但尚未竣工结算，住房销售许可证却发放了，使得施工企业为了结算问题伤透脑筋。由于结算扯皮，甲乙双方对簿公堂的有之，企业因此被拖垮的有之，因工程结算拖延、拖欠工程款而引发农民工工资拖欠的群体事件到年底也时常发生。2018 年 3 月 1 日，住房城乡建设部第 1667 号公告发布了国家标准《建设工程造价鉴定规范》。在中国推行依法治国的今天，建筑业迫切需要这样一部法规。目前，该规范已经在住房城乡建设部门户网站上公开，并且由中国建筑工业出版社出版发行，建设行政主管部门为规范建筑市场做了大好事。

6. 住房城乡建设部为拆除"市场壁垒"再发力

为打破行政性干预，防止市场垄断，严肃查处违规设置市场壁垒、限制建筑企业跨省承揽业务的行为，住房城乡建设部印发《关于开展建筑企业跨省承揽业务监督管理专项检查的通知》，对擅自设置任何审批、备案、告知条件等事项的；对要求外地企业在本地区注册设立独立子公司或分公司的；对强制扣押外地企业和人员的相关证照资料的；对要求外地企业注册所在地住房城乡建设部门或上级主管部门出具相关证明的；对将资质资格作为外地企业进入本地区承揽业务条件的；对以本地区承揽工程业绩、本地区获奖情况作为企业进入本地市场条件的；对规定要求企业法定代表人到场办理入省（市）手续等五花八门的地方保护主义做法进行督查。如果这项工作成为常态，相信会逐步消除跨省跨地区经营企业拓展市场的壁垒。

7. 六省住房城乡建设部门发文，上调人工单价

多年以来，工程定额中的人工工资与市场上实际的人工工资存在严重的倒挂现象，企业按照定额人工的标准，难以招到工人，并且定额人工单价的调整往往也是滞后市场实际很长时间，企业因而在此问题上不得不承受"政策性亏损"。可喜的是，在国家优化营商环境的大背景下，全国已有 6 个省的住房城乡建设部门发文，上调了人工工资单价。

2018 年 9 月 26 日，广西发布公告征求意见，对建筑与装饰工程、市政工程、通用安装工程及园林绿化工程综合定额中人工单价进行调整；2018 年 9 月 30 日，江西省住房城乡建设厅发文，把建筑、市政等综合工日单价从 64 元 / 工日，调整 91 元 / 工日，上调幅度达 42.18%；2018 年 11 月 26 日，河南省建筑工程标准定额站发文，公布了 2018 年下半年的人工价格指数，其中房屋建筑与装饰工程的人工费比上半年上调了 8.2%，公布的抹灰工、镶贴工与装饰木工的人工工资信息单价为 192 元 / 工日；2018 年 11 月 28 日，陕西省以陕建发〔2018〕2019 号文通知，建筑、装饰、市政、园林等综合人工单价从原来的 90 元 / 工日调整为 120 元 / 工日；2018 年 11 月 29 日，山东省住房城乡建设厅发文，把建筑工程、装饰工程、安装工程、市政工程和园林绿化工程的人工综合单价分别调整为 110 元 / 工日、120 元 / 工日、120 元 / 工日、103 元 / 工日和 103 元 / 工日；2018 年 11 月 30 日，四川省建设工程造价总站发文，对 13 个市、州 2009 年版的计价定额进行了修订，人工工资计价普遍上调 6%，成都市区建筑、市政等工程项目人工工资均调到 123 元 / 工日。

随着更多的省份出台类似的上调人工单价的文件，2019 年，施工企业将迎来更多利好消息。

（三）从有关制度改革角度分析

随着改革的不断深入，为企业创造高质量发展的优良环境已经成为共识。为此，笔者提出以下建议。

1. 统计主管部门的建筑业统计制度需改革

建筑行业除了建筑施工以外，还有不少配套门类，如钢结构、金属门窗、装饰幕墙、彩钢板等，这些企业的主要工作包括工厂制作和工地安装两部分，他们需要在建设行政主管部门申请相应的专业资质。当然，这类企业如果发生质量、安全事故，发放资质证书的监管部门肯定是责任主体之一。本着"责权利"一致的原则，这些工厂制作的专业企业完成的产值、利润、税金，理所当然应该属建筑业统计，但是统计部门设置的计算机代码，把建筑业这些专业企业的业绩自动生成在工业门类统计，如此便形成一种怪象：建筑行业为拉长产业链、转型升级做得越多，划到工业门类的就越多，这对建筑业是不公平的，没能客观反映建筑业每年的业绩。特别是在推行装配式建筑如火如荼的今天，装配式作为建筑工业化发展的必然趋势，今后面临统计制度上的尴尬将更加突出。尽管装配式是发展方向，但装配式越发展，建筑业总产值不增反降，都算到工业门类上了，反映建筑业对社会的贡献—利润、税金也必然少了。比如，建一个产业化基地，建筑企业自身投资上亿元，最后统计上不承认是建筑业创造的价值。目前，江苏一个省大大小小 PC 类型的建筑产业化基地（产业园）将近 200 家，如果统计制度不进行配套改革，是无法反映建筑业的实际情况的。

再者，国家建筑业统计方法实行的是"在地统计"或称"属地统计"，也就是说，以省（市）、市、县为行政区域划分，凡是在某一个区域内的项目，不管施工队伍是央企还是地方企业，也不管是当地队伍还是外地队伍，统统进行"在地统计"。这种方法对于国家来说，理论上可以做到"不重、不漏"，对于农业、制造业、服务业等行业都没问题，但是对于建筑业实际上是不适合的，弊端有三个：一是建筑业企业多数是外向型的，你中有我，我中有你，根据"谁施工谁统计"的原则，如果离开当地的项目，干了活儿不能统计，那么就会出现"走出去"施工越多、完成的经济指标越少的笑话；二是外地进入本地的企业完成情况，当地统计部门和住房城乡建设部门都无法掌握，外地企业多以分公司形式存在，不是核算主体，财务报表无法填报；三是建筑企业的流动性大，基本上是项目中标在哪里就在哪里干，干完没新项目衔接就离开，如果按照"在地统计"方法，数据根本统计不上来。企业民营化以后不可能正常安排专职统计人员，央企管理规范，但据说管理成本也是意想不到的大，仅统计工作为完成错综复杂、各条线上的报表，其工作成本占到企业总成本的2‰，如果像社会上流行的"统计，统计，三分统计七分估计"说法，那么这种统计还有什么意义？所以，统计部门要深入到建筑企业进行调研，设计出适合建筑行业的统计报表制度。

2. 税务主管部门针对建筑业的税收政策有待完善

首先，营改增相关政策亟待完善。虽然建筑业增值税由 11% 降了一个百分点变为 10%，貌似负担减轻了，但可以看到主要材料的税率也从 17% 降至 16%，能抵扣的也少了一个百分点，几乎相互抵消，再加上住房城乡建设部文件（建办标〔2016〕4 号）规定的工程造价计价依据中增值税率由 11% 调为 10%，也就是说，对于在此文件出台后新承接工程项目在与建设方结算时，总金额也随着 11% 调为 10% 而下降，施工企业没有因税率下降而受益。"建筑业营改增减税千亿元以上"的说法从逻辑上分析是说不通的，千亿元数量级不是小数字，税收减轻千亿元，那么利润应该相应增加，可是为什么 2017 年建筑业的产值利润率比上年反而下降了？答案显而易见。建筑业是支柱产业，承载着几千万人的就业，并且是货真价实创造社会财富的实体经济，希望有关部门切实给予重视，真正减轻企业负担。

其次，按照国家规划 2020 年装配式建筑占新建建筑的比例要达到 20% 以上。现实中为什么推行难度大？除了一次性投入巨大，一般中小企业根本没有这个资金实力，还有个根本原因是装配式建筑与传统施工相比，每平方米造价成本要高不少。根据规划，未来一到两年内我国装配式建筑将成为一个市场规模达到万亿元的产业，未来 5 年甚至有 10 倍增长空间。面对这样的产业，税务部门能否到装配式基地做个调研，解决一下部品件在车间生产按 17%（现应该是 16%）征增值税，运送到工地安装这些部品件又要征 10% 增值税是不是重复征收的问题。如果是从车间出来卖给别人装配，不存在重复，但目前有条件搞装配式的很多大企业都是下属构件厂（基地）自己生产部品件，自行运送到工地上进行装配。笔者认为，只有从各个环节来降低成本，才能促进装配式建筑蓬勃发展，对于这一点，掌握税收政策的部门应该负起相应的责任。

在此需要强调的是，与世界先进水平相比，我国尚有很大的差距：美国住宅用构件和产品的标准化、系列化、专业化、商品化程度几乎达到100%；法国主要采用的预应力混凝土装配式框架结构体系装配率可达到80%；英国的钢结构建筑、模块化建筑在新建建筑的占比也达70%。中国要在这一领域奋起直追，装配式建筑的成本必须降下来。

关于个调税超出5000元基数部分交税的问题，税务部门也应该作具体分析。大部分农民工月工资都超过5000元，需按规定纳税，但是通常全社会都是按8小时工作制来考虑的，而建筑行业工人的报酬超出5000元部分，百分百都是靠延长劳动时间获取的。建筑工人多数工作10～12小时，甚至14小时，那么月工资超5000元需纳个人所得税，一刀切做法放在建筑行业似乎不尽合理，希望税务部门负责顶层设计的同志深入工地，实事求是破解这一难题。因为建筑行业劳动力短缺，工人干一天就要拿一天钱，根本不考虑交税的因素，超出部分基本上是用工企业代交，如果考虑建筑工人实际工作时长，应该测算个打折的系数来计算建筑工人的纳税基数，建筑企业才能合理合法减轻负担。或对建筑工人以年收入计算税负，这样也合理些，因为工人只有干活才有钱拿，在比较恶劣的雨雪天、雾霾天和北方冰冻天，都是没法在工地干活的，也就没有收入，以年收入来算也许更符合建筑业实际情况。

3. 实行实名制以后，社保政策需进一步完善

建筑行业不同于制造业工人在固定的工厂车间劳动。建筑业的工人是随着项目走的，流动性大，如果社保不能有效流转，那么当工人从甲企业"跳槽"到乙企业，甲企业为其交社保了，由于带不走，乙企业接受这个工人还得为他交社保，这样势必造成企业负担增加，而工人并没有享受到应该享受的保障。

第二节　建设工程管理的发展

漫漫数千年，从昔日秦始皇的万里长城、地下皇陵到被英法联军付之一炬的圆明园，再到现在的三峡水利工程、青藏铁路、北京奥运会主体育场—鸟巢以及国家游泳中心—水立方等，诞生了无数的伟大工程和创造性的建设工程管理实践。建设工程管理的发展积淀了劳动人民数千年的工程智慧，记载和传承着人类的历史和文化，极大地推动了人类社会的文明进步。可以说，我国的灿烂文明乃至人类文明的发展史在一定程度上是一部工程发展史，而工程发展史在一定意义上又是一部建设工程管理史。总体而言，对于我国的建设工程管理史我们大致可以分为古代、近代、现代三个阶段。

一、我国古代建设工程管理的发展

历史虽然留给了我们许多令世人赞叹的奇迹工程，但是由于我国古代劳动人民不注重建设工程管理过程和方法的记载，所以很少有著书立说以传后世的建设工程管理方面的著作。尽管如此，从史书仅有的只言片语之中我们仍能挖掘到许多建设工程管理方面的智慧结晶，而这些宝贵的经验对于解决当今建设工程管理中遇到的问题仍具有借鉴意义。

（一）我国古代建设工程的施工组织及施工目标

我国古代的建设工程一般可以分为民间工程和政府工程两种。在当时生产力水平比较低下的情况下，民间工程的规模比较小，过程也相对简单。一段就是业主设计好之后，雇佣相应的工匠和劳工进行建造，期间的材料与费用以及工程的进度等都是由业主自己掌握控制。这种组织及施工当前在我国农村还是比较常见的，如砖瓦房的结构修建等。

对于政府工程，一般为皇家工程、官府建筑等，它的规模一般比较大，结构较为复杂，而且对工程质量的要求相当严格，同时，涉及的工程费用一般出国库开支，因此它的组织和实施方式有一套独立的运作系统和规则。

我国古代政府工程的施工组织主要涉及三个层次：工官、工匠、民夫。工官是工程指挥音，主要负责原材料的采集，工程质量及进度的监督管理和控制；工匠相当于工程的技术人员，有一定的管理权限但也是劳动者；民夫也就是相当于现在的农民工了，当然当时他们一般是被强制服徭役，跟现在的农民工地位不同罢了。

1. 工官

在我国历史上，自古以来国家就设有建筑工程的管理部门营缮司等，当然更少不了这些部门里的官员。在殷周时代设立"司空""司工"等职位，主要管理官府建造的工程。秦朝时设置"将作少府"，主要管理宫廷和官府的工程建造事务。汉代的时候开始设登"将作大匠"，主要掌管宫廷、城墙、皇家陵墓等工程的计划、设计、组织施工、监督以及竣工验收等工作。隋代的时候开始在朝廷专门设置"工部"，主要掌管全国的土木工程和屯田、水利车、仪仗、军械等各种工作。工部还下设"将作寺"，以"大匠"主管营建。唐代时除了"工部"外，还专门设有"少府监"和"将作"，前者主要负责城池的建造，后者主要是管理其他土木工程。明代的时候在"工部"设置"营缮司"，专门负责朝廷各项工程的建设。清代的时候工官制度更加完善，工官集制定建筑法令、设计规划、募集工匠、采购材料、组织施工、竣工验收职能于一身。而且各州府县还均设有工房，主管营建工作。

2. 工匠

作为专门的技术人员，既负责管理又负责施工，有一定的管理权限，但本质上还是劳动者。

与工官制度一样，我国历朝历代都有一套工匠的管理制度。早期工匠都是被政府用"户籍"登记在册固定下来的。平常的时候大部分工匠一般都是以在家务农为主，靠手艺吃饭为辅。当官府进行工程建设时，就利用权力征调他们。到了清代，工程专业化程度有所提高，工匠的分工也更加细致，出现了如石匠、泥瓦匠、木匠、窑匠等的分工。

3. 民夫

一般通过派徭役的方式征调农民或者城市居民去进行工程建设，在工程中一般做一些粗重活。当然在历史上也有征调囚犯促进行建设施工的，如秦始皇在修建地下皇陵和阿房宫时就征调徒刑者 70 余万人。

（二）我国古代大型工程的施工过程及管理模式

在古代生产力极端落后的情况下，每一项大工程动辄需几万、几十万人参与，如何管理、控制好如此庞大的施工团队，成为工程成功的重要保证。为了保证工程的质量和工期达到预期目标，古人一般采取军事化或者准军事化的管理模式。例如在施工组织方面，当时修筑万里长城时征用全国男劳力 50 万人，加上其他的杂役共约 300 万人，占当时全国男劳力的一半以上。组织规模如此之大的劳动力进行施工，他们采取了一套严格甚至是残酷的组织措施作为保证。据文献和长城碑文记载，当时修筑长城是由各军事辖区的行政长官（一般是皇帝直接派出的郡守、县令）向朝廷上疏，阐明当时当地防卫的具体情况，提出修筑长城的申请，经朝廷同意后再进行组织施工。施工任务下达后，由朝廷从全国各地征调军队和募集民夫到重点地区去修筑。而在具体修筑时，是按军队编制组织进行的。如今，在石筑城墙残基上，有的地方发现很明显的接痕墙缝，证明当时修筑长城是采用分区、分片、分段包干的办法，即先将某一段修筑任务分配给戍军某营、某卫所，再下分到各段、各防守据点的各个戍卒。施工时分监督管理人员和具体施工的管理人员。监督管理的人员一般是职位比较高的巡抚、巡技、总督、经略、总兵官等。而施工人员以干总为组织者，干总之下又设有把总分理。正是这样一条脉络清晰的直线式组织线路，才有可能保证施工期间组织管理严密、分工细致、责任明确。

（三）古代建设工程的质量管理

古代的大型工程都是"国家级"的工程，因而建设工程的质量问题是统治者最为关心的重点问题。所以古人对工程必然有预期的质量要求，有检查和控制质量的工艺流程与方法来保证工程的质量。

在《周礼·考工记》中就有取得高质量工程的条件："天有时，地有气，树有美，工有巧，合此四者，然后可以为良"。这与现代工程质量管理的五大要素——材料、设备、工艺、环境、人员基本上是一致的。另外，《考工记》中还比较详细地记载了各种器物（包括五金制作、木制作、皮革制作、陶器制作、绘画雕刻等）的制作方式、尺寸、用料选择、合金的配合比要求等，还包括城池的建设规划标准，主要是壕沟、仓储、城墙、房屋的施工要求等。

在长城的修复重建过程中，为了保证工程的质量，明代在隆庆以后大兴"物勒工名"

（即在长城墙体及其构件上标注建造责任人的名字），以此形式对整个工程实行责任制管理。考古工作者和长城专家在长城上发现和收集了一批石刻碑文，这些碑文明确记录了每次修筑的小段长城的位置、长度、高度、底顶宽度，还记录了监督管理官员的官衔、姓名、部队番号、施工组织者及石匠、泥瓦匠、木匠、铁匠、窑匠等的名字。城墙一旦出现质量问题如倒塌、破损，就按记载来追查责任。正是实行了严格的质量责任制，万里长城才能在经历了千百年的风雨磨炼后依然"塞垣坚筑势隆崇"。

宋代的时候编制并颁布过一部建造标准《营造法式》，作者系宋徽宗时的将作少监李诚。此书首次对古代建筑体系做了比较全面的技术性总结，并且规范了各种制作的用料总额和有关产品的质量标准。

到了清代之后，工程的质量管理体系已经算是比较完备了。例如对工程的质量和赔修都有规定：宫殿内的岁修工程，均限保固三年；其余新改扩建工程，按建设的规模和性质，保固期分别为三年、五年、六年、十年四种期限。工程如在保固期限内坍塌，监修官员负责赔修并交由内务府处理，如在工程保修期内发生渗漏，由监修官员负责赔修。

（四）古代建设工程的进度控制

在漫漫的历史长河之中，历朝历代的皇帝都要兴修大规模的土木工程。但在当时的生产力和技术水平下，这些工程绝非少数人在短期内就能完成的。因而，为了保证工程的进度，这些工程的管理人员势必要进行精心的策划和安排。回顾历史，在工程进度方面，古人采取了许多技术上的创新方法来尽量节省时间。例如在修筑长城的时候，统治者要求的工期相当紧迫，建造者必须想尽各种方法以求加快工程的进度。在难以行走的地方人们排成长队，用传递的方法把建筑材料传送到施工现场；在冬天则在地上泼水，利用结冰后球接力减小的原理推拉巨大的石料；在深谷中人们用"飞筐走索"的方法，把建筑材料装在筐里从两侧拉紧牢固的绳索上滑溜或者牵引过去。这些方法都大大节省了时间，加快了进度。

（五）古代建设工程的投资控制

古人很早就用经验积累的材料消耗定额来推算建设工程的投资。因为历代君王都大兴土木，工程建设规模大，结构复杂，资源消耗大，所以官方非常重视材料消耗的计算，并形成了一些计算工程工料消耗和工程计费的方法。

《营造法式》就吸取了历代工匠的经验，对工料消耗的控制方面都做了规定，书中的"料例"和"功限"，就相当于我们现在所说的"材料消耗定额"和"劳动消耗定额"。它是人类最早采用定额进行工程造价管理的明确规定和文字记录之一，遥遥领先于英国19世纪才出现的工料测量师。

同样，我国著名的讽刺小说《儒林外文》第40回中描写萧云仙在平定少数民族叛乱后修青枫城城墙，修复工程结束后，他将本工程的花密清单上报工部。工部对他的花费清单进行全面审核，认为清单中有许多估算，经"工部核算：砖、灰、工匠，共开销19360

两 1 钱 2 分 15 毫，核减 7525 两。"这个核减的部分必须向他本人追缴，最后他回家变卖了父亲的田园才填补了这个空缺。该工程审计得如此精确，而且分人工费和材料费进行核算，必然有相应的核算方法和相应的费用标准。

清朝的时候工部就编制颁布了《工程做法则例》，详细说明了如何算工、算料。为明晰计算造价，还制定了详细的料例计算规范——《营造算例》。那个时候还出现了专门负责工程估工算料和负责编制预算的部门——算房。它的职责是根据所提供的工程设计资料，计算出工料所需费用。

二、我国近代建筑工程管理的发展

在鸦片战争以后，随着各个通商口岸的开放，许多西方的工程管理思想被引入我国，使得我国传统的工程管理发生了前所未有的变化。主要表现在引进了工程承包、招投标制度等。

（一）建设工程承包的发展

在西方，17 ~ 18 世纪开始出现工程承包企业，一般是由业主发包，然后与工程的承包商签订合同。承包商负责施工，建筑师负责规划、设计、施工监督，并负责业主和承包商之间的纠纷调解。

鸦片战争之后，随着传统工匠制度的消亡和资本主义经营方式的引入，不少建筑工匠告别传统的作坊式经营方式，成立了营造厂（即工程承包企业）。1880 年，川沙籍泥水匠杨斯盛开设了上海第一家由中国人创立的营造厂——杨瑞泰营造厂。这种营造厂属于私人厂商，早期大多是单包工，后期大多是工料兼包。营造厂的固定人员是比较少的，在中标与业主签订合同之后，再分工种经由大包、中包层层转包到小包，最后由包工头临时招募工人。

当然，对于营造厂的开业也有严格的法律程序和担保制度，先由工部局进行资质的审核，再去工商管理部门进行登记注册。营造厂被明确分为甲、乙、丙、丁四等。与现代企业一样，它有一定量的资本金限制，以及代表人的资历、学历要求，经营范围和承接工程的规模规定。

1893 年由杨斯盛承建的江海关二期大楼为当时规模最大、式样最新的西式建筑。同时我国其他企业家开设的营造厂如顾兰记、江裕记、张裕泰、赵宽泰等也逐步地形成规模。

到了 20 世纪初期，工程的承包方式呈现出多元化的发展趋向。一方面专业分工更为细致，出现了投资咨询、工程监理、招标代理、造价咨询等；另一方面工程管理又出现了综合化，加工程总承包、项目管理承包等。

（二）工程招投标的发展

随着租界的建立，工程招标承包模式也随之被引入我国。1864 年，西方某营造厂在建造法国领事馆的时候首次引进工程的招标投标模式。到了1891年将海关二期工程时，人们还是不适应这种方式，当时招标只有杨斯盛营造厂一家投标。但是1903年的德华银行、1904年的爱丽苑、1906年的德国总会和汇中饭店、1916年的天样洋行大楼等工程项目，都由本地营造厂中标承建。20世纪20～30年代在上海建成的33幢10层以上的建筑主体结构全部由中国营造商承包建造。

20世纪初期，工程的招投标程序已经相当完备。其招标公告、招标文件和合同内容条款、评标方式、投标的评审、合同的签订、履约保证金等与现在的工程基本相符。在1925年南京中山陵一期工程的招标中，建筑师吕彦直希望由一个资金雄厚、施工经验丰富的营造厂承建。他认为当时上海的几家营造厂中只有姚新记营造厂最为理想。原定投标截止时间为12月5日，但是直到10日还不见姚新记来投标。因此他一面要求丧事筹备处将招标期限延长4天，一面告知姚新记招标延期。招标结束后，共7家营造厂投标，姚新记的报价是白银483000两，后第二位。吕彦直在出席第16次丧事筹备委员会会议时，详细介绍了各营造厂的情况，并提出了自己的看法，筹委会同意了他的意见并决定由他出面与桃新记协商。几经协商之后，姚新记最终以白银443000两的价格承包。

（三）詹天佑和中华工程师学会

在近代中国工程建设史上，乃至我国近代社会史上工程具有十分重要的地位，詹天佑及其负责建设的京张铁路工程具有十分重要的地位。

该工程于1905年9月动工，它是完全由中国自己独立筹资、勘测、设计、施工建造的第一条铁路，全程200多千米。铁路要经过高山峻岭，地形、地质条件十分复杂，桥梁隧道很多，工程任务十分艰巨。詹天佑承担了这项工程，他创造性地设计出"人"字形轨道，解决了山高坡陡行车危险的问题。该工程提前两年竣工完成，节省白银356774两，全部费用仅相当于外国承包南京费用的五分之一，而且工程的质量相当好。

在京张铁路的修筑中，詹天佑非常重视工程的标准化，主持编制了京张铁路工程标准图，包括桥梁、涵洞、轨道、路线、客车、机车房等共49项标准，是我国策一套铁路工程标准图，既保证了工程的质量，同时也为修筑其他铁路提供了借鉴资料。

1912年，詹天佑发起并组织了"中华工程师会"（后更名为中华工程师学会），并被推选为会长。他积极主持学会工作，并开展各种学术活动，创办并出版了《中华工程师学会会报》等刊物。这在那个被外国人讥笑为"修建铁路的中国工程师还没有出生"的年代，极大地推动了中国工程管理思想的发展。

詹天佑作为我国近代工程师的杰出代表，他的成就体现了中华民族的智慧，他的业绩是我国近代工程界的丰碑，他的精神永远是我国工程界的典范。

三、我国现代建筑工程管理的发展

自 20 世纪 50 年代以来，随着社会生产力的不断提高，大型及特大型的工程项目越来越多，并且人类的工程不再仅仅局限于以前的土木工程，出现了诸如航天工程、核武器研制工程、导弹研制工程等一系列工程，它们极大地推动了工程管理思想的发展和完善。

20 世纪 40 年代以来，人们在研究水力资源的多级分配和库存的多级存储问题的工程管理实践中孕育了动态规划的思想雏形。所谓动态规划，简单地说，就是将问题实例归纳为更小的、相似的子问题，并通过求解子问题产生一个全局最优解。1947 年，美国工程师麦尔斯在军事工程和军需物品采购的实践中不断探索，逐渐总结出一套解决采购问题的行之有效的方法，并把这种思想和方法应用、推广到其他领域，形成了早期的价值工程。而后，价值工程在工程建设、生产发展与组织管理等方面得到了广泛应用。50 年代初，美国数学家 R·贝尔曼首先提出动态规划的概念，1957 年出版《动态规划》一书。美国"北极星潜艇计划"开始利用计算机进行管理，开发了安排工程进度的"计划评审技术"（简称 PERT）方法，用于难以控制、缺乏经验、不确定性因素多而复杂的项目中。该技术的出现被认为是现代项目管理的起点，成为工程管理最重要的技术和方法之一。1957 年，美国杜邦公司在其化工厂建厂计划中，创造了"关键线路法"（简称 CPM）。1958 年，美国在北极星导弹研制工程管理中，首次采用了工程计划协调技术（网络计划技术）并获得显著成功，加快了整个系统的研制进度。

20 世纪 60 年代，美国由 42 万人参加，耗资 400 亿美元的"阿波罗载人登月计划"取得巨大成功，同时开发了著名的"矩阵管理技术"。工程管理人员还将风险管理运用于项目管理中，采用失效模式和关键项目列表等方法对阿波罗飞船项目进行风险管理。

受社会经济发展相对滞后的影响，这一阶段我国的工程管理思想发展也滞后于发达国家。但由于工程管理的普遍性和对社会发展的重要作用，在此期间我国在这些方面也取得了一些进展和成绩。在 1954 年，被誉为我国"导弹之父"的钱学森院士在主持导弹、火箭和卫星的研制工作与管理实践中，把工程实践中经常运用的设计原则和管理方法加以整理和总结，取其共性，提升为科学理论，出版了专著《工程控制论》。

在 20 世纪 50 年代我国学习当时苏联的工程管理方法，引入了施工组织计划与设计技术。用现在的观点来看，那时的施工组织计划与设计包括业主的工程建设项目实施计划和组织（建设项目施工组织总设计）、以及承包商的工程施工项目计划和组织。其内容包括施工项目的组织结构、工期计划和优化、技术方案、质量保证措施、劳动力设备材料计划、后勤保障计划、施工现场平面布置等。

在 20 世纪 60 年代，华罗庚教授将网络计划方法引入国内，将它称为"统筹法"，并在纺织、冶金、建筑工程等领域中予以推广。网络计划技术的引入给我国的工程施工组织设计中的工期计划、资源计划和优化增添了新的内涵，提供了现代化的方法和手段，而且在现代项目管理方法的研究和应用方面缩小了我国和国际上的差距。

20 世纪 70 年代，我国在重大项目工程管理实践中引入了全寿命管理概念，并派生出全寿命费用管理、一体化后勤管理、决策点控制等方法。例如在上海的宝钢工程、秦山核电站等大型工程项目中相继运用了系统的工程管理方法，保证了工程建设项目目标的顺利实现。

20 世纪 80 年代以来，我国的工程管理体制进行了改革，在建设工程领域引进了工程项目管理的相关制度。主要体现在：业主投资责任制，在投资领域推行建设工程投资项目业主全过程责任制，改变了以前建设单位负责工程建设，建成后交付运营单位使用的模式；建设监理制度，我国从 1988 年起开始推行建设工程监理制度；在我国施工企业中逐渐推行项目管理，推行项目经理责任制；推行了工程招投标制度和工程合同管理制度；在工程项目中出现了许多新的融资模式、管理模式、新的合同形式、新的组织形式。

1984 年，利用世界银行贷款的项目——鲁布革水电站。在国内首先采用国际竞争性招标，并通过合理的项目管理缩短了工期，降低了造价，取得了显著的经济效益，成为我国项目管理在建设工程方面成功应用的典范。此后，我国许多大中型的工程相继实行项目管理体制，逐步实现了项目资本金制、法人负责制、合同承包制、建设监理制等。至此，工程管理思想在我国越来越多的工程领域中得到运用，为我国的工程建设的蓬勃发展发挥了积极作用。

自 20 世纪 90 年代以来，伴随新型工业化的进程，工程管理在社会经济发展中的地位和作用大幅提升，工程管理得到全社会的高度重视，取得了长足的发展。现代工程管理吸收、融合了系统论、信息论、控制论、行为科学等现代管理理论，其基础理论体系更加健全和完善。预测技术、决策技术、数学分析方法、数理统计方法、模糊数学、线性规划、网络技术、图论、排队论等现代管理方法的不断进步和有效应用，为解决工程管理中各种复杂问题提供了更为有效的手段和工具，使工程管理的技术方法日益科学化和现代化。计算机的广泛应用和现代图文处理技术，多媒体和互联网的使用，显著地提高了工程管理工作的质量和效率。

近年来我国在三峡工程、青藏铁路、国家游泳中心（水立方）、国家体育中心（鸟巢）等重大工程项目实践中努力创新工程项目管理的技术手段和方法，拓展了工程管理的应用空间，提升了工程管理在重大工程项目建设中的地位。

第三节　建设工程管理的基本概念

正如在车水马龙的十字路口，倘若没有严格的交通法规，没有完善的指示标志，没有交警的管理和疏通，必然会导致秩序的混乱，无法实现道路的畅通及保证车辆和行人的安全。建设工程管理行业就扮演着与交通控制系统相似的角色，工程管理者为实现工程的预期目标，将管理的方法和手段适当、有效地运用于各类工程技术活动中，对工程项目进行决策、计划、组织、指挥和协调控制，确保工程建设的顺利实现。

一、管理的概念

管理是人类共同劳动的产物。管理同人类社会息息相关，凡是人类社会活动皆需要管理。从原始部落、氏族部落到现代文明社会，从企业、军队、学校到政府机构、科研单位，都需要组织、协作、调节、控制，都离不开管理。随着人类社会活动向广度和深度的延伸，管理的含义、内容、理论、方法等也都在逐渐变化和发展，管理的重要性也越突出，以致在现代社会，管理和科学技术一并成为支撑现代文明社会大厦的两大支柱，成为加速推进社会进步的动力引擎。

管理的核心和实质是促进社会系统发挥科学技术的社会功能，取得社会效益和经济效益。作为社会经济与科学技术的中间环节，管取具有中介性、科学性和社会性三项基本特征。科学技术通过管理物化为生产力的各要素，推动社会经济的发展。离开了管理的中介作用，科学技术将成为空中楼阁。要把科学技术转换为生产力，必须运用科学知识系统（如系统论、信息论、控制论、经济学等）、科学方法（如数理统计、物理实验、系统分析、信息技术等）和科学技术工具（计算机等），必须遵循社会系统的固有规律。因此，管理应当具有科学精神、科学态度、科学手段和科学方法。哲理是人类的一项社会活动，人在管理的过程中起着核心作用。人既是管理手段的主要成分，又是管理对象的重点内容。因此，管理活动必然受到人们社会心理因素，特别是受社会成员的价值、准则、意识、观念的影响，受到社会制度、社会结构等因素的影响。

管理成为一门科学是与社会生产力的发展紧密联系的。管理工作者在长期、大量的工作实践中总结并提出各种不同的观点和方法，不断探化管理学的理论和技术方法，拓展了管理学的应用范围，推动了社会生产力的不断发展，管理科学也在生产力发展中得到了迅速的发展。

二、建设工程的概念

建设工程就是在一定的建设时间内，在规定的资金总额条件下，需要达到预期规模和预定质量水平的一次性事业。如建一所医院、一所学校，一幢住宅楼等都是建设工程。所谓"一定的建设时间"是指建设工程从立项到施工安装、竣工建成直至保修期结束这样一段工程建设的时间。它是有限制的，在这段时间里，工程建设的自然条件和技术条件受地点和时间的限制。"规定的资金总额"是指用于建设工程的资金并不是无限的，它要求在达到预期规模和质量水平的前提下，把建设工程的投资控制在规定的计划内。"一次性事业"是指建设工程具有明显的单一性，它不同于现代工业工程大批量重复生产的过程。即使是通用的民用住宅工程，也会因建设地点、施工生产条件、材料和设备供应状况的不同，而表现出彼此的区别和很强的一次性。

我们在日常生活中一提到"工程"，很容易让人联想到各类土木建筑类工程，这对工程本身的理解较片面，存在一定的误解，因为工程的概念是一个比较宽泛的范畴。但是这种误解又是可以理解的，因为我国工程管理的许多方法思想和制度理念，都是在建设工程领域的实践中吸收回外精华、总结经验教训后才试点运行，然后再予以推广。下面以土木建筑工程为例介绍我国的建设工程分类。

（一）按投资再生产的性质划分

按投资再生产的性质可分为基本建设工程和更新改造工程两类，基本建设工程又包括新建、改建、扩建、迁建四类；更新改造工程又包括技术改造工程、技术引进工程、设备更新工程三类。

新建工程：指从无到有新开始建设的工程，即在原有固定资产为零的基础上投资建设的工程。按照国家的规定，若建设工程原有基础很小，扩大建设工程规模后，其新增固定资产价值超过原有固定资产价值 3 倍以上的，也视为新建工程。

扩建工程：指企业、事业单位在原有的基础上投资扩大建设的工程。如在企业原场地范围内或其他地点为扩大原有产品的生产能力或者增加新产品的生产能力而建设的主要生产车间、独立的生产线或者是分厂。

改建工程：指企业、事业单位对原有的基础设施进行改造的工程。

迁建工程：指原有企业、事业单位，为改变生产力布局，迁移到别的地方建设的工程。不论建设规模是和原来一样的还是扩大的，都属于迁建工程。

技术改造工程：指企业采用先进的技术、工艺、设备和管理方法，为提高产品质量、扩大生产能力、改善劳动条件而投资建设的改造工程。

技术引进工程：从国外引进专利和先进设备，再配合国内投资建设的工程。

设备更新工程：拟采用先进的设备更新、重组、装配技术进行设备改造的工程。

（二）按建设工程内部系统的构成划分

建设工程内部的系统是由单项工程、单位工程、分部工程和分项工程等子系统构成。如一个建设项目可由多个单项工程组成，单项工程的施工条件往往具有相对独立性，因此一般单独组织施工和竣工验收，它能体现建设工程的主要建设内容、新增生产能力和工程效益的基础。一个单项工程可以由多个单位工程构成，一般指建筑工程和设备安装工程两项。一个单位工程还可以分为多个分部工程，如建筑设备安装工程可划分为建筑采暖工程和燃气工程、建筑电气安装工程等。

1. 单项工程

单项工程一般是指具有独立的设计文件，建成后可独立地发挥生产能力或效益的配套齐全的工程项目。单项工程是建设工程项目的组成部分，一个建设工程项目可以仅包括一个单项工程，也可以包括几个单项工程。生产性建设工程项目的单项工程，一般是指能独立生产的车间，包括厂房建筑、设备的安装以及设备、工具、器具的购置等。非生产性建设工程项目的单项工程，一般是指一幢住宅楼、教学楼、图书馆楼、办公楼等。

单项工程的施工条件一般具有相对独立性，通常单独组织施工和竣工验收程体现了建设工程的主要建设内容，是新增生产能力或工程效益的基础。

2. 单位工程

单位工程是单项工程的组成部分，一般是指不能独立地发挥生产能力，但具有独立设计图纸和独立施工条件的工程。

一个单位工程往往不能单独形成生产能力或发挥工程效益，只有在几个有机联系、互为配套的单位工程全部建成后才能提供生产或使用。例如，民用建筑单位工程必须与室外各单位丁程构成一个单项工程才能供人们使用。

3. 分部工程

在每一单位工程中，按工程的部位、设备种类和型号、使用材料和工种不同进行的分类叫分部工程，它是对单位工程的进一步分解。如一般工业与民用建筑工程可划分为基础工程、主体工程、楼面与地面工程、装修工程、屋面工程等分部工程；建筑安装工程的分部工程可根据《建筑工程施工质量验收统一标准》（GH 50300-2001）将较大的建筑工程划分为地基与基础、主体结构、建筑装饰装修、建筑屋面、建筑给排水及采暖、建筑电气、智能建筑、通风空调、电梯安装工程等九个分部工程。

4. 分项工程

在每一个分部工程中，按不同施工方法、不同材料、不同规格、不同配合比、不同计量单位等进行的划分叫分项工程。土建工程的分项工程多数以工种确定，加模板工程、混凝土工程、钢筋工程、砌筑工程等；安装工程的分项工程，通常依据工程的用途、工程种类以及设备装置的组别、系统特征等确定。分项工程是建筑施工活动的基础，又是工程质量形成的直接过程。

三、建设工程管理的概念

建设工程管理是工程管理的一个重要分支，它是指通过一定的组织形式，用系统工程的观点、理论和方法对工程建设周期内的所有工作，包括项目建议书、项目决策、工程施工、竣工验收等系统运动过程进行决策、计划、组织、协调和控制，以达到保证工程质量、缩短工期、提高投资效益的目的。由此可见，建设工程管理是以建设工程项目目标控制（质量、进度和投资控制）为核心的管理活动。

（一）建设工程管理的具体职能

管理职能是指管理行为出哪些相互作用的因素构成，换言之，要实现管理的目标，提高管理的效益具体应从哪些方面努力。从项目管理的理论和我国的实际情况来看，建设工程管理的具体职能主要包括以下方面：

1. 决策职能

决策是建设工程管理者在建设工程项目策划的基础上，通过进行调查研究、比较分析、论证评估等活动，得出结论性的意见，并付诸实施的过程。由于建设工程通常要经过建设前期工作阶段、设计阶段、施工准备阶段、施工安装阶段和竣工交付使用阶段，其建设过程是一个系统工程。因此，每一建设阶段的启动都要依靠决策。只有在做出科学、正确的决策以后的启动才有可能获得成功，否则就可能是盲目建设，进而导致投资目标无法实现。

2. 计划职能

决策只解决启动的决定问题，根据决策做出实施安排、设计出控制目标和实现目标的措施的活动就是计划。计划职能决定项目的实施步骤、搭接关系、起止时间、持续时间、中间目标、最终目标及实施措施。只有执行计划职能，才能使建设工程管理的各项工作成为可以预见和能够控制的。进行建设工程管理要围绕建设工程的全过程、总目标，将其全部活动都纳入计划的轨道，用动态的计划系统协调与控制整个建设工程，保证建设工程协调、有序地实现预期目标。

3. 组织职能

组织职能是管理者把资源合理利用起来，把各种管理活动协调起来，并使管理需要和资源应用结合起来的行为，是管理者按计划进行目标控制的一种依托和手段。建设工程管理需要组织机构的成功建立和有效运行，从而发挥组织职能的作用。建设工程项目业主的组织既包括在项目内部建立管理组织机构，又包括在项目外部选择合适的监理单位、设计单位与施工单位，以完成建设工程项目不同阶段、不同内容的建设任务。

4. 控制职能

控制职能的目标在于使项目按计划运行，它是项目管理活动最活跃的职能，其主要用于项目目标控制。建设工程项目目标控制是指项目管理者在不断变化的动态环境中，为保证既定计划目标的实现而进行的一系列检查和调整活动的过程。建设工程项目目标的实现以控制职能为主要手段，如果没有控制，就谈不上建设工程项目管理。因此，目标控制是建设工程管理的核心。

5. 协调职能

协调职能就是在控制的过程中疏通关系，解决矛盾，排除障碍，从而使控制职能充分发挥作用。协调是控制的动力和保障。由于建设工程实施的各个阶段，在相关的层次、相关的部门之间，存在大量的工作界面，构成了复杂的关系和矛盾，应通过协调职能进行沟通，排除不必要的干扰，确保建设工程的正常运行。

（二）建设工程管理的任务

建设工程管理在工程建设过程中具有十分重要的意义现在以下几方面：

1. 合同管理

建设工程合同是业主与参与建设工程项目的实施主体之间明确责任、权利以及义务关系的具有法律效应的协议文件，也是运用市场经济体制组织项目实施的基本手段。从某种意义上讲，项目的实施也就是建设工程合同订立和履行的过程。

2. 组织协调

它是实现建设工程项目目标必不可少的方法和手段。在建设工程项目实施过程中，各个项目参与单位需要处理和调整众多复杂的业务组织关系。

3. 目标控制

它是建设工程管理的主要职能，是工程的管理人员在不断变化的动态环境中为保证既定计划的实现而进行的一系列检查和调整活动。目标控制的主要任务就是在项目前期策划、勘察设计、施工、竣工等各个阶段采用规划、组织、协调等手段，从组织、技术、经济、合同等方面采取措施，以确保工程目标的实现。

4. 风险管理

它是一个确定建设工程的风险，以及制定、选择和管理风险处理方案的过程，其目的在于通过风险分析建设工程的不确定性，以便使决策更加科学，以及在工程的建设实施阶段，保证目标控制的顺利进行，以便更好地实现工程的质量、进度和投资控制。

5. 信息管理

它是建设工程管理的基础工作，亦是实施工程目标控制的基本保证。

6. 环境保护

建设工程的管理者必须充分地研究和掌握不同国家和地区有关环保的法规和规定。对于环保方面有要求的建设工程项目在项目可行性研究和决策阶段，必须提出环境影响报告及其对策措施，并评估其措施的可行性和有效性，严格按照建设工程程序向环保部门报批。在工程的实施阶段，做到主体工程与环保措施工程同步设计、同步施工、同步投入运行。在工程的施工过程中，必须把依法做好环保工作列为重要的合同条件加以落实，并在施工方案的审查和施工过程中，始终把落实环保措施、克服建设公害作为重要的内容予以密切关注。

第四节　建设工程管理的行业特点与参与主体

一、建设工程管理行业特点

建设工程管理产生于、依托于和服务于建设工程项目，具有实践性强、目标精准和管理效果可验证的突出特点。就单一建设工程而言，其管理包括资金、进度、风险、质量、安全、人员、信息、环境等相对独立且相互制约的各个环节，解决建设工程管理的实际问题必须采用针对性的技术方法和手段。从此角度出发，建设工程管理可形象地称为自然科学中的"物理学"和医学中的"外科学"，是经过工程实践千锤百炼的"硬管理"。建设工程管理的工作性质决定了其行业具有综合性、系统性、公正性、复杂性、严谨性、可持续性和规范化、信息化、职业化等特点。

（一）综合性

建设工程管理行业是一个综合性的行业，涉及的范围比较广阔。在一个具体的建设工程项目管理实践过程中，需要解决的问题往往涉及多门学科和多个技术领域，需要多种专业知识和工程技术来综合解决。因而为了适应这个行业综合性强的特点，工程的管理机构必须在机构设置、人力资源安排、员工培训等方面加以重视；工程的管理从业人员在具有较高专业素养的基础上，应勤于学习、善于学习，不断拓展知识领域和提高知识水平，努力适应不断发展的工作需要。

（二）系统性

建设工程管理提供的服务针对的是工程项目的决策和建设的全过程，需要根据项目的具体情况和要求，提出有效地实现项目最终目标的思路、策略、方案和措施等。建设工程的管理工作系统性是很强的，要求从业者具有系统的理念和思维，把握总体目标任务，注重全过程的协调和各个局部之间的内在联系。

在项目决策阶段的管理工作中，项目建设所涉及的因素较为繁杂，但是所有的因素构成一个完整的系统，因而只有在对该系统中的每一个因素充分了解的基础上、用系统的眼光加以综合分析，才能正确判断"一个项目的立项是否必要、是否合理、是否有效益、是否值得投资，使项目的决策真正做到客观、准确、科学"。

在项目的建设过程中，管理工作也是一项完整的系统工程。管理的目的在于为业主做好项目的进度、质量、费用的管理和控制。要做好这一工作，管理者必须制订详细的项目建设统筹计划，有机地、合理地计划安排设计、采购、施工等各个环节的具体工作，注意各个环节的合理交叉叠加，安排和落实好质量控制要点，合理使用人工和其他费用，使项目的管理过程成为一个完整系统的有机整体。

（三）公正性

公正性是建设工程管理行业一个非常重要的特点，它可以理解为是建设工程管理者最基本、最重要的职业道德准则。作为一个建设工程管理者，其行为必须独立于工程承包商、设备制造商和材料供应商，在管理实践活动中不得有任何商业倾向，要保持独立的判断能力，不能受承包商和供应商任何影响，必须客观公正地选择合格的承包商和信誉好、产品质且优的制造商和供应商，竭诚为工程项目提供可靠的产品和公正的服务。

（四）复杂性

建设工程管理是一项具有复杂性的工作。工程通常是由多个部分构成和多个组织参与。因此，工程管理工作极为复杂，需要运用多学科的知识才能解决问题。由于工程本身具有很多未知的因素，而若干因素间常常带有不确定的联系，这就需要具有不同经历、来自不同组织的人有机地组织在一个特定的组织内，在多种约束条件下实现预期目标，这就决定了建设工程管理工作是一项具有复杂性的工作，并且这种复杂性远远高于一般的生产管理。

（五）严谨性

目标精准和效果可验证是建设工程管理的显著特征。无论是建设青藏铁路、三峡工程等宏伟工程，还是修建一位住宅楼、一个足球场等小型工程，建设工程管理的目标总是可以精确度量的。如我们可以利用横迟图、网络计划技术、S 形曲线等各种技术对进度目标进行验证，判断每道工序进展情况及其对工期的影响，并通过调整关键工作的持续时间，实现对整个项目工期的精确控制。

我们还可以通过质量控制图、因果分析图、直方图等一系列方法来进行精确的质量目标的度量与控制。此外，国家也制定了严格的质量管理和技术规范，并设置了专门的质量监督管理机构。

通过工程量清单计价对建设工程的投资目标进行精确度量，并将实际支出与计划投资进行比较，投资控制的效果更显而易见。再加上计算机的辅助，这种过程可更加精确的度量管理目标，使得任何一个工程项目的管理效果都是可验证的。如项目是否按时完成、成本控制是否在预算范围内、是否出现质量缺陷、是否发生安全事故、生产效率的高低和项目收益的好坏等。正是由于工程管理具有鲜明的务实性和精确性，其结果也具有可验证性，就要求工程管理专业人员犹如外科医生一般，既要有扎实的专业基础，又必须具备丰富的实践经验，灵活运用各种技术手段，才能在工作过程中得心应手。

（六）规范化

建设工程管理是一项技术性非常强并且十分复杂的工作，为符合社会化大生产和完成精准目标的需要，其技术手段和方法必须标准化、规范化。标准化和规范化体现在工程管理的各个方面，如专业术语、名词符号的定义和标示，管理环节全流程的程序和标准，工程费用、工程计量的测定、结算方法，信息流程、数据格式、文档系统、信息的表达形式和各种工程文件的标准化，招投标文件、合同文本的标准化等。建设工程管理全过程实现制度化、规范化和程序化管理，是现代工程管理发展的必然趋势。为提高建设工程项目管理水平，促进建设工程项目管理的科学化、规范化、制度化和国家化，建设部主持编写了《建设工程项目管理规范》。该规范适应于新建、改建、扩建等建设工程有关各方的项目管理，明确了企业各层次员工的职责与工作关系，规范了项目管理行为，制定了考核和评价项目管理成果的标准。

（七）信息化

随着知识经济时代的到来，Internet走进千家万户，建设工程管理的信息化已由探索、试点发展到广泛采用。目前，计算机和软件已经成为建设工程管理极为重要的方法和手段。建设工程管理的水平、效率的进一步提高也将在很大程度上取决于信息技术的发展和工程管理软件的开发速度。目前经济发达国家的一些工程管理公司已经在项目管理中较为普遍地运用了计算机网络技术，开始探索工程管理的网络化和虚拟化。国内越来越多的工程管理工作者也开始大量使用工程管理软件进行工程造价等专项管理，工程管理实用软件的开发研究工作也不断进展。信息技术的飞速发展，必将进一步提升工程管理的效率和水平。

（八）职业化

工程建设涉及面广、技术性强、责任重大，工程管理从业者需要具有良好的知识结构、全面的基础理论知识、较高的专业技术水平和较强的组织协调能力。为确保从业人员达到应有的素质，工程管理行业已建立起体系完善的相关执业资格考试制度。执业资格认证是政府对某些责任较大、社会通用性强、关系到公共利益的专业技术工作实行的准入控制。我国的执业资格是专业技术人员依法独立开业或从事某种专业技术工作学识、技术和能力的必备标准，必须通过考试的方法取得，考试由国家定期举行。目前，我国与建设工程管理紧密相关的资格考试有15类，约占全国各类执业资格考试种类总数的35%。这些资格考试涉及建筑、矿业、机电等一系列方向，覆盖面广，影响巨大，同时通过考试也形成了一个较为庞大的注册执业人员队伍。这其中包括注册造价工程师、注册监理工程师、注册建造师、注册咨询工程师、注册房地产估价师、注册物业管理师、注册设备监理工程师、注册岩土工程师、注册安全工程师、注册土地估价师等。执业资格认证体系的完备促使工程管理人才培养与市场需求紧密结合，有力地推动了工程管理学科建设和教学改革主动适应社会、市场的需求，在我国高等教育改革中走在了前列；同时，规范了行业从业人员的知识、能力评价和市场准入方式，确保了从业人员具有相应的资历和素养，为从业人员有效履行工程管理职能和提高工程建设的效益奠定了良好的基础。

二、建设工程管理的参与主体

一个建设工程项目从策划到建成投产，通常要有多方的参与，如工程项目的业主、设计单位、建设工程的咨询单位、施工承包商、材料供应商和政府相关管理部门等。他们在建设工程项目中扮演不同的角色，发挥着不同的作用。

（一）建设工程项目的投资者

建设工程项目的投资者是指通过直接投资，认购股票等各种方式向建设工程项目经营者提供资金的单位或个人。投资者可以是政府、社会组织、个人、银行财团或者是众多的股东，他们只关心项目能否成功，能否盈利。尽管他们的主要责任在投资决策上，其管理的重点在项目的启动阶段，采用的主要手段是项目的评估，但是投资者要真正取得预期的投资收益仍需要对建设工程项目的整个生命周期进行全过程的监控和管理。

（二）建设工程项目的业主（项目法人）

除了自己投资、自己开发、自己经营的项目之外，一般情况下的建设工程项目业主是指建设项目最终成果的接受者和经营者。建设工程项目的法人是指对建设工程项目策划、资金筹措、建设实施、生产经营、债务偿还和资产保值增值实现全过程负责的企事业单位或者是其他经济组织。

（三）建设工程项目咨询方

建设工程项目咨询方包括工程设计公司、工程监理公司、工程项目管理公司以及其他为业主或者是项目法人提供工程技术和管理服务的公司企业。设计公司与业主签订设计合同，并完成相应的设计任务；监理公司与业主签订监理合同，为业主提供工程监理服务，工程项目管理公司与业主签订的是项目管理合同，提供工程项目管理服务。

（四）建设工程承包方和设备制造方

他们是承担建设工程项目施工和有关的设备制造的公司和企业，按照承发包合同的约定，完成相应的建设任务。

（五）政府机构

工程所在地的地方政府机构主要指的是政府的规划管理部门、计划管理部门、建设管理部门、环境管理部门等，他们分别对建设工程的项目立项、建设工程的质量、建设工程对环境造成的影响等进行监督和管理。政府注重的是建设工程项目的社会效益、环境效益，希望通过工程项目促进地区经济的繁荣和社会的可持续发展，解决就业和其他社会问题，增加地方财力，改善社会形象等。

（六）与建设工程项目有关的其他主体

与建设工程项目有关的其他主体主要包括建筑材料的供应商、工程设备的租赁公司、保险公司、银行等，他们与建设工程项目业主方签订合同，提供服务、产品和资金等。

在上述的建设工程项目关各方中，业主（项目法人）是核心，在建设工程的全过程中起主导作用。业主通过招标等方式选择建设工程项目的承包人、咨询服务方和设备材料供应商，并对他们在实施工程项目的过程中进行监督和管理。

第五节　建筑业的建设工程管理

一、建筑业的概念

对建筑业的界定有广义和狭义之分。广义的建筑业是指建筑产品生产的全过程及参与该过程的各个产业和各类活动，包括建设规划、勘察、设计，建筑构配件生产、施工及安装，建成环境的运营、维护及管理，以及相关的技术、管理、商务、法律咨询和中介服务，相关的教育科研培训等。从这个角度来看，建筑业横跨"克拉克大产业"（美国经济学家和统计学家 G·G·Clark 于 20 世纪 40 年代创立了"产业结构理论"，提出了三次产业分类方法，即"克拉克产业分类"。它依据产品的性质和生产过程的特征进行分类。第一产业的产品基本上是从自然界直接取得；第二产业的产品是通过对自然物质资料及工业品原料加工而取得；第三产业在本质上是服务性行业。）分类下的第二和第三产业，其产业产品不仅包括实体的建筑产品，也包括了大量服务和知识产权。这种定义实际上反映了建筑业实际的经济活动空间。

狭义的建筑业属于第二产业，包括房屋和土木工程业、建筑安装业、建筑装饰业、其他建筑业等四个分行业。狭义的建筑业从行业特性及统计的可操作性出发，目的在于进行统计分析，而不是为了限制企业活动及作为政府行业管理的依据。历史的经验表明，在考虑企业发展、行业定位和行业管理时采用狭义建筑业的概念，会给建筑业的发展带来很大的束缚。实际上，工业发达国家在国民经济核算和统计时均采用了狭义建筑业的概念，而在行业管理中采用了广义建筑业的概念。

二、建筑业的社会地位与作用

建筑业是国民经济的重要产业部门，它通过大规模的固定资产投资（包括基本建设和技术改造）活动为国民经济各部门、各行业的持续发展和人民生活的持续改善提供物质基础，是各行各业固定资产投资转化为现实生产能力和使用价值的必经环节，直接影响着国民经济的增长和社会劳动就业状况，直接关乎社会公众的生命财产安全和生产、生活质量。在西方发达国家相当长的历史时期中，建筑业曾与钢铁工业、汽车工业等并列为几大支柱产业。新中国成立以后，在 MPS（物质产品平衡表体系）的国民经济核算体系中，长期将建筑业与工业、农业、运输邮电业、商业饮食业合称为五大物质生产部门。在后来实施的 SNA（国民账户体系）国民经济核算体系中，将建筑业与工业并列，共同构成第二产业。1992 年党的十四大报告提出"要振兴建筑业"，国务院在《90 年代产业政策纲要》中明确提出："努力加强机械电子、石油化工、汽车制造和建筑业的发展，使它们成为国民经济的支柱产业。"在制定的《国民经济和社会发展第十一个五年规划纲要》中也提到，要"促进建材建筑业健康发展"。

改革开放 30 年来，作为率先向市场经济转型的行业之一，我国建筑业得到了持续健康快速的发展，产业规模不断扩大，对国民经济的支柱作用日益增强。技术装备水平有很大改善，建筑科技不断创新，建造能力不断提高。目前，超高层、大跨度房屋建筑设计、施工技术，大跨度预应力、大跨径桥梁设计及施工技术，地下工程盾构施工技术，大体积混凝土浇筑技术，大型复杂成套设备安装技术等，都达到或接近国际先进水平。建设工程质量安全水平稳步提高，较好地完成了国家重点工程、城市基础设施和城乡住宅建设的任务。产业组织结构调整和建筑业企业改革、改制取得明显进展，市场竞争力特别是国际竞争力明显提高。工程建设管理不断完善，法规制度、标准体系建设成就卓然。总之，二十多年来，建筑业为城乡面貌的改善、人民居住条件的提高做出了重要贡献，为转移农村富余劳动力、增加农民收入、统筹城乡协调发展发挥了重要作用。

我国建筑业对外承包工程保持了快速发展的势头，业务规模发展迅猛，合作领域不断拓宽，项目档次稳步提高，合作方式趋于多样化，经营主体逐步优化，促进体系日趋完善，国际竞争力明显增强。随着建筑企业数量和产值、增加值的大幅增加，建筑业保持了较高的经济效益，行业竞争力不断增强。

建筑市场机制进一步发育，市场体系得到发展，建筑市场制度完善和创新取得明显进步。建筑市场监管体系初步确立，尤其是针对建筑市场突出问题的监管力度大大加强，市场秩序有了一定的好转。建筑业结构调整步伐加快，依靠科技、管理、机制求发展的趋势已经形成。

三、建筑业发展趋势

随着现代科技水平的不断提高，我国的建筑工程施工技术也有了明显的进步，特别是近几年来，由于建筑行业的快速发展，使许多的新技术被应用到了建筑施工行业当中，这些新技术的出现对传统的施工技术产生了很大的冲击，解决了很多传统工艺中无法实现的技术问题，不仅如此，一些新工艺和新施工设备的应用，还极大地提高了建筑施工的工作效率。现对建筑行业发展趋势进行分析。

在推进行业改革方面，国家和行业主管部门出台的政策依然密集如雨。而在较长的时间跨度上，行业新生态在"大破大立"中逐渐形成，行业"深度洗牌"的风潮已被绝大多数业内人士所感知。因此，拨开繁复的改革迷雾、看清转型的真实脉络，对建筑业依然延续着缓慢增长的态势。2018 ~ 2022 年中国新建筑行业发展前景分析及发展策略研究报告表明，建筑行业从长远角度，是永远不会被淘汰的行业，因为房屋的更新和建设，以及随着生活质量的提高，人们对配套设施的要求的提高，都推动着建筑行业的延续和发展。而科技在建筑行业的应用也相对其他行业更快，建筑是没有库存一说，任何施工质量、速度的提高，成本的降低的技术和产品，都能很快的普及开来。

当前，正是全面深化改革、深入推进依法行政、加快法治政府建设的重要时期。深化建筑业改革、加大工程质量治理行动，都是对"新常态"下建筑业发展提出的新要求。从行政管理和市场内生性的角度看，笔者认为"新常态"下建筑业发展将呈现十个趋势：

（一）经营范围趋向全球化

经济全球化是当代世界经济的重要特征之一。阿里巴巴董事局主席马云在乌镇的世界互联网大会上说："生意越来越难做，关键是你的眼光。你的眼光看的是全中国，就是做全中国的生意；你的眼光看到的是全世界，就是做全世界的生意。"随着经济全球化的发展，国内和国际建筑市场已经实现了无缝对接，市场竞争在广度和深度上不断深入，竞争呈现全球化格局。国际市场上高附加值、高技术含量和综合性的项目增多，对承包商技术、资本、管理等能力的要求越来越高，需要一批具备工程总承包、项目融资、国际信贷、设备贸易等能力的企业。面对全球化的挑战，我们必须在竞争中寻求突破，在发展中超越自我，以全球化的视角定位发展战略。大型建筑企业要把经营范围摆在全球思考，一方面，继续深入实施"走出去"发展战略，抓住"一带一路"和京津冀、长江经济带这些重要的经济增长极，大力拓展内外市场。另一方面，主动与国内外优秀企业合作，学习借鉴成熟经验和管理模式，借船出海，不断提升对外承包工程竞争力。

（二）建设模式趋向一体化

我国现行的工程建设体制和管理模式分自行建设管理和委托建设管理，而委托建设管理包括两方面，一是"委托管理"，如代建制、项目管理；二是工程承包，如工程总承包、融资总承包。而设计、采购、施工一体化的工程总承包模式是国际通行的做法。实施工程总承包，既能节省投资、缩短工期、提高质量，又能推进企业技术创新、转型升级，其作用和意义不容置疑。但是，这项工作经过十多年的推行，至今进展缓慢，究其原因主要是受投资管理体制制约，现行的法律法规把设计、采购、施工等环节分离，造成招标时常常把设计、施工、物资供应等环节全部分开招标，各个施工标段划分越小越好，没有顾及管理协调难度和建设成本的增加。近年来，浙江积极开展工程总承包的实践，不少企业大胆探索，通过项目的试点积累了宝贵的经验。去年，建设部授予浙江"工程总承包试点省份"。在推进工程总承包工作中，我们通过关注试点地区、试点项目、试点企业的培育和建设，以问题为导向，改革创新，破解矛盾，梳理问题，期望走出一条新路子。

（三）施工理念趋向低碳化

低碳发展，是世界的潮流、国家的要求、行业的希望，也是企业可持续发展的必然追求。低碳建筑施工作为建筑全寿命周期中的一个重要阶段，是实现建筑领域资源节约和节能减排的关键环节，是建筑企业未来市场竞争的重要筹码。为此要把低碳施工理念融入企业发展中，更加注重建筑全寿命周期，加强技术研发和创新，注重新技术、新材料、新设备、新工艺的推广和应用，最大限度地节约资源减少能耗，实现节能、节地、节水、节材和环境保护。

（四）生产方式趋向工业化

长期以来，浙江建筑业处于一种粗放型和数量型的增长方式，效率低，能耗大，究其原因是施工现场存在手工操作多、现场制作多、材料浪费多、施工人员多的现象，建筑业的行业规模是靠人海战术、靠加班加点、靠浪费资源，甚至牺牲生命换来的。走"建筑设计标准化、构件部品生产工厂化、建造施工装配化和生产经营信息化"的新型建筑工业化之路，是现代建筑业发展的方向。从国外发达国家的发展经验可以看到，实施建筑工业化生产方式，在提升工程品质和安全水平、提高劳动生产率、节约资源和能源消耗、减少环境污染、减少建筑业对日益紧张的劳动力资源依赖等方面具有明显的优势。目前，浙江省正在大力推进新型建筑工业化工作，并通过"1010工程"的示范带动取得了一定的成效。在今后的一段时间内，浙江建筑业在推进建筑工业化进程中，首先，要加强行政推动，通过政策引导、目标考核来培育建筑工业化有效市场。其次，要加强示范带动，通过建筑工业化示范基地和示范项目的建设，来带动整个面上的工作。再次，要加强技术支撑，通过关键技术研发和标准制定，来建立相应的管理、设计、施工、安装建造体系。最后，要加强宣传造势，不断营造良好的发展氛围。

（五）行业结构趋向专业化

当前，建筑行业大而全、小而全的公司比比皆是，大、中、小企业角色分工基本相同，竞争呈现同质化，走专业化发展道路是提升企业竞争力的关键。专业化的要求对大企业和小企业同样适用。对大型建筑企业来说，其资金、技术、人才资源都比较丰富，业务领域比较宽，可以通过内部资源的整合进行专业化，如采用专业化的事业部模式，在内部实现专业人士从事专业业务，进一步提升竞争力。对于中小建筑企业来说，更要走专业化发展之路，这样才能集中资源，提高效率，提升竞争实力。当然，企业的适度多元是需要的，但是没有专业化支撑的多元是走不远的。

（六）劳动组织趋向人本化

行业竞争力的提升取决于以人为本的良性循环，传统经济理论以"物本"经济为其理论框架，用物质资源和实物商品关系，来解释和阐述物质资料生产和再生产的经济现象与经济规律。前几年，大部分建筑业企业强调了"物本"的重要性，而忽视了人的价值。自从国外建筑业提出了"对人的承诺，人是最宝贵的资源"等理论，"物本"才逐步向"人本"转变。以建筑业来说，首先，善待建筑工人，积极改善生产作业和生活环境，维护其合法权益。其次，建立合理的目标、良好的薪酬机制来激励员工，激发员工工作热情，培养一批负责任、能力强的项目经理和班组长。再次，尊重所有参与工作的人，他们就能体会到自己的主人翁地位，从而产生对企业目标的认同感。最后，建立一种以相互依赖和信任为基础的企业文化，增强企业的凝聚力，共同营造快乐工作、幸福生活、共赢发展的良好局面。

（七）质量安全趋向标准化

当前，正在开展的工程质量治理行动，对质量安全标准化工作提出了更高的要求。只有大力规范、提升建筑实物和人的行为标准化，才是解决所有质量安全工作的一条准线。在质量标准化方面，要把握质量行为标准化，明确工作标准，加强标准化制度建设；把握工程实体质量控制标准化，从建筑材料、构配件和设备进场的质量控制，到施工工序控制，以及质量验收全过程的标准化控制。在安全标准化方面，要强化安全管理制度和操作规程，加强危险性较大的分部分项工程的监控，及时排查和治理安全隐患，使施工现场的人、机、物、环始终处于安全状态。标准化工作推进的好，我们质量基础肯定能夯实好，安全底线肯定能守得牢。

（八）经营理念趋向商品化

商品化是市场经济的重要特征之一，而经营理念是企业发展的基石，是决定企业发展的方向。习近平总书记在浙江时就指出："要有世界眼光和战略思维"。首先，要有世界的眼光和战略的思维来经营企业，在制定企业自身发展规划、发展战略、发展愿景、发展目标时，要以市场为导向，紧跟时代主题，紧扣市场脉搏，用开放的思维考虑问题，用超前的市场意识谋划发展、经营企业。其次，充分认识到建筑产品所具有的商品属性，在提供有形的产品之外，更要提供无形的服务。企业要把"服务"贯穿于工程建设全过程，通过增强服务意识、提高服务能力来增加建筑产品的附加值，获得广大业主和用户的认可度和满意度。

（九）市场行为趋向契约化

成熟的企业和成熟的市场行为是高度尊重市场规律和市场价值取向的，而这种尊重首先体现在对契约的尊重，尊重契约也就是尊重合作双方的正当权益。一方面，加强合同管理，通过合同备案制度来规范合同的签订，落实合同履约责任。另一方面，加强市场监管，规范市场行为。严肃查处工程建设各方违法违规行为，加大市场清出力度。同时，加强诚信体系建设，加快人员数据库、企业数据库、工程项目数据库建设，推进省市县三级及中央数据库的对接，来培育和维护好建筑业的"契约精神"。

（十）行政管理更加法制化

十八届四中全会从法治的角度，破解了推进国家治理体系和治理能力现代化的重大命题，也为全面深化改革注入新的内涵和动力。推进依法行政，首先，加快推进政府职能转变，不断建立健全建筑业权力清单、责任清单和负面清单及其配套制度，让"法无授权不可为""法定职责必须为"的法治要求，内化于心，外化于行；其次，加快健全依法决策机制，完善重大行政决策程序，拓宽基层部门和企业参与政策制订的渠道，增强决策的科学性、针对性、有效性；第三，加强和提高行政立法质量，主动适应建筑业改革和发展的需要，坚持立改废释并举，推动工程总承包、建筑市场管理等重点领域的立法；第四，坚持严格规范公正文明执法，依法惩处建筑市场各类违法违规行为，加大涉及群众切身利益等重点领域的执法力度，切实维护好人民群众的合法权益。

第二章 建筑工程

建筑工程是土木工程的重要组成部分，主要服务于城乡建设，是建造各类房屋建筑活动的总称，其对象是城乡中的各类房屋建筑，如住宅、办公楼、商场、工厂等。土木工程专业中的建筑工程主要是解决结构问题，即解决建筑结构的安全性、适用性与耐久性问题。

第一节 房屋建筑的分类与构成

建筑工程的对象是指建筑物和构筑物：建筑物是指供人们生活居住、工作学习、娱乐和从事生产的建筑（如住宅、教学楼、办公楼等），而人们不在其中生产、生活的建筑则称为构筑物（如烟囱、水塔及蓄水池等）。任何建（构）筑物都是由基本结构构件所组成，这些构件相互连接、相互支撑、单独或协同承受各种作用，构成了建筑的承重骨架，即建筑结构（或结构体系）。

一、房屋建筑的分类

房屋建筑的分类方法有多种，以下作简要介绍。

（一）按房屋的层数分类

根据层数可分为单层建筑、多层建筑、高层建筑和超高层建筑。在我国通常将 2～9 层的房屋称为多层；10 层及以上的居住建筑或建筑高度达 28 米以上的公共建筑称为高层；超过 100 米的为超高层。随着建筑业的发展，划分的标准也不断改变。

（二）按房屋采用的材料分类

根据房屋结构所采用的主体材料的不同，可将建筑物分为以下几种形式。

砌体结构：主要构件采用砖、砌块等用砂浆砌筑形成的结构。砌体结构材料来源广泛，造价较低，耐火、耐久性能好，施工方便。其缺点是自重大、强度低、抗震性能差，尤其是烧结黏土砖毁田，影响耕地，在应用上受到一定的限制。这种结构适用于跨度小、高度不高的单层与多层建筑。

钢筋混凝土结构：主要构件如梁、柱、板等采用钢筋混凝土做成的结构。该结构利用钢筋与混凝土之间存在的黏结作用，使两者能共同受力，充分发挥两种材料的性能特点。这种结构强度较高、刚度好、可模性好、抗震性能奸、耐火和耐久性能好，是目前应用最广泛的结构。但也存在自重大等缺点，一般用于多层或高层建筑中。

钢结构：主要构件采用各种热轧型钢、冷弯薄壁型钢或钢管，通过焊接、螺栓或铆钉等连接方法连接而成的结构。这种结构具有自重轻、构件断面小、安装简便、施工周期短、抗震性能好等优点，但用钢量大、耐火性能差、防腐蚀要求高，造价较高，多用于高层建筑和大跨度的公共建筑。

木结构：主要构件采用圆木、方木等木材制作，并通过接榫、螺栓、销、键、胶等连接构成的结构。木材具有强度对容重的比值较高、易于加工（如锯、刨、钻等）、有较好的弹性和韧性、造价便宜、是可再生资源等优点；但也有构造不均匀、各向异性、易产生较大的湿涨和干缩变形、易燃、易腐朽等缺点，这种结构多用于古建筑和旅游性建筑。

其他结构：除了以上比较传统材料的结构外，随着建筑材料的发展，不断涌现出一些新型材料的其他结构，如膜结构等。

（三）按房屋的使用性质分类

建筑按其使用性质一般可以分为民用建筑、工业建筑、农业建筑和特种建筑四大类。

民用建筑：是指供人们居住、生活、工作和从事文化、商业、医疗、交通等公共活动的建筑物。民用建筑的范畴较广，建造量大。可以说，在城市里除了工业建筑以外，所有建筑都是民用建筑。

工业建筑：是主要供生产用的建（构）筑物，加重型机械厂房、纺织厂房、制药厂房等。这类建筑往往有很大的荷载，沉重的撞击和振动，需要巨大的空间，而且经常有湿度、温度、防爆、防尘、防菌、洁净等特殊要求，以及要考虑生产产品的起吊运输设备和生产路线等。

农业建筑：是指供人们从事农牧业生产（如种植、养殖、畜牧、贮存等）的建筑，如畜舍、温室、塑料薄膜大棚等。

特种建筑：是指房屋、地下建筑、桥梁、隧道、水工结构以外的具有特种用途的工程结构建筑（也称构筑物），包括储液池、烟囱、筒仓、水塔、挡土堵、深基坑支撑结构、电视塔等。

（四）按房屋的结构体系分类

砖混结构：是由砖成承重砌块砌筑的承重墙以及钢筋混凝土楼板组成的结构，多用来建造低层或多层居住建筑。

框架结构：由梁和柱组成建筑的主体承重骨架，楼板多为现浇钢筋混凝土，墙为填充增，多用来建造中高层和高层建筑。

框架—剪力墙结构：是由剪力墙和框架共同承受竖向和水平作用的结构，也叫框架抗震墙结构，多用来建造中高层和高层建筑。

剪力墙结构：是由剪力墙组成的承受竖向和水平作用力的结构，也叫抗震墙结构，多用来建造中高层和高层建筑。

简体结构：由若干纵横交接的剪力墙集中到房屋内部或外部，形成封闭简体的骨架，多用来建造高层和超高层建筑。

其他结构：随着建筑结构的不断发展，不断涌现出一些新型的其他结构。如网架结构、空间薄壳结构、应力蒙皮结构等。

二、房屋建筑的构成

房屋建筑一般由基础、墙、柱、梁、板、屋架、门窗、屋面（包括隔热、保温、防水层）、楼电梯、阳台、雨篷、楼地面等部分组成。此外，因为生产、生活的需要，对建筑物还要安装给水和排水系统、供电系统、采暖和空调系统等。

（一）基础

基础是建筑物最下部的承重构件，其作用是承受建筑物的全部荷载，并将这些荷载传给地基。

（二）墙

墙是建筑物竖直方向起围护、分隔和承重等作用，并具有保温隔热、隔声及防火等功能的主要构件。墙体要有足够的强度、稳定性，同时要兼有耐久、经济等性能，并要适应工业化的发展要求。

墙可根据所处位置分为外墙和内墙，外墙是建筑物外围的墙，内墙是建筑物内部的墙；根据方向分为纵堵与横墙，沿房屋纵向分布的墙称纵墙，沿房屋横向分布的墙称横墙；根据受力情况分为承重墙和非承重墙；根据使用材料和制品分为砖墙、石墙、砌块墙、板材墙等；根据构造方式分为实体墙、空体墙和组合墙。

（三）柱

柱是建筑物的竖向承重构件，按其受力形式可分为轴心受压柱和偏心受压柱：当荷载作用线与柱截面形心线重合时为轴心受压，当偏离截面形心线时为偏心受压（既受压又受弯）。柱按截面形式可分为方柱、圆柱、矩形柱、工字形柱、H形柱、L形往、十字形校等；按所用材料可分为石柱、木柱、钢柱、钢筋混凝土柱、钢管混凝土柱和各种组合柱等。

目前应用最广泛的柱是钢筋混凝土柱，钢筋混凝土柱按制造和施工方法又可分为预制柱和现浇柱两类；钢柱按截面形式可分为实腹柱和格构柱，实腹柱的截面为一个整体，常用截面为工字形截面和箱形截面，格构柱则由两肢或多肢组成，各肢间用缀件连接。

（四）板

板作为建筑物的承重构件，通常水平放置，但也有斜向放置（如楼梯板）或竖向放置（如墙板）的。一般用于楼板、屋面板、基础板等。板承受家具、设备和人体荷载以及其自重，并将这些荷载传递给墙或柱，同时板对墙体起着水平支撑的作用。当扳为曲面形式时，常称为壳。

板按外形形式可分为方形板、矩形板、圆形板及三角形板；按截面形式可分为实心板、空心板、槽形板等；按所用材料可分为木板、钢板、钢筋混凝土板等；钢筋混凝土板按施工方法又可分为现浇板和预制板。

板按受力形式可分为单向板和双向板。单向板是指板上的荷载沿一个方向传递到支承构件上的板，双向板是指板上的荷载沿两个方向传递到支承构件上的板。当矩形板有两边支承时为单向板；当有四边支承时，板上的荷载沿双向传递到四边，则为双向板。

（五）梁

梁作为建筑物的承重构件，通常水平放置，但有时也斜向放置，如楼梯梁。梁的两个相邻支承点间的距离称为梁的跨度，梁的截面高度与跨度之比（称为高跨比）一般为 1/8 到 1/10，高跨比大于 1/4 的梁称为深梁。梁的截面高度通常大于截面的宽度，当梁宽大于梁高时，称为扁梁。梁的截面高度沿长度方向变化时，称为变截面梁，不变时称为等截面梁。

梁按所用材料可分为木梁、钢筋混凝土梁、钢梁以及钢与混凝土的组合梁等。钢梁按截面形式可分为矩形梁、T 形梁、倒 T 形梁、L 形梁、Z 形梁、槽形梁、箱形梁等。

梁按其支承方式可分为简支梁、悬臂梁和连续梁等。

梁按其在结构中的位置可分为主梁、次梁、连系梁、圈梁、过梁等。

当不能在梁上设置单向板，或设置单向板极不经济时，采用在纵横两个方向上设置双向梁格的方式。在框架结构中，主梁是搁置在框架柱子上，次梁是搁置在主梁上。次梁一般直接承受板传来的荷载，然后再将板传来的荷载传给主梁；主梁除承受次梁传来的荷载外，往往还同时承受板传来的荷载；连系梁主要用于将两损框架的柱子连接起来，使其成为一个整体；圈梁用于砖混结构，将整个建筑围成一个整体，以增加建筑的抗震能力；过梁一般设置于门窗洞口的上部，用来承受其上部结构的荷载。

（六）楼电梯

楼梯和电梯都是联系建筑物上下各层的垂直交通设施，供人们上下楼层和紧急疏散之用，故要求楼梯具有足够的通行能力、并且防滑、防火，能保证安全使用。木材、砖、钢筋混凝土、钢材都是建造楼梯的一些常用材料。

楼梯一般由楼梯段、休息平台、楼梯栏杆或栏板及扶手组成。楼梯可根据人们的要求、空间和美观等具体情况设计成单跑、双跑、三跑、双分或双合、螺旋、弧形、剪刀式、交叉式楼梯等。

电梯由机房、井道、轿厢三大部分组成，通常用在层数较多的建筑或者有特殊需要的情况，应有足够的运送能力和方便快捷性能。自动扶梯是一种特殊的电梯，由电动机械牵动，梯级踏步连同扶手同步运行，可以提升或下降。在机械停止运转时，可作为普通楼梯使用。自动扶梯常用火车站、机场航站楼、购物中心等大型公共建筑里。

（七）屋顶

屋顶是建筑物顶部的维护构件和承重构件，既可抵抗风、雨、雪霜、冰雹等的侵袭和太阳辐射热的影响，又可承受风雪荷载及施工、检修等屋顶荷载，并将这些荷载传给墙或柱。故屋顶应具有足够的强度、刚度及防水、保温、隔热等性能。

（八）门与窗

门主要用于开闭室内外空间并通行或阻隔人流，应满足交通、消防疏散、防盗、隔声、保温、隔热、防火等要求。窗主要用于采光、通风及眺望，并应满足防水、防风沙、隔声、防盗、保温、隔热等要求。由于门和窗都属于可以开合的围护分隔构件，且工业化程度较高，所以对门窗制定了相关的性能标准，通常有抗风压性能、气密性能、水密性能、隔声性能和保温性能等。门与窗通常采用木材、铝合金、塑料、玻璃、钢材等材料制作。

除了上述基本组成构件外，对不同使用功能的建筑，还有各种不同的构件和配件，如阳台、雨篷、台阶、散水、垃圾井道和烟道等。

第二节　单层与多层建筑

建筑按层数可分为单层建筑、多层建筑、高层建筑和超高层建筑。

单层建筑又分为一般单层建筑和大跨度单层建筑。

一、一般单层建筑

单层建筑按其使用目的可分为单层民用建筑和单层工业厂房。

（一）单层民用建筑

单层民用建筑在过去多用于住宅、影剧院放映厅等建筑中，目前在我国城市的应用越剩少。按所用材料不同，可分为砖混结构、砖木结构、竹结构等。

砖混结构：砖混结构是指建筑物中竖向承重结构的墙、柱等采用砖或者砌块砌筑，横向承重的梁、楼面板、屋面板等采用钢筋混凝土结构。砖混结构属于混合结构的一种，适合开间进深较小，房间面积较小的单层民用建筑。

砖木结构：砖木结构是指建筑物中竖向承重结构的墙、柱等采用砖或砌块砌筑屋架等采用木结构。这种结构建造简单，容易就地取材，而且费用较低，通常用于农村屋舍、庙宇建筑等，比较典型的有著名的江苏省苏州市的瑞光寺塔。

竹结构：竹结构是符合现代建筑绿色环保和可持续发展趋势的一种独特结构形式，竹结构居住舒适方便，建造方便快捷。同时，竹材还具有优越的抗震性能，在我国的地震多发地区有较大的发展空间和应用潜力。

目前，世界上最大的竹结构建筑是由印尼巴厘岛的 Sibang 建造的名为"大树庄园"的巧克力厂。它不仅提供了必要的空间和基础设施以生产巧克力产品，同时也是一座很具创意的环保型建筑。

（二）单层工业厂房

单层工业厂房多用于设有大型机器设备，产品较重且轮廓尺寸较大的工业建筑厂或机械厂的厂房。

1. 单层工业厂房的分类

单层工业厂房一般采用钢筋混凝土或钢结构，屋盖采用钢屋架结构。

单层工业厂房按生产规模可分为大型厂房、中型厂房和小型厂房；按施工工艺可分为现浇整体式钢筋混凝土单层厂房和装配式钢筋混凝土单层厂房。由于装配式单层厂房具有施工速度快、经济性好等优点，故一般多采用装配式钢筋混凝土结构。

单层工业厂房按结构形式可分为屋架与柱铰接的排架结构和屋架与校钢接的钢架结构。

排架结构由屋架（或屋面梁）、柱和基础组成。柱与屋架铰接，柱与基础钢接。此类结构能承担较大的荷载，在冶金和机械厂房中应用广泛，其跨度可达 30 米，高度 20～30 米，吊车吨位可达 150 吨或 150 吨以上。排架结构是目前单层厂房的基本结构形式。

钢架结构由横梁、柱和基础组成。柱和横梁钢接成一个构件；柱与基础通常是铰接。由于梁柱整体结合，故在受荷载后，在钢架的转折处将产生较大的弯矩，容易开裂；另外，柱顶在横梁推力的作用下，将产生相对位移，故此类结构的钢度较差，仅适用于吊车吨位不超过 10 吨，跨度不超过 10 米的轻型厂房等。

2. 单层工业厂房的结构组成与特点

单层工业厂房是由一系列基本构件组成的复杂的空间受力体系。

根据组成构件的不同作用，可以分为承重结构、支撑体系以及围护结构三大类。直接承受荷载并将荷载传递给其他构件的，如屋面结构（包括屋面板，天沟板）、屋架或屋面梁（包括屋盖支撑、天窗架、托架等）、柱、吊车梁和基础，是单层工业厂房的主要承重构件。支撑体系包括屋盖支撑和柱间支撑，其主要作用加强厂房结构的空间刚度，并保证结构构件在安装和使用阶段的稳定和安全，同时起着把风荷载、吊车水平荷载或水平地震作用等传递到主要承重构件上去的作用。围护结构包括纵墙、横埔（山墙）、连系梁、抗风柱（有时还有抗风梁或抗风桁架）、基础梁等构件，主要承受墙面上的风荷载及自重，并将其传到基础梁上。

单层工业厂房具有以下结构特点：一是跨度大，高度大，承受的荷载大，构件的内力大，截面尺寸大，用料多；二是荷载形式多样，并且常承受如吊车荷载、动力设备荷载等动力荷载和移动荷载；三是隔缝少，柱是承受屋面荷载、墙体荷载、吊车荷载以及地震作用的主要构件；四是基础受力大，对地质勘查的要求较高。

二、大跨度单层建筑

一般来说，大跨度建筑是指跨度大于 60 米的建筑，常用于展览馆、体育馆、飞机机库等。

大跨度建筑因其结构的特殊性，有如下特点：一是大跨度建筑覆盖面积大，相对于结构跨度的增大，结构自身的体积和质量增加得更快，其竖向刚度和承载能力是结构的薄弱环节，从而使竖向力成为大跨度建筑结构最重要的作用力；二是大跨度建筑结构受到温度变化、支座位移和地震等间接作用的影响较大，这些间接作用会在结构中引起较大的附加作用力；三是大跨度单层建筑的结构体系主要有网架结构、网壳结构、悬索结构、膜结构、薄壳结构及其他组合结构等。

（一）网架结构

网架结构是由钢杆件组成的平面网格结构。网架结构便于成批生产，现场拼装简便，施工速度快。结构占用空间较小，更能有效利用空间。其平面布置灵活，可用于矩形、圆形、椭圆形、多边形等多种建筑平面，建筑造型新颖、轻巧、壮观、极富表现力，深受建筑师和业主的青睐。

（二）网壳结构

网壳结构是以钢杆件组成的曲面网格结构，兼有杆系结构和薄壳结构的特性，受力合理、覆盖跨度大。网壳与网架的区别主要在于曲面与平面。网壳结构由于本身持有的曲面而具有较大的刚度，因而有可能做成单层，这是不同于平板型网架的一个特点。网壳结构按材料可分为钢筋混凝土网壳、钢网壳、铝合金网壳、木网壳、塑料网壳等。

（三）悬索结构

悬索结构是由索网、边缘构件和下部支承结构组成。索网是悬索结构的主要承重构件，是一个轴心受拉构件，既无弯矩也无剪力、利用高强钢材去做"索"，能极大发挥钢材受拉性能好的特点，故索网一般由多根高强碳素钢丝扭绞而成。边缘构件是索网的边框，用以承受索网的巨大拉力。下部支承结构一般是钢筋混凝土立柱或框架结构，为保持稳定，有时还要采取钢缆锚拉的设施。

由日本建筑大师丹下健三设计的代代木体育馆是由奥运会游泳比赛馆、室内球技馆及其他设施组成的大型综合体育设施。它采用高张力缆索为主体的悬索屋顶结构，创造出带有力量感的大型内部空间。代代木体育馆以其独特的日本造型，受到了广泛的赞誉。

（四）膜结构

膜结构是一种特殊的空间结构体系，具有力学特性好，光学、热学性能伏，自洁性能佳，成本低，工期短等优点，广泛应用于体育健身设施、文化娱乐设施等标志性建筑中。

膜结构根据其支撑方式不同分为骨架式膜结构、充气式膜结构、张拉式膜结构三种。

1. 骨架式膜结构

骨架式膜结构在钢架或其他材料的骨架上铺装膜材料，由此构成屋顶或外墙壁的构造形式。形态有平面形，单曲面形和以鞍形为代表的双曲线形。

大连金石滩影视艺术中心为骨架式膜结构，其主体膜结构为半个椭球钢网壳上面直接通盖膜材料，椭球网壳平面长轴 60 米，短轴 45 米，高 16 米。为提高其保温隔热性能，本工程采用了双层膜，膜层间距 47 毫米。该项目曾荣获中国空间结构优秀工程三等奖。

2. 充气式膜结构

充气式膜结构是膜结构中的一种。一般来说，它是在玻璃丝增强塑料薄膜或尼龙布罩等材料内充入较轻的气体，使其形成一定的形状，并悬浮起来作为建筑的覆盖物。

国家游泳中心又被称为"水立方""水立方"是国内首次采用 ETFE（乙烯—四氟乙烯共聚物）膜结构的建筑物，也是国际上面积最大、功能要求最复杂的膜结构系统。它的膜结构是世界之最，是根据细胞排列形式和肥皂泡天然结构设计而成的，这种形态在建筑结构中从来没有出现过，创意十分奇特。

3. 张拉式膜结构

张拉式膜结构是通过拉索将膜材料张拉于结构上而形成的构造形式。由于膜材是柔形结构，本身没有抗拉、抗压能力，抗弯能力也很差，完全靠外部施加的预应力保持其形状，即使在无外力且不考虑自重的情况下、也存在着相当大的拉应力，膜表面通过自身曲率变化达到内外力平衡。

芜湖体育场其平面由三段圆弧线组成，长轴约 254 米，短轴约 225 米，膜水平投影面积约 2 万平方米，用钢量约 3000 吨。罩篷周围是由 40 个大小、高度均匀变化的锥形膜单元组成的脊谷式整体张拉膜结构，外形呈高低错落有致的马鞍形。芜湖体育场是膜结构在我国体育场馆中应用的又一典范。

（五）薄壳结构

薄壳结构是用混凝土等材料以各种曲面形式构成的薄板结构，可分为筒壳、折板、双曲扁壳、双曲抛物面壳和圆顶薄壳等形式。薄壳结构呈空间受力状态，主要承受曲面内的轴力、而弯矩和扭矩很小。薄壳结构有自重轻、省材料、跨度大、外形多样的优点，但它也存在形体复杂、费时费工、结构计算复杂等缺点。

法国国家工业与技术中心 CNIT 大厦是一座典型的采用薄壳结构的建筑，其整体造型就像一个倒扣着的贝壳。该建筑的陈列馆平面为三角形，每边跨度 218 米，壳顶高出地面 48 米，屋顶是当时世界上跨度最大的壳体，总建筑面积达 90000 平方米。

三、多层建筑

一般来说，多层建筑是指建筑高度大于 10 米，小于 24 米，且建筑层数大于 3 层，小于等于 7 层的建筑。多层建筑广泛应用于轻型工业建筑和办公、商店、住宅、旅馆等民用建筑中，其最常见的结构形式是砌体结构和框架结构。

（一）砌体结构

砌体结构指以砖石等砌体砌筑的墙体作为竖向承重体系等构成的楼（屋）盖系统的一种结构形式，也称砖混结构。

砖泥结构的承重墙体的布置一般有横墙承重、纵墙承重和纵横墙联合承重三种形式。一般来说，采用横墙承重的方式，在纵向可以获得较大的开窗面积，得到较好的采光条件。反之，如果采用纵墙承重的方式，虽然对实现室内太空间有一定的好处，但其整体刚度往往不如横墙承重的方案好。在实际工程中常常采用纵、横墙联合承重方案。

由于砌体结构具有很好的耐火性和较好的耐久性，不需要模板及特殊的技术设备，可就地取材，工程造价低等优点，在我国得到了广泛的应用。

除上述优点外，砌体结构也有下述一些缺点：砌体结构强度低，自重大；砌筑工作员大，劳动强度高；砌体结构中砂浆和砖石间的强结力较弱，无筋砌体的抗拉、抗弯和抗剪强度都是很低的，并且无筋砌体的抗震能力也较差。因此为了改善其抗震性能，需要在砌体结构中增设构造柱、圈梁、拉结筋等抗震构造措施。

（二）框架结构

框架结构是指由梁和柱刚性连接组成骨架的结构。框架结构采用梁柱承重，可根据需要合理布置以获得较大的使用空间。框架结构具有强度高、整体性好的优点，在我国应用非常广泛，多用于商场、办公楼等建筑。

框架结构按结构材料可分为钢筋混凝土框架、钢框架、钢—混凝土组合框架三种。

钢筋混凝土框架结构具有强度高、自重轻、整体性和抗震性能好等优点，广泛应用于多层建筑中。按施工方法可分为全现浇钢筋混凝土框架，装配式框架以及装配整体式框架。其中，全现浇钢筋混凝土结构整体性好，其缺点是现场施工的工作量大，强度增长设、工期长，并需要大量的模板；装配式和装配整体式结构采用预制构件，现场组装，其整体性较差，但便于工业化生产和机械化施工。

钢筋混凝土框架结构的布置方案有横向框架承重、纵向框架承重、纵向和横向框架联合承重三种。

第三节 高层与超高层建筑

高层、超高层建筑是随着社会生产的发展和人们生活的需要发展而来的，而科学技术的进步，轻质高强材料的不断涌现以及机械化、电气化、计算机技术在建筑中的广泛应用等，又为高层，尤其是超高层建筑的发展提供了物质基础和技术保障。

一、高层与超高层建筑的定义及特点

关于高层建筑的定义，主要依靠高度和层数这两个主要指标。那么多少高度或多少层数以上的建筑物称为高层建筑呢？目前，世界各国的规定尚不完全统一。

在我国，由《高层建筑混凝土结构技术规程》（JGJ3-2010）中规定：10层及10层以上或房屋高度大于28米的建筑物称为高层建筑，并按照结构形式和高度分为A级和B级。建筑高度超过100米的建筑均为超高层建筑。

高层建筑相比于单层和多层建筑。具有如下几个方面的特点：

在相同的建设场地中，建造高层建筑可以获得更多的建筑面积；但高层建筑太多、太密集也会对城市带来热岛效应，玻璃幕墙过多的高层建筑群还可能造成光污染现象。

从城市建设和管理的角度看，建筑物向高空延伸，可以缩小城市的平面规模、缩短城市道路和各种公共管线的长度，从而节省城市建设与管理的投资。但人口的过分密集有时也会造成交通拥挤、出行困难等问题。

从建筑防火的角度看，高层建筑的防火要求要远高于中低层建筑，因此高层建筑的工程造价和运行成本均较高。

从结构受力特性来看，高层建筑结构的简化计算模型就是一根竖向悬臂梁。和多层建筑相比，高层建筑结构的受力有如下特点：水平荷载（风荷载和地震作用）在高层建筑的分析和设计中起着重要的作用；侧移成为重要控制指标；轴向变形的影响在设计中不容忽视；结构延性是重要设计指标。

因此，高层建筑的结构分析和设计要比一般的中低层建筑复杂得多。建筑要采取专门的计算方法和构造措施。

二、高层与超高层建筑的发展

人类从古代就开始建造高层建筑，埃及于公元前280年建造的亚历山大港灯塔，高135米，为石结构（今留残址）。中国建于523年的河南登封市篙岳寺塔，高40米，为砖结构，建于1056年的山西应县佛富寺释边塔，高67米，为木结构，均保存至今。

现代高层建筑于19世纪末起源于美国，当时由于纽约市与芝加哥的地价昂贵且用地不足等原因，商业建筑要求增加更多的营业面积，由此掀起了兴建摩天大楼的风潮。1885年，美国第一座根据现代钢框架结构原理建造起来的11层芝加哥家庭保险公司大厦是近代高层建筑的开端。

第一次世界大战之后，世界经济的中心出欧洲转移至美国，至1929年的经济危机是美国建筑的繁荣期，摩天大楼也快速发展。1931年，纽约建造了著名的帝国大厦，地上建筑高381米，102层。帝国大厦是一栋超高层的现代化办公大楼，它和自由女神像一起被视为纽约的标志、雄踞"世界最高建筑"的宝座达40年之久。

20世纪50年代后，随着轻质高强材料的应用、新的抗风抗震结构体系的发展、电子计算机的推广以及新的施工方法的出现，高层建筑得到了大规模的迅速发展。1972年，纽约建造了110层、高402米的世界贸易中心大楼，该大楼由两座塔式摩天楼组成，可惜的是该大楼在"911"恐怖袭击中被毁。1973年，在芝加哥又建造了当时世界上最高的希尔斯大厦，高443米，地上110层，地下还有3层，包括两个天线塔则高达520米，希尔斯大厦成功取代了当时纽约世界贸易中心双塔"世界最高大楼"的地位。20世纪90年代，世界超高层建筑中心转移到了亚洲，1996年建成使用的马来西亚吉隆坡国家石油公司双塔大楼，88层，以451.9米的高度打破了当时美国芝加哥希尔斯大楼保持了22年的最高纪录。1998年建成的上海金茂大厦，高420.5米，88层。2003年落成的香港国际金融中心大厦，高420米，共88层。同年，中国台北建成著名的101大楼，高508米，共101层。

进入21世纪以来，随着各国经济实力和技术水平的不断提高，高层建筑特别是超高层建筑在各个国家的大中小城市里都在大量建造，人们把建筑高度看成是公司、城市甚至是国家实力的象征，所以对建筑高度的追逐一天也没有停止过，以至于"世界建筑第一高"频频移位。

截止至2011年，世界上最高的建筑是位于阿拉伯联合酋长国迪拜的哈利法塔（也称迪拜塔），高度为828米，169层。修建哈利法培总共使用了33万立方米强化混凝土、6.9万吨钢材及14.2万平方米玻璃，而且也是史无前例地把混凝土垂直泵上逾460米的地方。目前我国最高的建筑物是位于上海的环球金融中心，高度为492米，101层，为世界第三高楼。

三、高层建筑的结构类型

高层建筑的结构型式繁多，以建筑材料分可以分为：砖石结构、钢筋混凝土结构、钢结构以及钢—钢筋混凝土组合结构等。

（一）砖石结构

因为砖石结构强度较低，抗拉性能和抗剪性能较差，难以抵抗高层建筑中因水平力作用引起的弯矩和剪力，故在高层建筑中采用较少。目前我国最高的砖石结构为9层。

（二）钢筋混凝土结构

与砖石结构相比，钢筋混凝土结构具有抗震性能好，整体性强等优点，其建筑平面布置灵活，可组成各种结构受力体系。随着轻质、高强混凝土材料的问世，以及施工技术、施工设备的更新完善，钢筋混凝土结构已成为高层建筑的主导形式。

（三）钢结构

钢结构具有强度高、截面小、自重轻、韧性好、抗震性能好等优点，采用钢结构建造的高层建筑在层数和高度上均大于钢筋混凝土结构。但钢结构用钢量大，造价高，加之其防火性能差，需要采取防火保护措施，增加了工程造价。并且，钢结构的应用还受钢铁产量的限制。随着社会的不断发展，采用钢结构的高层建筑也逐渐增多。在我国目前条件下，一般30层以上的高层建筑中才采用钢结构。

（四）钢—钢筋混凝土组合结构

钢—钢筋混凝土组合结构吸取了以上结构的优点，不仅具有钢结构自重轻、截面尺寸小、施工进度快、抗震性能好等优点，同时还兼有混凝土结构刚度大、防火性能好、造价低的优点，近年来发展迅速。组合结构是将钢材放在构件内部，外部由钢筋混凝土做成，或在钢管内部填充混凝土，做成外包钢构件。施工时先安装一定层数的钢框架，利用钢框架承受施工荷载。然后，用钢筋混凝土把外围的钢框架浇灌成外框筒体来抵抗水平荷载。这种结构的施工速度与钢结构相近，但用钢量比钢结构少，且耐火性较好。

目前中国的高层建筑中仍以混凝土结构为主，高层建筑钢结构和组合结构已有相当的数量，预期其应用会逐步增多，应对此设计和施工进行更深入的研究。

四、高层建筑的结构体系

对于高层建筑，水平荷载往往是控制设计的主要因素，故其结构体系常称为抗侧力体系。基本的钢筋混凝土抗侧力结构单元有框架、剪力墙、筒体等，南它们可以组成各种结构体系。高层建筑中常用的结构体系主要有框架结构、剪力墙结构、框架—剪力墙结构、筒体结构等。此外，还有衍架筒结构、悬挂结构等。

（一）框架结构体系

框架结构既是多层建筑中常用的结构型式，也是高层建筑中常用的结构型式。框架一般用钢筋混凝土作为主要结构材料。当层数较多、跨度、荷载很大时，也可以用钢材作为主要承重骨架的钢框架。

框架中的梁和柱除了承受楼板、屋面传来的竖向荷载外，还承受风或地震产生的水平荷载。竖向力由楼板通过栈梁传递给柱，再由柱传递到基础上去。水平荷裁也同样由楼板经过横梁传递给往，再传递到基础。框架体系的优点是建筑平面布置灵活，可以形成较大的空间，应用十分广泛。框架体系的主要缺点是结构横向刚度差，承受水平荷载的能力不高。在水平力作用下，框架结构底部各层梁、柱的弯矩显著增加，从而增大截面及配筋量，并对建筑平面布置和空间使用有一定的影响，此时与其他结构体系相比不经济。因此，当建筑层数大于 15 层或在地震区建造高层房屋时，不宜选用框架体系。

框架体系柱网的布置形式很多，可以结合不同的建筑类型选用。

（二）剪力墙结构体系

剪力墙以承受水平荷载为主，因其抗剪能力很强，故称为剪力墙，在抗震设防区也称为抗震墙。根据结构材料可分为钢筋混凝土剪力墙、钢板剪力墙、型钢混凝土剪力墙等。剪力墙的长度从几米到几十米，远大于框架柱的截面高度，因此其抗侧刚度也远大于框架柱，具有比框架结构更适合高层建筑的特性。剪力墙的厚度仅仅为几百毫米，故在其平面内有很大的刚度，而在平面外的刚度很小，一般可以忽略不计。由于受楼板跨度的限制，剪力墙结构的开间一般为 3 ~ 8 米，建筑布置极不灵活，一般多用于住宅、旅馆等小开间建筑。

现代城市的土地日趋紧张，为充分利用基地，建筑商常采用上部为住宅楼或办公楼，而下部开设商店的建筑形式。上下部建筑的功能完全不同，上部住宅楼和办公楼需要小开间，比较适合采用剪力墙结构，而下部的商店则需要大开间，适合采用框架结构。为满足这种建筑功能的要求，必须将这两种结构组合在一起。为完成这两种体系的转换，需在其交界位置设置巨型的转换大梁，将上部剪力墙的力传递至下部柱子上。这种为了使底层或底部若干层有较大的空间，将结构做成底层或底部若干层为框架、上部为剪力墙的结构称为框支剪力墙结构。

框支剪力墙结构部的剪力墙刚度较大，而下部的框架结构刚度较弱，其差一般较大，这对整幢建筑的抗震是非常不利的。在地震作用下，框支层的层间变形大，造成框支柱破坏，甚至能引起整栋建筑倒塌。因此，地震区不允许采用底层或底部宅层全部为框架的框支剪力墙结构，但允许根据实际情况用部分剪力墙落地、部分剪力墙由框架支承的部分框主力墙结构。

（三）框架—剪力墙体系

框架—剪力墙结构体系由框架和剪力墙组成，它克服了框架结构侧向刚度和剪力墙结构开间小的缺点，发挥了两者的优势，既可使建筑平面灵活布置，又能对层数不是太多（30层以下）的高层建筑提供足够的侧向刚度。由于楼盖在自身平面内的巨大刚度，框架与剪力墙协同受力，建力墙承担绝大部分水平荷载，框架则以承担竖向荷载为主，这样可以大大减少柱子的截面。这种体系一般用于办公楼、旅馆、住宅以及某些工艺用房。

（四）筒体结构体系

随着房屋高度的进一步增加，结构需要具有更大的侧向刚度，因而出现了筒体结构。

筒体结构是由一个或多个封闭的剪力墙做承重结构的高层建筑结构体系，适用于更高的高层建筑。

筒体结构可分为框筒体系、筒中筒体系、框架—筒体体系、成束筒体系等。

1. 框筒结构体系

框筒结构是由布置在建筑物周边的往距小、梁截面高的密柱深梁框架组成的空腹筒结构。框筒结构在侧向荷载作用下，不但与侧向力相平行的两相框架（常称为腹板框架）受力，而且与侧向力相垂直方向的两根框架（常称为翼缘框架）也参加工作，形成一个空间受力体系。框筒同时又作为建筑物围护墙。梁、柱间直接形成窗口。单独采用框筒作为抗侧力体系的高层建筑结构较少。框筒主要与内筒组成筒中筒结构或多个框筒组成束筒结构。

2. 筒中筒结构体系

筒中筒结构指用框筒作为外筒，将楼（电）梯间、管道竖井等服务设施集中在建筑平面的中心作为内筒，就成为筒中筒结构。筒中筒结构也是双重抗侧力体系，在水平力作用下，内外筒协调工作，外框筒的平面尺寸大，有利于抵抗水平力产生的倾覆力矩和扭矩；内筒采用钢筋混凝土墙或支撑框架，具有比较大的抵抗水平剪力的能力。筒中筒结构的适用高度比框筒结构更高。

3. 框架—核心筒结构体系

框架—核心筒结构指内芯由剪力墙构成，周边加大外框筒的柱距，减小梁的高度，形成稀柱框架，目的是调节建筑物对外视线、景观设计、建筑外形的单调等，形成了框架—核心筒结构。框架—核心筒结构的周边框架与核心筒之间形成的可用空间较大，广泛用于写字楼、多功能建筑等。

框架—核心筒结构可以采用钢筋混凝土结构、钢结构、混合结构（指由钢构件、钢筋混凝土构件和组合构件中的两种或两种以上的构件组成的结构）。

4. 成束筒结构体系

当建筑物高度增高或平面尺寸进一步加大，可采用成束筒（也称为组合筒或模数筒）结构，即由多个筒体组合在一起形成的筒体结构。成束筒结构中的每一个筒体，可以是方形、矩形或者三角形等；多个筒体可以组成不同的平面形状，其中任一个筒体可以根据需要在任何高度中止。

最典型的成束筒体系的建筑是 1974 年建成的美国芝加哥希尔斯大厦，110 层，443 米高，建筑面积为 413800 平方米，采用钢结构成束筒体系。

5. 桁架筒结构体系

为进一步提高高层建筑承受水平荷载的能力，增加体系的刚度，在筒体结构中，增加斜撑，由筒体和斜撑来共同承担水平荷载，减少侧向变形，这种结构体系称为杨架筒体系。由著名华裔建筑师贝聿铭设计的香港中国银行大厦，总建筑面积 12.9 万平方米，地面以上 70 层，楼高 315 米（到屋顶天线高 367.4 米）。大厦平面为正方形、沿对角线方向分为四组三角形区。上部结构为 4 个巨型三角形格架，斜腹杆为钢结构，竖杆为钢筋混凝土结构，钢结构楼面支承在巨型桁架上。4 个巨型桁架支承在底部三层楼高的巨大的钢筋混凝土框架上，最后由 4 个巨型柱将全部荷载传至基础。4 个巨型桁架延伸到不同的高度，最后只有一个桁架到顶。

除了上述几种结构体系外，在高层建筑中还有一些其他的结构体系。例如，悬挂结构体系，它将各楼层的重量通过支撑这些楼层的悬臂构件（梁或格架）传到核心筒上，再传至基础，使楼层柱由受压变成受拉。在钢结构高层建筑中就有这种结构形式，香港汇丰银行大厦采用的就是钢结构的悬挂结构。

第四节　特种结构

特种结构是指除普通的工业与民用建筑结构以外的，在建筑工程中具有特殊用途，且所受作用以及结构形式较复杂的一类结构，比如贮液池、水塔、电视塔、烟囱、筒仓等。下面对几种常见的特种结构作简要介绍。

一、贮液池

贮液池用于贮存液体，多建造于地面或地下。游泳池即为常见的储液池。

贮液池按材料可分为钢贮液池、钢筋混凝土贮液池、钢丝网水泥贮液池、砖石贮液池等。其中，由于钢筋混凝土贮液池具有耐久性好、节约钢材、抗渗性能好、构造简单等优点，应用最为广泛。

贮液池按施工方法又分为预制装配式贮液他和现浇整体式贮液池。

二、水塔

水塔是储水和配水的高耸结构，是给水工程中常用的构筑物，用来保持和调节给水管网中的水量和水压，并起到沉淀和安全用水的作用。作为一种较为特殊的构筑物，它的施工需要待别精心和讲究，若施工质量不好，轻则造成永久性渗水、漏水，重则报废不能使用。

（一）水塔的组成

水塔是由水箱、塔身、基础三部分组成的主体和出入水管、爬梯、平台、避雷照明装置、水位控制指示装置等附属设施组成。

水箱的形式有圆柱壳式、倒锥壳式、球形、箱型等，水箱可用钢丝网水泥、玻璃钢和木材建造。

水塔塔身一般用钢筋混凝土或砖石做成圆筒形，也可采用钢筋混凝土钢架或钢构架做成支架式塔身。

水塔基础的形式可根据水箱容量、水塔高度、塔身的类型、水平荷载的大小、地基的工程地质条件来确定。常用的基础类型有钢筋混凝土圆板基础、环板基础、单个锥壳与组合锥壳基础以及桩基础。当水塔容量较小、高度不大时，也可用砖石材料砌筑的刚性基础。

（二）水塔的分类

水塔按建筑材料不同可分为钢筋混凝土水塔、钢水塔、砖石塔身与钢筋混凝土水箱组合的水塔。

钢筋混凝土水塔具有坚固耐用，抗震性能好的特点，工业厂房或在较高烈度的地震区多建造此种类型水塔。

钢水塔由钢水箱、钢支座及钢筋混凝土基础等部分组成。这种水塔的部件可在工厂预制，而后运往工地安装，具有施工期限短，不受季节限制的优点，但用钢量较多，且维修费较贵。

钢筋混凝土及砖石混合材料水塔由钢筋混凝土水箱、砖石支座、钢筋混凝土或砖石基础等部分组成。此种水塔能就地取材，节省钢材，易于施工，但因重量较大，抗震性较差，在软弱地基及在 8 度以上的地震区不宜采用。

三、电视塔

电视塔是用于广播电视信号发射传播的建筑。目前应用最为广泛的电视塔为混凝土电视塔，即塔体结构大部分或全部由混凝土构成的电视塔，它由塔基础、塔体和发射天线组成。塔体和地基间，承受塔体作用的部分称为塔基础。塔基础顶面以上竖向布置的受力结构称塔体，塔体以上部分用于安装发射天线。电视塔的特点是高度较大、横截面较小，风荷载对电视塔起主要作用，结构自重不可忽视。

目前，世界上最高的电视塔为日本东京天空树电视塔（高 634 米），为世界第一高塔。我国电视塔的发展也十分迅速，1994 年，著名的上海东方明珠电视塔（高 468 米）竣工，其建筑风格独特，整个结构浑然一体，既雄伟又壮美，现已成为上海的城市名片。目前我国最高的电视塔为广州电视塔（高 600 米），为世界第二高电视塔。

四、烟囱

烟囱是工业中常用的构筑物，特别是锅炉房、电力、冶金、化工等企业中必不可少的附属建筑，是把烟气排入高空的高耸结构，能改善燃烧条件，减轻烟气对环境的污染。

一般来说，烟囱按建筑材料可分为砖烟囱、钢筋混凝土烟囱和钓烟囱三大类。

（一）砖烟囱

砖烟囱用普通黏土砖和水泥石灰砂浆砌筑，其高度一般不超过 50 米，多数呈圆柱形或圆锥形。

砖烟囱的优点是：可以就地取材，节省钢材、水泥和模板，砖的耐热性能比普通钢筋混凝土好，且由于砖烟囱体积较大，重心较其他建筑材料建造的烟囱低，故稳定性较好，在中小型锅炉中得到广泛的应用；砖烟囱的缺点是：自重大，材料数量多，整体性和抗震性较差，在温度应力作用下易开裂，施工较复杂，手工操作多，需要技术较熟练的工人。

（二）钢筋混凝土烟囱

钢筋混凝土烟囱多用于高度超过 50 米的烟囱，一般采用滑模施工。筋混凝土烟囱的外形多为圆锥形，沿高度有几个不同的坡度。

钢筋混凝土烟囱的优点是：自重较小，造型美观，整体性、抗风、抗震性好，施工简便，维修量小。目前，世界各国越来越趋向于使用钢筋混凝土烟囱。

（三）钢烟囱

钢烟囱的优点是：自重小，有韧性，抗震性能好，适用于地基差的场地；其缺点是：耐腐蚀性差，需经常维护。

钢烟囱按其结构形式的不同可分为拉线式、自立式和塔架式。

拉线式钢烟囱是由筒身和拉线共同组成稳定体系的钢烟囱，其耗钢量小，但拉线占地面积大，宜用于高度不超过 50 米的烟囱；立式钢烟囱是筒身仅靠自身的刚度和承载力，与基础一起构成一个稳定结构的钢烟囱，一般呈圆柱形或圆锥形。建造高度不超过 120 米；塔架式钢烟囱是由筒身和塔架共同组成稳定体系的钢烟囱，其整体刚度大，常用于高度超过 120 米的高烟囱，塔架式钢烟囱一般由塔架和排烟管组成，塔架是受力结构，平面呈三角形或方形，塔架内可以设置一个或若干个排烟管。

另外，除上述三种烟囱外，采用玻璃钢材料制作的玻璃钢烟囱以其抗老化性能好、在高温下耐腐蚀性能优良等独特优点，广泛应用于电力、化工、冶炼、石油等行业，作为腐蚀性或高温烟气的处理设备。

五、筒仓

筒仓是贮存粒状或粉状松散物体（如谷物、水泥、碎煤等）的立式容器，可作为生产企业调节和短期贮存生产原料用的附属设施，也可作为长期贮存料或粮食的仓库。筒仓是由各种不同截面、较高的单个筒仓并排组成的。筒仓底部安装卸料漏斗，仓筒上边的上通廊装有仓筒装料的运输设备。

筒仓可根据材料、平面形状、贮料高度、布置方式的不同而进行分类。

（一）按所用材料分类

根据所用的材料不同，筒仓可分为钢筋混凝土筒仓、钢筒仓和砖砌筒仓。从经济、耐用和抗冲击性能等多方面综合考虑，目前我国应用最广泛的是钢筋混凝土筒仓。随着经济的发展，钢筒仓也得到了越来越多的应用。

（二）按平面形状分类

根据平面形状的不同，筒仓可以分为圆形、矩形（正方形）筒仓、多边形筒仓等。圆形筒仓的仓壁受力合理，用料经济，所以其应用最为广泛。

（三）按筒仓的高度与平面尺寸的关系分类

根据筒仓的贮料高度与直径或宽度的比例关系不同，筒仓可以分为浅仓和深仓。

当H/D > 1.5时（H为仓深，D为圆仓内径或矩形仓短边长或正多边形仓的内接团直径）称深仓；H/D 小于 1.5 时称浅仓。由于在浅仓中所贮存的松散物料的自然坍塌线不与对面仓壁相交，一般不会形成料拱，因此可以自动卸料，即浅仓主要作为短期贮料用，而深仓中所存松散物体的自然坍塌线经常与对面立壁相交，形成料拱，引起卸料时堵塞，因此从深仓中卸料需要动力设施或人力，故深仓主要供长期贮料用。

（四）按布置方式分类

根据布置方法的不同，筒仓可分为独立仓和群仓。当储存的物料品种单一或储量较小时，用独立仓或单列布置，当储存的物料品种较多或储量大时，则布置成群仓。圆筒群仓的总长度一般不超过 60 米，方形群仓的总长度一般不超过 40 米。

当群仓长度过大或受力和地基情况较复杂对应采取适当措施，如设伸缩缝以消除混凝土的收缩应力和温度应力所产生的影响；设抗震给以减轻震害；设沉降缝以避免由于结构本身不同部分间存在较大荷载差或地基土承载力差等因素导致的不均匀沉降。

第三章　道路工程

第一节　城市道路工程的定义和特点

一、城市道路工程概述

（一）城市道路的定义

城市道路是指通达城市的各地区，供城市内交通运输及行人使用，便于居民生活、工作及文化娱乐活动，并与市外道路连接负担着对外交通的道路。

（二）城市道路发展简史

中国古代营建都城，对道路布置极为重视。当时都城有纵向、横向和环形道路以及郊区道路，并各有不同的宽度。中国唐代（618～907年）都城长安，明、清两代（1368～1911年）都城北京的道路系统皆为棋盘式，纵横井井有条主干道宽广，中间以交路连接便利居民交通。

巴基斯坦信德省印度河右岸著名古城遗址摩亨朱达罗城有排列整齐的街道，主要道路为南北向，宽约10米；次要道路为东西向。古罗马城（公元前15～前6世纪）贯穿全城的南北大道宽15米左右，大部分街道为东西向，路面分成三部分，两侧行人中间行车马，路侧有排水边沟。公元1世纪末的罗马城，城内干道宽25～30米，有些宽达35米，人行道与车行道用列柱分隔，路面用平整的大石板铺砌，城市中心没有广场。

随着历史的演进，世界各大城市的道路都有不同程度的发展，自发明汽车以后，为保证汽车快速安全行驶，城市道路建设起了新的变化。除了道路布目有了多种形式外，路面也由土路改变为石板、块石、碎石以至沥青湿凝土路面和水泥混凝土路面，以承担繁重的车辆交通，并设置了各种控制交通的设施。

（三）城市道路的要求

现代的城市道路是城市总体规划的主要组成部分，它关系到整个城市的有机活动。为了适应城市的人流、车流顺利运行，城市道路要具备以下要求：适当的路幅以容纳繁重的交通；坚固耐久、平整抗滑的路面以利车辆安全、舒适、迅捷地行驶；少扬尘、少噪声以利于环境卫生；便利的排水设施以便将雨雪水及时排除；充分的照明设施以利居民晚间活动和车辆运行；道路两侧要设置足够宽的人行道、绿化带、地上杆线、地下管线。

此外，城市道路还为城市地震、火灾等灾害提供隔离地带、避难处所和抢救通道（地下部分并可作人防之用）；为城市绿化、美化提供场地，配合城市重要公共建筑物前庭布置，为城市环境需要的光照通风提供空间；为市民散步、休息和体育锻炼提供方便。

（四）城市道路发展的展望

随着汽车工业的发展，各国汽车保有量飞速增加，各国城市道路为适应汽车交通的需要在数量上有大幅度增长，在质量上有大幅度提高，如世界大都市伦敦、巴黎、柏林、莫斯科、纽约、东京等，均建有完善的道路网为汽车交通运输服务，其他各国的城市道路也均有不同程度的发展。

但是由于城市的发展、人口集中，各种交通工具大量增加，城市交通日益拥挤，公共汽车行驶速度缓慢，道路堵塞，交通事故频繁，人民生活环境遭到废气、噪声的严重污染。解决日益严重的城市交通问题已成为当前重要课题。已开始实施或正在研究的措施有：一是改建地面现有道路系统，增辟城市高速干道、干路、环路以疏导、分散过境交通及市内交通，减轻城市中心区交通压力，以改善地面交通状况；二是发展地上高架道路与路堑式地下道路，供高速车辆行驶，减少地面交通的互相干扰；三是研制新型交通工具，如气势车、电动汽车、太阳能汽车等速度高、运量大的车辆，以加大运输速度和运量；四是加强交通组织管理，如利用电子计算机建立控制中心，研制自动调度公共交通的电子调度系统、广泛采用绿波交通、实行公共交通优先等；五是开展交通流理论研究，采用新交通观测仪器以研究解决日益严重的交通问题。

二、城市道路工程的特点

（一）准备期短，开工急

城市道路工程通常由政府出资建设，出于减少工程建设对城市日常生活的干扰这一目的，对施工周期的要求又十分严格，工程只能提前，不准推后，施工单位往往根据工期，倒排进度计划，难免缺乏周密性。

（二）施工场地狭窄，动迁量大

由于城市道路工程一般是在市内的大街小巷进行施工，旧房拆迁量大，场地狭窄，常常影响施工路段的环境和交通，给市民的生活和生产带来了不便，也增加了对道路工程进行进度控制、质量控制的难度。

（三）地下管线复杂

城市道路工程建设实施当中，经常遇到与供热、给水、煤气、电力、电信等管线位置不明的情况，若盲目施工极有可能挖断管线，造成重大的经济损失和严重的社会影响。同时也对道路工程进度带来负面影响，增加额外的投资费用。

（四）原材料投资大

城市道路工程材料使用量极大，在工程造价中，所占比例达到50%左右，如何合理选材，是工程监理工作质量控制的重要环节。施工现场的分布，运距的远近都是材料选择的重要依据。

（五）质量控制难度大

在城市道路的施工过程中，往往会出现片面追求施工进度，不求质量，只讲效益的情况，给施工监理工作带来了很大困难。

（六）地质条件影响大

城市道路工程中雨水、污水排水工程，往往受施工现场地质条件的影响，如遇现场地下水位高，土质差，就需要采取井点或深井阵水措施，待水位降至符合施工条件，才能组织沟棺的开挖，如管道埋设深、土质差，还需要沟槽边坡支护，方能保证正常施工。

第二节　城市道路的功能、组成和特点

一、城市道路的功能

道路是供各种车辆和行人等通行的工程设施。按其所处位置、交通性质、使用特点分为公路、城市道路、厂矿道路、林区道路及乡村道路等。它主要承受车辆荷载的重复作用和经受各种自然因素的长期影响。根据道路的不同组成和功能特点，道路分为两大类：公路与城市道路。位于城市郊区及城市以外、连接城市与乡村，主要供汽车行驶的具备一定技术条件和设施的道路，称为公路。而在城市范围内，供车辆及行人通行的具备一定技术条件和设施的道路，称为城市道路。

作为文化、政治和经济中心的城市，是在与它周围地区（空间）进行密切不断的联系中存在的。因此，一个城市对外交通的运输是促使这个城市产生、发展的重要条件，也是构成城市的主要物质要素。城市对外交通的方式是多种多样的。例如，航空、水运、铁路、道路等交通运输。而道路是"面"的交通运输，它比"点"和线的交通运输方式层有更大的机动灵活性，能够深入到各个领域。

在城市里，道路交通的运输功能更加明显。以汽车为主要工具的道路运输，无论在时间上或地区上都能随意运行。一方面，在货物品种、运输地段、运距以及包装形式等方面有较高的机动、迅速、准确、直接到位的机能；另一方面，随着人们生活方式的变化，有快捷、舒适、直达家门、机动评价高、尊重私人生活等优点。

道路按空间论，有四种功能：一是把城市的各个不同功能组成部分，例如，市中心区、工业区、居住区、机场、码头、车站、货物、公国、体育场（馆）等，通过城市道路加以连接起来的联系功能；二是把不同的区域，按用地分区，使其形成具有不同使用要求区域的区划功能；三是敷设备种设施的容纳功能；四是由城市道路网构成的美化城市功能。把这些功能有机地组成，道路空间便有种种作用。按道路空间的作用可分为四种空间：交通空间、环境空间、服务设施的容纳空间和防灾空间。

城市的各个功能组成部分，通过道路的连接，形成城市道路网（包括快速路、主干路、次干路和支路），构成统一的有机体。表现城市建筑各个方位的立面，以及建筑群体之间组合的艺术。把建筑这种"凝固的诗"通过在道路上律动的观点，变为"有节奏的乐章"，可以使人获得丰富而生动的环境感受。因此，城市道路在承担层基本的交通运输任务以外，同时还成为反映城市面貌与建筑风格的手段之一。

二、城市道路分类

城市道路的功能是综合性的，为发挥其不同功能，保证城市中生产、生活的正常进行，交通运输经济合理，应对道路进行科学的分类。

分类方法有多种形式：根据道路在城市规划道路系统中所处的地位划分为主干路、次干路及支路；根据道路对交通运输所起的作用分为全市性道路、区域性道路、环路、放射路、过境道路等；根据承担的主要运输性质分为客运道路、货运道路、客货运道路等；根据道路所处环境划分为中心区道路、工业区道路、仓库区道路、文教区道路、行政区道路、住宅区道路、风景游览区道路、文化娱乐性道路、科技卫生性道路、生活性道路、火车站道路、游览性道路、林荫路等。在以上各种分类方法中，主要是满足道路在交通运输方面的功能。《城市道路设计规范》（CJJ37-90）中以道路在城市道路网中的地位和交通功能为基础，同时也考虑对沿线的服务功能，将城市道路分为四类，即快速路、主干路、次干路与支路。

（一）快速路

快速路完全为交通功能服务，是解决城市大容量、长距离、快速交通的主要道路。快速路要有平顺的线型，与一般道路分开，使汽车交通安全、通畅和舒适。与交通量大的干路相交时应采用立体交叉，与交通量小的支路相交时可采用平面交叉，但要有控制交通的措施。两侧有非机动车时，必须设完整的分隔带。横过车行道时，需经由控制的交叉路口或地道、天桥。

（二）主干路

主干路为连接城市各主要分区的干路，是城市道路网的主要骨架，以交通功能为主。主干路上的交通要保证一定的行车速度，故应根据交通量的大小设置相应宽度的车行道，以供车辆通畅地行驶。线形应顺捷，交叉口宜尽可能少，以减少相交道路上车辆进出的干扰，平面交叉要有控制交通的措施，交通量超过平面交叉口的通行能力时，可根据规划采用立体交叉。机动车道与非机动车道应用隔离带分开。交通量大的主干路上快速机动车如小客车等也应与速度较慢的卡车、公共汽车等分道行驶。主干路两侧应有适当宽度的人行道。应严格控制行人横穿主干路。主干路两侧不宜建筑吸引大量人流、车流的公共建筑物，如剧院、体育馆、大商场等。

（三）次干路

次干路是城市区域性的交通干道，为区域交通集散服务，兼有服务功能，配合主干路组成道路网。次干路是一个区域内的主要道路，是一般交通道路兼有服务功能，配合主干路共同组成干路网，起广泛联系城市各部分与集散交通的作用，一般情况下快慢车混合行驶。条件许可时也可另设非机动车道。道路两侧应设人行道，并可设置吸引人流的公共建筑物。

（四）支路

支路为次干路联系各居住小区的连接线路解决局部地区交通，直接与两侧建筑物出入口相接，以服务功能为主，也起集散交通的作用，两旁可有人行道，也可有商业性建筑。

大、中、小城市现有道路行车速度、路面宽度、路面结构厚度、交叉口形式等都有区别，为了使道路既能满足使用要求，又节约投资及土地，《城市设计规范》（CJJ37-90)中规定：除快速路外，每类道路按照所占城市的规模、设计交通量、地形等分为Ⅰ、Ⅱ、Ⅲ级。大城市应采用各类道路中的Ⅰ级标准；中等城市应采用Ⅱ级标准；小城市应采用Ⅲ级标准。有特殊情况需变更级别时，应做技术经济论证，报规划审批部门批准。

《中国中小城市发展报告（2010）》中指出，近年来，中国城市飞速发展，城乡人口流动频繁，农业人口、非农业人口之间的界限模糊化，城市人口规模迅速膨胀，许多县级城市(包括县级建制市和规模较大的县的中心城镇)的市区常住人口已经达到或超过20万、50万的临界值。城市化的高速发展使原有的城市划分标准已经不适应现实的需要。为此，绿皮书依据中国城市人口规模现状，提出的全新划分标准为：市区常住人口50万以下的为小城市，50万～100万的为中等城市，100万～300万的为大城市，300万～1000万的为特大城市，1000万以上的为巨大型城市。

四、城市道路路面分类

城市道路路面按照以下方式分类：

（一）按结构强度分类

1. 高级路面

路面强度高、刚度大、稳定性好是高级路面的特点。它使用年限长，适应于繁重交通量，且路面平整、车速高、运输成本低，建设投资高，养护费用少，适用于城市快速路、主干路。

2. 次高级路面

路面强度、刚度、稳定性、使用寿命、车辆行驶速度、适应交通量等均低于高级路面，但是维修、养护、运输费用较高，城市次干路、支路可采用。

（二）按力学特性分类

1. 柔性路面

在荷载作用下产生的弯沉变形较大、抗弯强度小。在反复荷载作用下产生累积变形，它的破坏取决于极限垂自变形和弯拉应变。柔性路面主要代表是各种沥青类路面。

2. 刚性路面

在行车荷载作用下产生板体作用。抗弯拉强度大，弯沉变形很小，呈现出较大性，它的破坏取决于极限弯拉强度。刚性路面主要代表是水泥湿凝土路面。

五、路基与路面的性能要求

城市道路由路基和路面构成。路基是在地表按道路的线型（位置）和断面（几何尺寸）的要求开挖或堆填而成的岩土结构物。路面是在路基顶面的行车部分用不同粒料或混合料铺筑而成的层状结构物。

（一）路基的性能要求

路基既为车辆在道路上行驶提供基本条件，也是道路的支撑结构物，对路面使用性能有重要影响。对路基性能要求的主要指标有：

1. 整体稳定性

在地表上开挖或填筑路基，必然会改变原地层（土层或岩层）的受力状态。原先处于稳定状态的地层，有可能由于填筑或开挖而引起不平衡导致路基失稳。软土地层上填筑高路堤产生的填土附加荷载如超出了软土地基的承载力，就会造成路堤沉陷；在山坡上开挖深路堑使上侧坡体失去支承，有可能造成坡体坍塌破坏。在不稳定的地层上填筑或开挖路基会加剧滑坡或坍塌。必须保证路基在不利的环境（地质、水文或气候）条件下具有足够的整体稳定性，以发挥路基在道路结构中的强力承载作用。

2. 变形量

路基及其下承的地基，在自重和车辆荷载作用下会产生变形，如地基软弱填土过分疏松或潮湿时，所产生的沉陷或固结、不均匀变形，会导致路面出现过量的变形和应力增大，促使路面过早破坏并影响汽车行驶舒适性。由此，必须尽量控制路基、地基的变形量，才能给路面以坚实的支承。

（二）路面的使用要求

路面直接承受行车的作用。设置路面结构可以改善汽车的行驶条件，提高道路服务水平（包括舒适性和经济性），以满足汽车运输的要求。路面的使用要求指标是：

1. 平整度

平整的路表面可减小车轮对路面的冲击力，行车产生附加的振动小不会造成车辆颠额，能提高行车速度和舒适性，不增加运行费用。依靠优质的施工机具、精细的施工工艺、严格的施工质量控制及经常、及时的维修养护，可实现路面的高平整度。为减缓路面平整度的衰变速率，应重视路面结构及面层材料的强度和抗变形能力。

2. 承载能力

当车辆荷载作用在路面上，使路面结构内产生应力和应变，如果路面结构整体或某一结构层的强度或抗变形能力不足以抵抗这些应力和应变时，路面使出现开裂或变形（沉陷、车辙等），降低其服务水平。路面结构暴露在大气中，受到温度和湿度的周期性影响，也会使其承载能力下陷。路面在长期使用中会出现疲劳损坏和塑性累积变形，需要维修养护，但频繁维修养护势必会干扰正常的交通运营。为此，路面必须满足设计年限的使用需要，具有足够抗疲劳破坏和塑性变形的能力，即具备相当高的强度和刚度。

3. 温度稳定性

路面材料特别是表面层材料，长期受到水文、温度、大气因素的作用，材料强度会下降，材料性状会变化，如沥青面层老化，弹性－黏性＝塑性逐渐丧失，最终路况恶化，导致车辆运行质量下降。为此，路面必须保持较高的稳定性，即具有较低的温度、湿度敏感度。

4. 抗滑能力

光滑的路表面使车轮缺乏足够的附着力，汽车在雨雪天行驶或紧急制动或转弯时，车轮易产生空转或溜滑危险，极有可能造成交通事故。因此，路表面应平整、密实、粗糙、耐磨，具有较大的摩擦系数和较强的抗洪能力。路面抗滑能力强，可缩短汽车的制动距离，降低发生交通安全事故的频率。

5. 透水性

路面应具有不适水性，以防止水渗入道路结构层和土基，致使路面的使用功能降低。

6. 噪声量

城市道路在使用过程中产生的交通噪声，使人们出行感到不舒适，居民生活质量下降。城市区域应尽量使用低噪声路面，为营造静谧的社会环境创造条件。

第三节　城市道路线形

城市道路线形设计是城市道路总体设计、总体布局的关键。线形作为城市道路的骨架，其设计合理与否，不仅直接关系到城市道路建设项目的质量好坏、里程长短、投资多少、效益高低，更直接影响到城市道路运行安全。道路线形必须符合汽车行驶特性的要求，线形设计中应注重线形指标的选取和平、纵线形合理组合，保证城市道路线形指标的均衡性、一致性和线形的连续性，以满足汽车高速及安全行驶的需要。

一、城市道路线形设计的相关概述

（一）城市道路线形设计的定义

城市道路线形包括城市道路平面线形和城市道路纵断面线形。城市道路平面线形是城市道路线路在平面上的投影；城市道路纵断面线形是城市道路线路空间位置在立面上的投影。根据城市道路线路所处的地形、水文、地质条件，设计符合各种行车条件的城市道路平面线形和纵断面线形的工作，即为城市道路线形设计。城市道路线形对行车速度、行车安全和舒适性的影响极大。因此，城市道路工程技术对城市道路线形制定了一系列技术指标。

（二）城市道路线形设计的基本原则

城镇地区干线城市道路的选线和线形设计，除上述事项外，还必须注意以下各点：

第一，考虑沿途的土地利用类型。当进行城镇地区干线城市道路的线形设计时，特别要考虑路线经过地区的文化区和日常生活区。当干线城市道路割断沿途居民的居民区时，必然要给居民造成生活上和习惯上的不便，还影响到安全，有时不能发挥干线城市道路本身的性能。

第二，要考虑与既有城市道路网的关系，选定不形成多路交叉和变形交叉的线形。不得不采用这种线形时，也必须对交叉城市道路做一些调整和改善。

第三，从保证安全和提高通行能力的角度出发，应避免采用在立体交叉的端部或道口、城市高速道路的驶出驶入匝道的近处，设置平面交叉的线形。

第四，当设计城市道路时，为了保证行车的安全和顺适，必须尽量使各种线形要素达到均衡，设计车速便是使各项线形要素能达到均衡的一个指标。

二、城市道路横断面设计

城市道路的横断面形式一船分为单幅路、双辐路、三幅路和四辐路四种类型。

（一）单幅路

单幅路又称为一块板，不需设置分隔带，人非共板形式出现在单幅路上，非机动车与行人混行，以画线分隔，设计宽度一般在 3 ～ 4m；机非混行车道形式也出现在单幅路上，以划线分隔机动车道和非机动车道，宽度一般设计为 3 ～ 4m；单幅路非机动车车道宽度一般设置为 2.5m 左右，经常机械的采用划分隔线的形式区分机动车道和非机动车道，断面上机动车与非机动车混合行驶。单幅路由于道路宽度较窄，往往在人行道上进行绿化，在单幅路下面可埋设各种管线在单幅路上引起非机动车进入机动车道主要有公交站点的设置和路边停车两个重要因素。我国城市道路中单幅路大多设置为沿人行道的非港湾式公交停靠站，然而非机动车同时也在道路断面上行驶，当公交车到站时就会行驶到非机动车道，占用非机动车道的行驶空间，此时行驶的非机动车就会改变行驶速度或者改变行驶方向，偏向于机动车道行驶，就会造成机非混合行驶的干扰，造成交通安全隐患，所以在公共汽车停靠站处，为了减少非机动车对公共车的干扰，应采取相应的管理措施。

（二）双幅路

双幅路又称为两块板，双幅路中间有中央分隔带，可以布置绿化带对绿化、照明、管线等敷设都比较有利，有利于空气净化，加强了大自然气氛，有效改善城市道路环境，在双幅路机动车车行道下面可以布置排水管线，绿化带下可以布置其他管线。双幅路由于机动车和非机动车混合行驶，导致交通流的特征复杂，经常机械的采用划分隔线的形式区分机动车道和非机动车道，宽度一般设计为 3 ～ 4m。在双幅路形式下引起非机动车进入机动车道的两个重要因素同样也是公交站点的设置形式和路边停车。双幅路的设置主要考虑机动车的通行状况，在城市郊区较多设置，由于郊区多以机动车出行，行人较少，所以行车速度会很高，对于附近有辅路可供非机动车行驶的城市主干路或快速路也可设置。随着出行距离的增大，城市道路网也随着城市的发展逐步建成，城市居民的出行方式更加偏向于机动车，城市干路横断面采用双幅路的形式可以增加城市干路的机动车流量和提高通行能力。

（三）三幅路

三幅路形式是构成城市道路网的主要结构，为城市的交通运输起到决定性的作用。许多发达国家的城市道路横断面往往设置为三幅路断面，三幅路形式可以解决城市非机动车数量增多带来的机非干扰问题。大量非机动车和行人在三幅路横断面上时，不仅增多了机动车与非机动车的相互影响机会，机动车与自行车交通流混行，使得机非行驶相互干扰，在道路交叉口尤为严重，其路段通行能力下降25% ～ 35% 左右，还对行人的安全造成威胁，严重影响了道路的通行能力。非机动车道可以在三幅路断面上单独设置，宽度一般设计为 4m 以上。城市道路中往往在三幅路加上中央护栏，可以防止行人横穿马路，保障机动车行驶安全畅通，这样三幅路实际上就变成了四幅路的交通形式。

三幅路大多设置为沿机非分隔带的非港湾式公交停靠站，其缺点是公交车一直占用机动车道，就会对尾随公交车行驶的机动车辆产生影响，造成其他机动车辆在公交车进出站时，及时改变行车速度或行车方向，还有可能造成被迫停车，降低道路通行能力。

道路横断面采用三幅路的形式，不利于行人横穿道路，行人穿越道路需要较长的时间，尤其对那些行动不便的人影响更大，故当道路两边存在大量吸引人流的地区时不宜采用三幅路横断面的形式。但随着城市化的迅猛发展，非机动车道上非机动车逐渐减少，可以适当缩窄宽度增加机动车道数，但是机动车道与非机动车道存在分隔带，以至于不能合理的改建，造成道路资源的严重浪费。三幅路的绿化形式经常采用三板四带式，其绿化布置为行道树和两侧分车绿带，绿化效果相对较好。

（四）四幅路

用三条分车带使机动车对向分流、机非分隔的道路称为四幅路。四幅路的路段交通流呈连续流状态，根据道路功能采用不同的方式进行交叉口的衔接。主干路是实行交叉口渠化，快速路则是根据相交道路等级作立体衔接，为了保障了交通流的连续性，避免对向机动车和非机动车之间的干扰，还应设置了分车带和中央分隔带，分别保证了机动车和非机动车的运行效率与交通安全。四幅路一般采用港湾式公交停靠站，且停靠站长度应至少大于一辆公交车的长度。还应设置中央安全岛，或者人行天桥和地下通道来保障行人的通行安全。四幅路的绿化布置空间相对宽裕，其绿化效果相对其他道路要好，较好的美化城市容貌，给驾驶员和行人带来良好的舒适感和清新感。

三、纵断面线形设计

（一）坡度和坡长

汽车在长大纵坡路段上行车，上坡容易因动力受限行驶速度下降影响车辆行驶的连续性，下坡会因制动器发热导致制动失灵，这都是很不安全的。因此，设计中做好坡度、坡长限制和缓和坡段的应用是十分重要的。设计速度为120km/h、100km/h、80km/h的高速城市道路受地形条件或其他特殊情况限制时，经技术经济论证，最大纵坡值可增加1%。

（二）竖曲线半径和视距

过小的竖曲线半径将导致视距的不足。凹型竖曲线过小还会引起离心加速度过大及排水问题，凸形竖曲线太小还会引起跳车，这都是不安全因素。应逐个检查竖曲线半径和长度是否符合标准要求。对夜间交通量较大、沿线有跨路桥的路段，其半径和曲线长度应进行验算。

（三）平纵线形组合

优良的道路几何线形组合设计应为：宽阔连续的视野能使驾驶员自觉地保持随时对车

辆行驶状态进行及时的调整，并为驾驶员在遇到紧急情况时采取安全措施赢得时间。

为了保证具有明显的立体曲线形体和排水优势，在设计时应该尽量做到平曲线与竖曲线相重合，平曲线稍长于竖曲线，即所谓时"平包竖"，取凸形竖曲线的半径为平曲线半径的 10 ~ 20 倍。应避免将小半径的竖曲线设在长的直线段上。

保持平曲线和竖曲线两种线形大小的均衡，在平纵线形组合设计中极为重要。几何线形的均衡性是保证安全的重要前提。相关文献表明：若平曲线半径小于 1000m，竖曲线半径大约为平曲线半径的 10 ~ 20 倍时，便可达到均衡的目的。

四、平面线形设计

道路平面反映了道路在地面上所呈现的形状和沿线两侧地形、地物的位置，以及道路设备、交叉、人工构筑物等的布置。城市道路包活机动车道、非机动车道、人行道、路缘石(侧石或道牙)、分隔带、分隔墩、各种检查井和进水口等。明确了道路走向后，在合乎交通要求并适应地形、地物的情况下，确定道路在平面上的直线、曲线、缓和曲线，使线形平顺地衔接，组成道路平面线形设计，以满足汽车行驶安全与迅速、人的感觉变换舒适，以及运输和工程合乎经济等要求。

（一）城市道路平面设计控制原则

线形应尽可能直线，且与周围地形环境相适应；尽量采用大半径而和缓的曲线，避免急弯；线形各部分应保持协调，如避免在长直线尽头有急弯或弯道突然由缓变急；高、长填方路段应采用直线或缓弯；在复曲线中，应避免采用曲率相差过多的曲线；应避免设置断背曲线，即不要在两同向曲线间连以短的直线；平面线形应与纵断面相协调。

（二）道路平面线形设计内容

道路平面线形最基本的是直线和曲线。直线最短捷，但为了适应地形、地物条件，避开路线上的障碍物，并满足某些技术上和经济上的要求，往往插入曲线，以便车辆能够平顺地改变方向。这些曲线多用圆曲线，也称弯道或平曲线。

1. 平曲线半径

汽车在平曲线路段上行驶时，将产生离心力。由于离心力作用，汽车将产生侧向滑移。车辆在曲线上稳定行驶的必要条件是横向力系数要小于路面提供的极限摩擦系数。圆曲线半径越大，横向力系数就越小，汽车就越稳定，所以从汽车行驶稳定性出发，圆曲线半径越大越好。但有时因受地形、地质、地物等因素的限制，圆曲线半径不可能设置得很大。因此，在路线设计中采取设置超高来减轻或消除横向力的影响。

2. 加宽

汽车在平曲线上行驶时，各个车轮的轨迹不相同，靠平曲线内侧后轮的曲线半径最小，而靠平曲线外侧前轮行驶的半径最大，即在平曲线路段上行车部分宽度比直线路段为大。

为了汽车在转弯中不侵占相邻车道，平曲线路段的车行道必须靠曲线内侧加宽。加宽值根据车辆对向行驶时两车之间的相对位置，以及行车摆动幅度在平曲线上的变化，综合确定，它又与平曲线半径、车型以及行车速度有关。

3. 超高

在设计平曲线时，由于受地形、地理等因素的影响，往往不可能都采用较大的平曲线半径，当采用较小的平曲线半径时，为使汽车转弯时不致倾覆和滑移，保证车辆行驶的稳定性，需将路面外侧提高，把原来的双面坡改成为向内侧倾斜的单面坡。

4. 缓和曲线

当汽车从直线地段驶入曲线时，为了缓和行车方向的突变和离心力的突然发生和消失，并能使汽车不减速而平稳地通过，在平曲线两端采用适应汽车转向和离心力渐变的缓和曲线，用来连接直线和平曲线。

五、城市道路交叉口设计

两条或两条以上道路的相交处，车辆、行人汇集，转向和疏散的必经之地，为交通的咽喉。因此，正确设计道路交叉口，合理组织、管理交叉口交通，是提高道路通行能力和保障交通安全的重要方面。

城市道路交叉应根据道路交通网规划、相交道路等级及有关技术、经济和环境效益的分析合理确定。道路交叉口分平面交叉口、环形交叉口和立体交叉口。

（一）平面交叉口

平面交叉口是道路在同一个平面上相交形成的交叉口。通常有 T 形、Y 形、十字形、X 形、错位、环形等形式。车辆通过无交通管制的平面交叉口时，因驶向不同，相互交叉形成冲突点。事实上每一个冲突点都是一个潜在的交通事故点。

平面交叉口的交通安全和通行能力，在很大程度上取决于交叉口的交通组织。通常有用各种交通信号灯组织交通，环行组织交通，用各种交通岛（分车岛、中心导向岛和安全岛）交通标志、道路交通标线等渠化路口交通。

（二）立体交叉口

立体交叉口是道路不在同一个平面上相交形成的立体交叉。它将互相冲突的车流分别安排在不同高程的道路上，既保证了交通的通畅，也保障了交通安全。立体交叉主要由立交桥、引道和坡道三部分组成。立交桥是跨越道路的跨路桥或下穿道路的地道桥。引道是道路与立交桥相接的桥头路。坡道是道路与立交桥下路面连接的路段。互通式立体交叉还有连接上、下两条相交道路的匝道。

（三）环形交叉口

环形交叉口是在路口中间设置一个面积较大的环岛（中心岛），车辆交织进入环道，并绕岛单向行驶。这样，既可使车辆以交织运行的方式来消除冲突点，同时又可通过环岛绿化美化街景。适宜采用环形交叉口的条件是：地形开阔平坦；交叉口为四岔以上的路口；相交道路交通量均匀；左转弯交通量大；路口机动车总交通量每小时不大于3000辆轿车。当有非机动车通过时，机动车交通量还要降低。其缺点是：占地面积大；车辆须绕行；交通量增大时易阻塞；行人交通不便。英国采用环形交叉口比较多。英国运输与道路研究实验室研究认为：缩小环岛尺寸可以提高通行能力。

1. 中心岛形状和尺寸的确定

环形交叉口中心岛多采用圆形，主次干路相交的环行交叉口也可采用椭圆形的中心并使其长轴沿主干路的方向，也可采用其他规则形状的几何图形或不规则的形状。中心岛的半径首先应满足设计车速的需要，计算时按路段设计行车速度的0.5倍作为环道的设计车速，依此计算出环道的圆曲线半径，中心岛半径就是该圆曲线半径减去环道宽度的一半。

2. 环道的交织要求

环形交叉是以交织方式来完成直行同右转车辆进出路口的行驶，一般在中等交通密度，非机动车不多的情况下，最小交织距离最好不应小于4s的运行距离。车辆沿最短距离方向行驶交织时的交角称为交织角，交织角越小越安全。一般交织角在20°～30°之间为宜。

3. 环道宽度的确定

环道即环绕中心岛的车行道，其宽度需要根据环道上的行车要求确定。环道上一般布置3条机动车道，1条车道绕行，1条车道交织，1条作为右转车道；同时还应设置1条专用的非机动车道。车道过多会造成行车的混乱，反而有碍安全。一般环道宽度选择18米左右比较适当，即相当于3条机动车道和1条非机动车道，再加上弯道加宽值。

第四节　城市道路路基构造

一、路基的特点

城市道路路基是路面的基础，也是道路结构目的重要组成部分，主要承受路面的重量及由路面传递下来的行车荷载与行人荷载。此外，路基还受水流、雨雪、冰凉、风沙的侵袭。因此，路基本体必须坚实、稳固，具有足够的强度和耐久性，能抵抗各种自然因素的侵害。路基的强度和稳定性是保证路面强度和稳定性的基本条件。如果保证了路基的强度和稳定性，对路面结构的稳定性将起到根本性的保证作用，否则尽管路面结构做得再好，也会出现早期破坏，缩短维修周期，造成经济上的浪费和社会效益的损失。

由于城市道路地下管线多，故路基不仅为路面及道路附属设施施工提供场地，而且为地下管线施工提供场所，并对各种地下管线设施起重要的保护作用。

城市道路路基工程具有以下特点：

（一）准备期短，开工急

城市道路工程通常由政府出资建设，出于减少工程建设对城市日常生活的干扰这一目的，对施工周期的要求又十分严格，工程只能提前，不准推后，施工单位往往根据工期，例排进度计划，难免缺乏周密性。

（二）施工场地狭窄，动迁量大

由于城市道路工程一般是在市内的大街小巷进行施工，旧房拆迁量大，场地狭窄，常常影响施工路段的环境和交通，给市民的生活和生产带来了不便，也增加了对道路工程进行进度控制、质量控制的难度。

（三）地下管线复杂

城市道路工程建设实施当中，经常遇到供热、给水、煤气、电力、电信等管线位置不明的情况，若盲目施工极有可能挖断管线，造成重大的经济损失和严重的社会影响。同时也对道路工程进度带来负面影响，增加额外的投资费用。

（四）各方关系复杂

城市道路工程施工中情况十分复杂，关系到个各方面。特别是拆迁工作经常滞后，多头管理，众口难调，随之而来的扯皮、踢球现象并不鲜见，不但影响了工期（有时不得不干干停停），也使原本就很困难的质量管理工作更推进行。

（五）质量控制难度大

在城市道路的施工过程中，往往会出现片面追求施工进度工方效益的情况，给施工监理工作带来了很大困难。

（六）地质条件影响大

城市道路中雨水、污水排水工程，往往受施工现场地质条件的影响，如遇现场地下水位高，土质差，就需要采取井点或深井防水措施，待水位降至施工条件，才能组织沟槽的开挖，如管道埋设深，土质差，还需要沟槽边坡支护，方能保证正常施工。

二、路基的要求

路基作为承受行车荷载的结构物，除断面尺寸和高程应符合设计标准的要求外，还应满足以下基本要求：

（一）具有足够的强度

路基承受由路面传递下来的行车荷载，还要承受路面和路基的自重，势必对路基土产生一定的压力。这些压力郁可能使路基产生一定的变形，直接损坏路面的使用品质。因此，要求路基应具有足够的强度，以保证在车辆荷载、路面及路基自重作用下，变形不超过允许值。

（二）具有足够的整体稳定性

路基是直接在地面上填筑或挖去一部分地面构成的。路基修筑后改变了原地面的天然平衡状态。在某些地形、地质条件下，路堑边坡可能滑塌，路堤可能沿陡坡下滑。为使路基具有抵抗自然因素侵蚀的能力，必须采取一定的技术措施，保证路基整体结构的稳定形。

（三）具有足够的水温稳定性

路基在地面水和地下水的作用下，其强度将显著地降低。特别是在季节性冰凉地区，由于水温状况的变化，路基将发生周期性冻融作用，使路基强度急剧下降。因此，对于路基，不仅要求有足够的强度，而且还应保证在最不利的水温状况下，保持其强度特性。即强度不显著降低，这就要求路基应具有一定的水温稳定性。

城市道路路基是一种线形结构物，具有距离长、与大自然接触面广的特点。其稳定性在很大程度上由当地自然条件决定。因此，需深入调查道路沿线的自然条件从整体到局部，从地区到具体路段去分析研究，掌握各有关自然因素的变化规律、水温情况及人为因素对路基稳定性的影响，从而因地制宜地采取有效工程技术措施以确保路基具有足够的强度和稳定性。

三、路基的形式

为了满足行车的要求，路基有些部分高出原地面，需要填筑，有些部分低于原地面，需要开挖。因此，路基横断面形状各不相同。典型的路基横断面有全填式（路堤）、全挖式（路堑）、半填半挖式及不填不挖式四种类型。

（一）全填式（路堤）

高于原地面的填方路基称全填式（路堤）。路床以下的路堤分上、下两层，路床底面以下 80 ~ 150 厘米范围内的填方部分为上路堤，上路堤以下的填方部分为下路堤。按其所处的条件及加固类型的不同还有沿河路堤、陡坡护脚路堤及挖渠填筑路等。

（二）全挖式（路堑）

低于原地面的挖方路基称为全挖式（路堑）。

（三）半填半挖式

在一个断面内，部分为路提、部分为路堑的路基称为半填半挖式路基。若处理得当，路基稳定可靠，这种形式是比较经济的。但由于开挖部分路基为原状土，而填方部分为扰动土，往往这两部分密实程度不相同，若处理不当，这类路基会在填挖交界面处出现纵向裂缝等病害，因此，应加强境挖交界面结合处的压实。

（四）不填不挖式

若原地面高程与路基高程基本相同，即构成不填不挖的路基断面形式。

四、路基的设计要求

路基设计应因地制宜，合理利用当地材料与工业废料。路基必须密实、均匀、稳定。路槽底面土基设计回弹模量值宜大于或等于 20MPa。特殊情况不得小于 15MPa。不能满足上述要求时应采取措施提高土基强度。

（一）路基设计调查

路基设计应进行下列调查工作：一是查明沿线的土类或岩石类别，并确定其分布范围。选取代表性土样测定颗粒组成、天然含水量及液限、塑限；判断岩石的风化程度及节理发育情况。二是查明沿线古河道、古池塘、古坟场的分布情况及其对路基均匀性的影响。三是调查沿线地表水的来源、水位、积水时间与排水条件。四是调查沿线浅层地下水的类型、水位及其变化规律，判断地下水对路基的影响。五是调查该地区的降水量、蒸发量、冰冻深度、气温、地温与土基的天然含水量变化规律，确定土基强度的不利季节。六是调查临近地区原有道路路基的实际情况，作为新建道路路基设计的借鉴。七是调查沿线地下管道回填土的土类及密实度。八是调查道路所在地区的地震烈度。

（二）路基土的分类

自然界的土往往是各种不同大小颗粒的混合物。在道路工程的勘察、设计与施工中，需要对组成路基土的混合物进行分析、计算与评价。因此，对地基土进行科学的分类与定名十分必要。

我国道路用土依据土的颗粒组成特征、土的塑性指标和土中有机质存在的情况，分巨粒土、粗粒土、细粒土、有机土和特殊土 5 类。

（三）路基设计的基本要求

为保证路基的强度和稳定性，在进行路基设计时应符合下列要求：路基必须密实、均匀、稳定；路基地面土基设计回弹模量值宜大于或等于 20MPa，特殊情况下不得小于 15MPa。不能满足上述要求时应采取措施提高土基强度；路基设计应因地制宜，合理利用当地材料和工业废料；对特殊地质、水文条件的路基，应结合当地经验按有关规范设计。

路基设计应根据当地自然条件和工程地质条件，选择适当的路基模断面形式和边坡度。河谷地段不宜侵占河床，可视具体情况设目其他的结构物和防护工程。

（四）路基的基本构造

1.路基宽度

城市道路具有不同功能的各组成部分，如机动车行道、非机动车行道、人行道、分隔带、路缘带和设施带等。供各种车辆在同一路面宽度内混合行驶的路幅，统称为车行道；其宽度称为车行道宽度，又称为单幅路宽度。如设有分隔带（墩或线）把机动车和非机动车分开行驶，道路由多幅路构成，其车行道宽度应从机动车道与非机动车道的横向排列组合来确定。道路路幅宽度应使道路两侧的临衔建筑物有足够的日照和良好通风，还应使行人、车辆穿越时能有较好视野看到沿街建筑物的立面造型，感受良好街景。而路基宽度应结合道路横断面上的交通组织特点及其布置的路幅形式，对道路上各组成部分所占用的宽度作和。即路基宽度为道路上各组成部分所占用的宽度之和。

2.路基高度

城市道路的路基高度是指路基设计高程与路中线原地面高程之差填挖高度或施工高度。城市道路纵断面的设计线通常为车行道中心线，一般以与车行道中心线相应的路基中心线的设计高程作为路基设计高程，当道路横断面为双幅路（两块板），或不在同一高程上时，则应分别定出各个不同车行适中心线的设计高程。

路基高度是影响路基稳定性的重要因素。它也直接影响到路面的强度和稳定性、路面厚度和结构及工程造价。为此，在取土困难、用地受到限制、地质或水文地质条件不良，不能满足要求时，则应采取相应的排水、防护或加固等处治措施，以确保路基的强度和稳定性。

第五节　城市道路路面构造

一、路面的分类与分级

（一）路面分类

路面类型从路面结构的力学特性和设计方法的相似性出发，将路面划分为柔性路面、刚形路面和半刚性路面三类。

1.柔性路面

柔性路面的总体结构刚度较小，弯沉变形较大，抗弯拉强度较低，它通过各结构层将车辆荷载传递结土基，便土基承受较大的单位压力。路基路面结构主要靠抗压强度和抗剪强度承受车辆行载的作用。柔性路面主要包括各种未经处理的粒料基层和各类沥青面层、碎（砾）石面目或块石面目组成的路面结构。

2. 刚性路面

刚性路面主要指用水泥混凝土作面层或基层的路面结构。它的抗弯拉强度高，弹性模量高，故呈现出较大的刚性。路面结构主要靠水泥混凝土板的抗弯拉强度承受车辆荷载，通过板体的扩散分布作用，传递给基础上的单位压力较柔性路面小得多。

3. 半刚性路面

用水泥、石灰等无机结合料处治的土或碎（砾）石及合有水硬性结合料的工业废造修筑的基层，在前期具有柔性路面的力学性质，后期的强度和刚度均有较大幅度的增长，但是最终的强度和刚度仍远小于水泥混凝土。由于这种材料的刚性处于柔性路面与刚性路面之间，因此把这种基层和铺筑在它上面的沥青面层统称为半刚性路面。这种基层称为半刚性基层。

（二）路面分类

通常按路面面层的使用品质、材料组成类型以及结构强度和稳定性为四个等级。

1. 高级路面

高级路面的特点是强度高，刚度大，稳定性好，使用寿命长，能适应较繁重的交通量，路面平整，无尘埃，能保证高速行车。高级路面养护费用少，运输成本低，初期建设投资高。适用于高速、一级、二级公路。

2. 次高级路面

次高级路面与高级路面相比，强度和刚度较差，使用寿命较短，所适应的交通量较小，行车速度也较低，初期建设投资虽较高级路面低些，但要求定期修理，养护费用和运输成本也较高。适用于二级、三级公路。

3. 中级路面

中级路面的强度和刚度低，稳定性差，使用期限短，平整度差，易扬尘，仅能适应较小的交通量、行车速度低。初期建设投资虽然很低，但是养护工作星大，需要经常维修和补充材料，运输成本也高。适用于三级、四级公路。

4. 低级路面

低级路面的强度和刚度最低，水稳定性差，路面平整性差，易扬尘，能保证低速行车，所适应的交通量最小，在雨季有时不能通车。初级建设投资较低，但要求经常养护修理，而且运输成本最高。适用于四级公路。

二、对路面的基本要求

现代化城市道路运输不仅要求道路能全天候通行车辆，而且要求车辆能以一定的速度，安全、舒适而经济地在道路上运行。这就要求路面具有良好的使用性能，提供良好的行驶条件和服务水平。为了保证城市道路最大限度地满足车辆运行的要求，提高车速、增强安全性和舒适性、降低运输成本和延长道路使用年限，要求路面具有下述一系列基本性能：

（一）承载能力

行驶在路面上的车辆，通过车轮把荷载传给路面，由路面传给路基，在路基路面结构内部产生应力、应变及位移。如果路基路面结构整体或某一组成部分的强度或抗变形能力不足以抵抗这些应力、应变及位移，则路面会出现断裂，路基路面结构会出现沉陷，路面表面会出现波浪或车辙，使路况恶化，服务水平下降。因此要求路基路面结构整体及其各组成部分都具有与行车荷载相适应的承载能力。

结构承载能力包括强度与刚度两方面。路面结构应具有足够的强度以抵抗车轮荷载引起的各个部位的各种应力，如压应力、拉应力、剪应力等，保证不发生压碎、拉断、剪切等各种破坏。路基路面整体结构或各个结构层应具有足够的刚度，使得在车轮荷载作用下不发生过量的变形。保证不发生车辙、沉陷或波浪等各种病害。

（二）稳定性

在天然地表面建造的道路结构物改变了自然的平衡在达到新的平衡状态之前，道路结构物处于一种暂时的不稳定状态。新建的路基路面结构袒露在大气之中，经常受到大气温度、降水与湿度变化的影响，结构物的物理、力学性质将随之发生变化，处于另外一种不稳定状态。路基路面结构能否经受这种不稳定状态，而保持工程设计所要求的几何形态及物理力学性质，称为路基路面结构的稳定性。

在地表上开挖或填筑路基，必然会改变原地面地层结构的受力状态。原来处于稳定状态的地层结构，有可能由于填挖筑路而引起不平衡，导致路基失稳。如在软土地层上修筑高路堤，或者在岩质或土质山坡上开挖深路堑时，有可能由于软土层承载能力不足，或者由于坡体失去支承，而出现路堤沉落或坡体坍塌破坏。路线如选在不稳定的地层上，则填筑或开挖路基会引发滑坡或坍塌等病害出现。因此在选线、勘测、设计、施工中应密切注意，并采取必要的工程措施，以确保路基有足够的稳定性。

大气降水使得路基路面结构内部的湿度状态发生变化，低洼地带路基排水不良，长期积水，会使得矮路堤软化，失去承载能力。山坡路基，有时因排水不良，会引发滑坡或边坡滑塌。水泥混凝土路面，如果不能及时将水分排出结构层，会发生唧泥现象，冲刷基层，导致结构层被提前破坏。沥青混凝土路面中水分的侵蚀，会引起沥青结构层剥落，结构松散。砂石路面，在雨季时，会因而雨水冲刷和渗入结构层，而导致强度下降，产生沉陷、松散等病害。因此防水、排水是确保路基路面稳定的重要方面。

大气温度周期性的变化对路面结构的稳定性有重要影响，高温季节沥青路面软化，往车轮荷载作用下产生永久性变形，水泥混凝土结构在高温季节因结构变形产生过大内应力，导致路面压屈破坏。北方冰冻地区，在低温冰凉季节，水泥混凝土路面、沥青路面、半刚性基层由于低温收缩产生大量裂缝，最终失去承载能力。在严重冰凉地区，低温引起路基的不稳定是多方面的，低温会引起路基收缩裂缝，地下水源丰富的地区，低温会引起冻胀，路基上面的路面结构也随之发生断裂。春天融冻季节，在交通繁重的路段。有时引发翻浆，路基路面发生严重的破坏。

（三）耐久性

路基路面工程投资昂贵，从规划、设计、施工至建成通车需要较长的时间，对于这样的大型工程都应有较长的使用年限，一般的道路工程使用年限至少数十年。承重并经受车辆直接碾压的路面部分要求使用年限在20年以上，因此路基路面工程应具有耐久的性能。

路基路面在车辆荷载的反复作用与大气水温周期性的重复作用下，路面使用性能将逐年下降，强度与刚度将逐年衰变，路面材料的各项性能也可能由于老化衰变而引起路面结构的损坏。至于路基的稳定性也可能在长期经受自然因素的侵袭后，逐年削弱。因此，提高路基路面的耐久性，保持其强度、刚度、几何形态经久不衰，除了精心设计、精心施工、精选材料之外，要把长年的养护的工作放在重要的位置。

（四）表面平整度

路面表面平整度是影响行车安全、行车舒适性以及运输效益的重要使用性能。特别是城市道路快速路，对路面平整度的要求更高。不平整的路表面会增大行车阻力，并使车辆产生附加的振动作用。这种振动作用会造成行车颠簸，影响行车的速度和安全、驾驶的平稳和乘客的舒适。同时，振动作用还会对路面施加冲击力，从而加剧路面和汽车机件的损坏和轮胎的磨损，并增大油料的消耗。而且，不平整的路面还会积滞雨水，加速路面的破坏。因此，为了减少振动冲击力，提高行车速度和增进行车舒适性、安全性，路面应保持一定的平整度。

优良的路面平整度，要依靠优良的施工装备、精细的施工工艺、严格的施工质量控制以及经常和及时的养护来保证。同时，路面的平整度同整个路面结构和路基顶面的强度和抗变形能力有关，同结构层所用材料的强度、抗变形能力以及均匀性有很大关系。强度和抗变形能力差的路基路面结构和面层混合料，经不起车轮荷载的反复作用，极易出现沉陷、车辙和推挤破坏，从而形成不平整的路面表面。

（五）表面抗滑性能

路面表面要求平整，但不宜光滑，汽车在光滑的路面上行驶时，车轮与路面之间缺乏足够的附着力或摩擦力。雨天高速行车，或紧急制动或突然起动，或爬坡、转弯时，车轮也易产生空转或打滑，致使行车速度降低，油料消耗增多，甚至引起严重的交通事故。通常用摩擦系数表征抗滑性能，摩擦系数小，则抗滑能力低，容易引起滑溜交通事故。对于城市快速路高速行车道，要求具有较高的抗滑性能。

路面表面的抗滑能力可以通过采用坚硬、耐磨、表面粗糙的粗料组成路面表层材料来实现，有时也可以来用一些工艺措施来实现，如水泥混凝土路面的刷毛或刻槽等。此外，路面上的积雪、浮冰或污泥等，也会降低路面的抗滑性能，必须及时予以清除。

（六）少尘性及低噪声

汽车在砂石路面上行驶时，车身后面所产生的真空吸引力会将表层较细材料吸出而飞扬尘土，甚至于导致路面松散、脱落和坑洞等破坏。扬尘还会加速汽车机件的损坏，减短行车视距，降低行车速度，而且对旅客和沿路居民的环境卫生以及货物和路旁农作物均带来不良影响。因此，要求路面在行车过程中尽量减少扬尘。

汽车在路面上行驶时，除发动机等噪声外，路面不平整引起车身的振动是噪声的又一来源。为降低噪声，应提高路面施工的平整度工艺。

三、路面的结构组成

行车荷载和自然因素对路面的影响，随深度的增加而逐渐减弱。因此，对路面材料的强度、抗变形能力和稳定性的要求也随深度的增加而逐渐降低。为了适应这一特点，路面结构通常是分层铺筑的，按照使用要求、受力状况、土基支承条件和自然因素影响程度的不同，分成若干层次。通常按照各个层位功能的不同，划分为三个层次，即面层、基层和垫层。

（一）面层

面层是直接同行车和大气接触的表面层次，它承受较大的行车荷载的垂直力、水平力、冲击力的作用，同时还受到降水的浸蚀和气温变化的影响。因此，同其他层次相比，面层应具备较高的结构强度、抗变形能力、较好的水稳定性和温度稳定性，而且应当耐磨、不透水，其表面还应有良好的抗滑性和平整度。

修筑面层所用的材料主要有水泥混凝土、沥青混凝土、沥青碎（砾）石混合料、沙砾或碎石掺土或不掺土的混合料以及块料等。

面层有时分两层或三层铺筑，如城市主干道沥青面层总厚度 18 ~ 20 厘米，可分为上、中、下三层铺筑，并根据各分层的要求采用不同的级配等级。水泥混凝土路面也有分上、下两层铺筑的，分别采用不同强度等级的水泥混凝土材料。水泥混凝土路面上加铺 4 厘米沥青混凝土这样的复合式结构也是常见的。但是砂石路面上所铺的 2 ~ 3 厘米厚的磨耗层或 1 厘米厚的保护层，以及厚度不超过 1 厘米的简易沥青表面处治，不能作为一个独立的层次，应看作面层的一部分。

（二）基层

基层主要承受由面层传来的车辆荷载的垂直力，并扩散到下面的垫层和土基中去，实际上基层是路面结构中的承重层，它应具有足够的强度和刚度，并具有良好的扩散应力的能力。基层遭受大气因素的影响虽然比面层小，但是仍然有可能经受地下水和通过面层渗入雨水的浸湿，所以基层结构应有足够的水稳定性。基层表面虽不直接供车辆行驶，但仍然要求有较好的平整度，这是保证面层平整性的基本条件。

修筑基层的材料主要有各种结合料（如石灰、水泥或沥青等）稳定土或稳定碎（砾）石、贫水泥混凝土、天然沙砾、各种碎石或砾石、片石、块石或圆石，各种工业废渣（如煤渣、粉煤灰、矿渣、石灰渣等）和土、砂、石所组成的混合料等。

基层厚度太厚时，为保证工程质量可分为两层或三层铺筑。当采用不同材料修筑基层时，基层的最下层称为底基层，对底基层材料质量的要求较低，可使用当地材料来修筑。

（三）垫层

垫层介于土基与基层之间，它的功能是改善土基的湿度和温度状况，以保证面层和基层的强度、刚度和稳定性不受土基水温状况变化所造成的不良影响。另一方面的功能是将基层传下的车辆荷载应力加以扩散，以减小土基产生的应力和变形。同时也能阻止路基土挤入基层中，影响基层结构的性能。

修筑垫层的材料，强度要求不一定高，但水稳定性和隔温性能要好。常用的垫层材料分为两类，一类是由松散粒料，如砂、砾石、炉渣等组成的透水性垫层，另一类是用水泥或石灰稳定土等修筑的稳定类垫层。

四、常用的基层、垫层

（一）碎石、砾石类结构层

1.碎、砾石类结构层的特性

碎石、砾石类结构层是用粗、细碎（砾）石、站土（或不合黏土）按照嵌锁原理或级配原理铺筑而成的结构层。嵌锁型的碎石结构层包括泥结碎石、泥灰结碎石、水结碎石和填隙碎石等；级配型的碎石结构后包括级配碎石、级配砾石、符合级配要求的天然沙砾、部分砾石经轧制修配而成的级配碎砾石等。

嵌锁原理是采用分层撒铺矿料（同层矿料的粒径大小基本相同）并经严格碾压而成的结构层（或采用开级配矿料进行拌和）。用这种方法修筑的路面结构，其强度构成主要依靠矿料之间相互嵌挤锁结作用而产生较大的内摩阻力。但黏结力较小，仅起着辅助作用，有时黏结力几乎为零。因此，采用嵌挤原理修筑的结构，必须使用强度比较高的石料（Ⅰ、Ⅱ级），摊铺时每层矿料的颗粒尺寸必须大小均匀，形状近似立方体并有棱角、表面粗糙。各层矿料的尺寸自下而上逐渐减小，上、下层矿料的粒径比一般按1/2递减。粗料作主层料，细料作为嵌缝料。为了增加其联结强度，可在矿料中掺入不同的结合料，以使其产生一定的黏结力。级配原理是采用颗粒大小不同的矿科技一定比例（连续或间断级配）配合，并陷入一定数量的结合料，拌合制成混合料，经过摊铺、碾压而形成的路面结构层。这种结构具有较大的密实度。按级配原则修筑的结构层，其强度来源于内摩阻力和黏结力，但由于矿料没有较强的嵌挤锁结作用，以及受结合料的影响，一般来讲内摩阻力较小。

碎、砾石路面结构强度形成的特点是：矿料颗粒之间的联结强度，一般都要比矿料本身的强度小得多。在外力作用下，材料首先将在颗粒之间产生滑动和位移，使其失去承载能力而到破坏。因此，对于这种松散材料组成的路面结构强度，矿料颗粒本身强度固然重要，但是起决定作用的则是颗粒之间的联结强度。总之，由材料的融结力和内摩阻角所表征的内摩擦力所决定的颗粒之间的联结强度，即构成了松散材料组成的路面的结构强度。

碎、砾石类结构层既可作面层，也可作基层或底基层。由于碎、砾石类结构层作路面面层平整度较差，易扬尘，雨天泥泞，一般在城市道路使用很少。其中级配碎石适用于各级城市道路的基层和底基层。级配砾石、级配碎砾石以及符合级配、塑性指数等拉术要求的天然沙砾，可用作城市道路次干道的基层，也可用作各级城市道路的底基层。肩隙碎石适用于各级城市道路的底基层和支路的基层。

2. 泥结碎石

泥结碎石结构层是以碎石作为集料，黏土作为填充料，经压实修筑成的一种结构。泥结碎石结构层的厚度一般为 8～20 厘米；当总厚度等于或超过 15 厘米时，一般分两层铺筑，上层厚度 6～10 厘米，下层 9～14 厘米。泥结碎石结构层的力学强度和稳定性不仅取决于碎石的相互嵌锁作用，同时也有赖于土的黏结作用。泥结碎石结构虽用同一尺寸石料修筑，但在使用过程中由于行车荷载的反复作用，石料会被压碎而向密实级配转化。

泥结碎石层所用的石料，其等级不宜低于Ⅳ级，长条、扁平状颗粒不宜超过 20%。不产石料地区的次要道路，交通量少时，可采用礓石和碎砖等材料。碎砖粒径宜稍大，一般为路面厚度的 0.8 倍。泥结碎石层所用黏土，应具有较高的黏性，塑性指数以 12～15 为宜。黏土内不得含腐殖质或其他杂物。黏土用量一般不超过混合料总重的 15%～18%。

泥结碎石结构层适用于四级公路的路面面目，并宜在其上设置砂土磨耗层和保护层。泥结碎石亦可作二级以下公路路面基层，但由于是黏土作结合料，其水稳性较差，如作沥青路面的基层时，只能用于干燥路段，不能用于中湿和潮湿路段。由于此类路面使用性能

3. 泥灰结碎石

泥灰结碎石路面是以碎石为集料，用一定数量的石灰和土作曲结填缝料的碎石路面。因为陷入石灰，泥灰结碎石路面的水稳定性比泥结碎石为好。泥灰结碎石路面的动土质量规格要求与泥结碎石相同；石灰质量不低于 3 级。石灰与土的用量不应大于混合料总重的20%，其中石灰剂量为土重的 8%～12%。泥灰结碎石结构因掺入石灰，其水稳定性要比泥结碎石好，故可用于潮湿与中湿路段作为次干路沥青路面的基层，亦可作为主路路面的基层。

4. 水结碎石

水结碎石结构层是用大小不同的轧制碎石从大到小分层铺筑，经洒水碾压后形成的一种结构层。此种结构层属于典型的嵌锁结构，它的强度是由碎石之间的嵌锁作用以及碾压时所产生的石粉与水形成的石粉浆的黏结作用而成的。考虑黏结力较强，所以经常用石灰岩碎石来铺筑。水结碎石结构的厚度一般为 10 ~ 16cm。

5. 填隙碎石

用单一尺寸的粗碎石作主集料，形成嵌锁作用，用石屑填满碎石间的空隙，增加密实度和稳定性，这种结构构为填隙碎石，但是由于其抗磨能力较差，宜在其上设置砂土磨耗层和保护层。

我国过去曾广泛采用的嵌锁型碎石基层，是用筛分成几种不同规格的大、中、小单一尺寸碎石分居摊铺、分居碾压而成的。通常首先铺大碎石，经碾压稳定后，撒铺嵌缝碎石，继续碾压稳定，然后再撒铺小碎石，并碾压成型。某些地区使用的干压碎石或"水结"碎石也属于这种类型。

填隙碎石上不能直接通车，上面必须有面层。填隙碎石基层质量好坏的两个关键是：一是从上到下粗碎石间的空隙一定要填满，即达到规定的密实度；二是表面粗碎石间既要填满，但填隙料又不能覆盖粗碎石自成一层，即表面应看得见粗碎石，其棱角可外露 3 ~ 5 毫米。这样要保证薄沥青面层与基层黏结良好，避免沥青面层在基层顶面发生推移破坏。

由于干法施工填隙碎石不需要用水，在缺水地区，采用这种基层结构，特别显示其优越性。填隙碎石适用于各级城市道路的底基层和次干路、支路的基层，其施工最小厚度为 10 厘米，结构层适宜的厚度为 10 ~ 12 厘米。

6. 级配碎（砾）石

级配碎（砾）石路面，是由各种集料（砾石、碎石）和土，按最佳级配原理修筑而成的路面层或基层。由于级配碎（砾）石是用大小不同的材料按一定比例配合，逐渐填充空隙，并用黏土黏结，故经过压实后，能形成密实的结构。级配碎（砾）石路面的强度是由摩阻力和黏结力构成，具有一定的水稳性和力学强度。

在实际工作中，对于级配集料，主要是控制颗粒的级配组成，特别是其中的最大粒径、4.75 毫米以下、0.6 毫米以下和 0.075 毫米以下的颗粒含量，以及塑性指数等。同时，在施工中要严格控制级配集料的均匀性和压实度。

级配碎石可用作各级城市道路路面的基层和底基层；级配碎砾石、级配砾石可用作Ⅱ级以下城市道路路面的基层，也可用作各级城市道路路面的底基层。适宜用作面层的级配集料，不适宜用作沥青路面和水泥混凝土路面的基层和底基层。

级配碎（砾）石结构层的厚度一般为 8 ~ 16 厘米，当厚度大于 16 厘米时应分两层铺筑，下层厚度为总厚度的 0.6 倍，上层厚度为总厚度的 0.4 倍。

（二）无机结合料稳定类结构层

1. 无机结合料稳定土结构层的特性

在粉碎的或原状松散的土中掺入一定量的无机结合料（包括水泥、石灰或工业废渣等）和水，经拌和得到的混合料在压实后，其抗压强度符合规定要求的材料称为无机结合料稳定材料，以此修筑的路面称为天机结合料稳定路面。

无机结合料稳定路面具有稳定性好、抗冻性能强、结构本身自成板体等特点，但其耐磨性差，因此广泛用于修筑路面结构的基层和底基层。

无机结合料稳定土种类较多，其物理、力学性质各有特点，使用时应根据结构要求、掺加剂量和原材料的供应情况及施工条件进行综合技术、经济比较后选定。

无机结合料稳定土的刚度介于柔性路面材料和刚性路面材料之间，常称为半刚性材料。以此修筑的基层或底基层称为半刚性基层或半刚性底基层。

无机结合料稳定土结构层一般在高温季节修筑成形初期的基层内部含水率大，且尚未被面层所封闭，基层内部的水分必须要蒸发，从而主要发生由表及里的干燥收缩。同时，环境温度也存在昼夜温度差，修筑初期的半刚性基层也受到温度收缩的作用，因此，必须注重养生保护。经过一定龄期的养生，特别是半刚性基层上铺筑面层之后，基层内相对湿度陪有增大，使材料的合水率趋于平衡，这时半刚性基层的裂缝变形以温度收缩为主。

2. 石灰稳定土

在粉碎的土和原状松散的土（包括各种粗、中、细粒土）中，修入适量的石灰和水，按照一定技术要求，经拌和，在最佳含水率下摊铺、压实及养生，其抗压强度符合规定要求的路面基层称为石灰稳定类基层。用石灰稳定细粒土得到的混合料简称石灰土，所做成的基层称石灰土基层（底基层）。

石灰稳定土常用的种类有：石灰土（石灰稳定细粒土的简称）、石灰沙砾土、石灰碎石土、石灰沙砾、石灰碎石等。

3. 水泥稳定土

在粉碎的或原状松散的土（包括各种粗、中、细粒土）中，掺入适当水泥和水，按照技术要求，经拌和摊铺，在最佳含水率时压实及养护成型，其抗压强度符合规定要求，以此修建的路面基层称水泥稳定类基层。当用水泥稳定细粒土（砂性土、粉性土或黏性土）时，简称水泥土。

水泥稳定土常用的种类有：水泥土、水泥砂、水泥碎石、水泥沙砾等。

水泥稳定土能适应各种不同的气候条件与水文地质条件，特别是在潮湿寒冷地区的适应性较其他稳定土更强。水泥稳定类基层具有良好的整体性、足够的力学强度、抗水性和耐冻性。其初期强度较高，且随龄期增长而增长，所以应用范围广。

4. 石灰工业废渣稳定土

随着工业的发展，工业废渣逐渐增多，怎样综合利用工业废渣引起了国内外的重视。

近年来，我国利用工业废渣铺筑路面基层，取得显著成效，不但提高了路面使用品质，而且降低了工程造价，"变废为宝"，具有很大的经济意义。

城市道路上常用的工业废渣有：火力发电厂的粉煤灰和煤渣，钢铁厂的高炉渣和钢渣，化肥厂的电石渣，以及煤矿的煤矸石等。工业废渣材料主要用石灰与之综合稳定，即石灰工业废渣材料，主要有石灰粉煤灰类及石灰其他废渣类。

一定数量的石灰和粉煤灰（或石灰和煤渣）与其他集料相结合，加入适量的水，通过拌和得到的混合料，经摊铺、压实及养生后，当其抗压强度符合规定要求时，称为石灰工业废渣稳定土。

石灰稳定工业废渣基层具有水硬性、缓凝性、强度高、稳定性好，成板体且强度随龄期不断增加，抗水、抗冻、抗裂而且收缩性小，适应各种气候环境和水文地质条件等特点。所以，近几年来，修筑高等级公路，常选用石灰稳定工业废渣作高级或次高级路面的基层或底基层。结构层的施工最小厚度为15厘米，结构层适宜的厚度16～20厘米。

五、沥青混凝土路面

（一）结构设计的一般原则

在沥青路面结构设计工作中，应该遵循下述的技术经济原则：

1. 因地制宜，合理选材

路面各结构层所用的材料，尤其是用量最大的基层、垫层材料，应充分利用当地的天然材料、加工材料或工业副产品，以减少运输费用，降低工程造价。同时还要注意吸取和应用当地路面设计在选择材料方面的成功经验。

2. 方便施工，利于养护

选择各结构层时还应考虑在现有机具设备和施工条件下，在可能的条件下，应尽已采用机械化施工，并考虑建成通车后的养护问题。特别是对于高等级公路来说，要求平时养护工作量越少越好，以免影响大交通量的通行。

3. 分期修建，逐步提高

交通量是确定路面等级和路面类型的最主要的因素之一，而交通量是随时间而逐步增长的。当资金不足时，一般应按近期使用要求进行路面设计，先以满足近期需要为主。以后随着交通量的增长，车型的加重和投资的增多，逐步提高路面等级，增加路面厚度。但在建造时必须注意使前期工程能为后期工程奠定基础，即能为后期工程所充分利用。

4. 整体考虑，综合设计

在路面结构设计时，对土基、垫层、底基层、基层和面层都应看作一个有机的整体。按照土基稳定、基层坚实、面层耐久的要求，充分发挥各结构层的作用，合理选用路面材料，确定适当的结构层厚度，使路面设计既能在整体上满足强度和稳定性的要求，又能做到经济、合理和耐久。

5. 考虑气候因素和水温状况的影响

路面结构设计要求保证在自然因素和车轮荷载反复作用下，路面整体结构具有足够的水稳性、干稳定性、冰冻稳定性和高温稳定性，应预测并要重视当地气候和水温状况可能对路面造成的不利影响。

（二）沥青路面各分层结构设计

1. 路面等级和面层类型的选择

路面等级、面层类型应与道路等级、交通量相适应。确定路面等级和面层类型应以政治、经济、国防、旅游以及经济发展的需要和设计交通量为主要依据。此外，还应考虑使用需要、材料供应、施工机械设备、地区特点、施工养护工作条件等因素。

路面面层因直接承受行车和自然因素的反复作用，要求强度高（抗拉和抗剪切）、耐磨耗、抗滑、热稳性好和不透水，因而通常选用黏结力较强的结合料和强度高的集料作为面层材料。交通量越大，城市道路等级越高，则路面等级也应该越高，厚度也越大，相应的面层层次一般也越多。

在选择面层类型时，特别应考虑当地的气候特征。如在气候干旱地区，不宜采用沙砾路面，以免产生严重的搓板现象。在多雨地区，要特别重视路面结构层的水稳性和面层透水性问题。对于沥青路面，还要考虑寒冷地区的低温抗裂性利高温地区的热稳性问题，同时还要考虑抗滑性能等问题。

2. 基层类型的选择

基层是主要的承重层，应具有足够的强度、刚度和水稳定性。目前常用的基层类型有沥青、水泥及工业废渣稳定类、碎（砾）石嵌挤类和土、石级配类三种。每一类型都有各自的特点，沥青、水泥和二灰稳定类适用于交通量繁重的道路，其他类型可适用于一般交通道路。在选择基层类型时，首先要考虑充分利用当地材料这一原则。即使当地某些材料不能直接使用，也要从施工工艺、材料组成等方面采用适当措施加以改进，使之得到合理应用。如果所需基层厚度较大时，为了降低造价，可增设底基层，用成本较低、来源较广、性能稍差的当地材料铺筑底基层。

（三）结构层组合设计

沥青路面结构层次的合理选择和安排，是整个路面结构是否能在设计使用年限里承受行车荷载和自然因素的共同作用的主要因素，同时又能发挥各结构层的最大效能，是整个路面结构经济合理的关键。根据理论分析和多年的使用经验，在路面结构组合设计中要遵循下列原则：

1. 适应行车荷载作用的要求

作用在路面上的行车荷载，通常包括垂直力和水平力。路面在垂直力作用下，内部产生的应力和应变随深度向下而递减。水平力作用产生的应力、应变，随深度递减的速率更快。路面表面还同时承受车轮的磨耗作用，因此，要求路面面层具有足够的强度和抗变形能力，在其下各层的强度和抗变形能力可自上而下逐渐减小。这样，在进行路面结构组合时，各结构层应按强度和刚度自上而下递减的规律安排，以使各结构层材料的效能得到充分发挥。

按照这种原则组合路面时，结构层的层数越多越能体现强度和刚度沿深度递减的规律。但就施工工艺、材料规格和强度形成原理而言，层数又不宜过多，也就是不能使结构层的厚度过小。适宜的结构层厚度需结合材料供应、施工工艺的规定确定，从强度要求和造价考虑，宜自上而下由薄到厚。

路面设计时，沥青面层厚度与道路等级、交通量及组成、沥青品种和质量有关，设计时应根据城市道路等级、交通量大小、重车所占的比例、选用沥青质量等因素，综合考虑确定沥青层厚度。基层、底基层厚度应根据交通量大小、材料力学性能和扩散应力的效果，发挥压实机具的功能以及有利于施工等因素选择各结构层的厚度。

沥青路面相邻结构层材料的模量比对路面结构的应力分布有显著影响，是合理确定结构层层数，选定适宜结构层材料的重要考虑因素。根据分析和经验，基层与面层的模量比应不小于 0.3，土基与基层或底基层的模量比宜为 0.08 ~ 0.40。

2. 在各种自然因素作用下的稳定性

如何保证沥青路面的水稳性，是路面结构层选择与组合需要解决的重要问题。在潮湿和某些中湿路段上修筑沥青路面时，沥青层不透气，使路基和基层中水分蒸发的通路被隔断，因而向基层积聚。如果基层材料中含土量多（如泥结碎石、级配砾石），尤其是土的塑性指数较大时，遇水变软，强度和刚度急剧下降，结果导致路面开裂破坏。所以沥青路面的基层一般应选择水稳性好的材料，在潮湿路段及中湿路段尤应如此。

在季节性冰凉地区，当冻深较大，路基土为易冻胀土时，常常产生冻胀和翻浆。在这种路段上，路面结构中应设置防止冻胀和翻浆的垫层。路面总厚度的确定，除满足强度要求外，还应满足防冻厚度的要求，以避免在路基内出现较厚的聚冰带，防止产生导致路面开裂的不均匀冻胀。防冻的厚度与路基潮湿类型、路基土类、道路冻深以及路面结构层材料热物理性有关。

在冰冻地区和气候干燥地区，无机结合料稳定土或粒料的基层常常产生收缩裂缝。如果沥青面层直接铺筑其上，会导致面目出现反射裂缝，为此可在其间加设一层粒料或优质沥青材料层，或者适当加厚面层。

3. 考虑结构层的特点

路面结构层通常是用密实级配、嵌挤以及形成板体等方式构成的，因而如何构成具有要求强度和刚度并且稳定的结构层是设计和施工都必须注意的问题。影响结构层构成的因素，除材料选择、施工工艺之外，路面结构组合也是十分重要的。例如沥青面层不能直接铺筑在铺砌片石基层上，而应在其间加设碎石过渡层，否则铺砌片石不平稳或片石可能的松动都会反映到沥青面层上，造成面层不平整甚至沉陷开裂。这类片石也不能直接铺在软弱的路基上，而应在具间铺粒料层。又如沥青混凝土或热拌沥青碎石之类的高级面层与粒料基层或稳定土基层之间应设沥青碎石，并保证有一定的厚度，以提高其抗疲劳性能。

为了保证路面结构的整体性和结构层之间应力传递的连续性，应尽量使结构层之间结合紧密、稳定。

六、水泥混凝土路面

（一）水泥混凝土路面构造

水泥混凝土路面，包括普通混凝土、钢筋混凝土、连续配筋混凝土、预应力混凝土、装配式混凝土和钢纤维混凝土等面层板和基（垫）层所组成的路面。目前采用最广泛的是就地浇筑的普通混凝土路面，简称混凝土路面。

所谓普通混凝土路面，是指除接缝区和局部范围（边缘和角隅）外不配置钢筋的混凝土路面。与其他类型路面相比，混凝土路面具有以下优点：一是强度高，混凝土路面具有很高的抗压强度和较高的航弯拉强度以及抗磨耗能力。二是稳定性好，混凝土路面的水稳性、热稳性均较好，特别是它的强度能随着时间的延长而逐渐提高，不存在沥青路面的那种"老化"现象。三是耐久性好，由于混凝土路面的强度和稳定性好，所以它经久耐用，一般能使用20～40年，而且它能通行包括履带式车辆等在内的各种运输工具。四是有利于夜间行车，混凝土路面色泽鲜明，能见度好，对夜间行车有利。

但是，混凝土路面也存在一些缺点，主要有以下几方面：一是对水泥和水的需要量大，修筑0.2米厚、7米宽的混凝土路面，每1000米一般要耗费水泥400～500吨和水250吨，尚不包括养生用的水在内，这给水泥供应不足和缺水地区带来较大困难；二是有接缝，一般混凝土路面要建造许多接缝，这些接缝不但增加施工和养护的复杂性，而且容易引起行车跳动，影响行车的舒适性，接缝又是路面的薄弱点，如处理不当，将导致路面板边和板角处破坏；三是开放交通较迟，一般混凝土路面完工后，要经过28天的湿法养生，才能开放交通，如需提早开放交通，则需采取特殊措施。四是修复困难，混凝土路面损坏后，开挖很困难，修补工作量也大，且影响交通。

（二）结构组合设计

1. 路基

第一，路基应稳定、密实、均质，对路面结构提供均匀的支承。

第二，地下水位高时，宜提高路堤设计高程。在设计高程受限制，未能达到中溢状态的路基临界高度时，应选用粗粒土或低剂量石灰或水泥稳定细粒土作路床或上路庆填料；未能达到潮湿状态的路基临界高度时，除采用上述填料措施外，还应采取在边沟下设置排水渗沟等降低地下水位的措施。

第三，路基压实度应符合《城市道路路基工程施工及验收规范》（CJJ44-91）的要求。

多雨潮湿地区，对于高液限土及塑性指数大于16或膨胀率大于3%的低液限黏土，宜采用由轻型压实标准确定的压实度，并在含水率略大于其最佳含水率时压实。

第四，岩石或填石路床顶面应铺设整平层。整平层可采用未筛分碎石和石屑或低剂量水泥稳定粒料，其厚度视路床顶面不平整程度而定，一般为100～500毫米。

2. 垫层

遇有下述情况时，需在基层下设置垫层：季节性冰冻地区，路面总厚度小于最小防冻厚度要求，其差值应以垫层厚度补足；水文地质条件不良的土质路堑，路床土湿度较大时，宜设置排水垫层；路基可能产生不均匀沉陷或不均匀变形时，可加设半刚性垫层。

垫层的宽应与路基同宽，宜最小厚度为150毫米。

防冻垫层和排水垫层宜采用砂、沙砾等颗粒材料。半刚性垫层可采用低剂量无机结合料稳定粒料或土。

3. 基层

基层应具有足够的抗冲刷能力和一定的刚度；混凝土预制块面层应采用水泥稳定粒料基层。

湿润和多雨地区，路基为低透水性细粒土道路，宜采用排水基层。排水基层可选用多孔隙的开级配水泥稳定碎石、沥青稳定碎石或碎石，其孔隙串约为20%。

基层的宽度应比混凝土面层每侧至少宽出300毫米（采用小型机械施工时）或500毫米（采用大型机械施工时），基层的宽度也宜与路基同宽。

第六节　城市道路附属设施构造

城市道路的附属工程包括：路缘石安装、人行道（盲道）铺设、标志标线、路灯、道路绿化、交通工程、监控设施等。

一、人行道

人行道指的是道路中用路缘石或护栏及其他类似设施加以分隔的专供行人通行的部分。在城市里人行道是非常普遍的，一般街道旁均有人行道。有些地方的人行道与机动车道之间隔着草地或者树木。人行道作为城市道路中重要的组成部分之一，随着城市的快速发展，其使用功能已不再单纯是行人通行的专用通道，它在城市发展中被赋予了新的内涵，对城市交通的疏导、城市景观的营造、地下空间的利用、城市公用设施的依托都发挥着重要的作用。

（一）人行道的宽度

人行道的主要功能是满足行人步行交通的需要，还要供植树、地上杆柱、埋设地下管线以及护栏、交通标志宣传栏、清洁箱等交通附属设施。人行道总宽度既要考虑道路功能、沿街建筑性质、人流密度、地面上步行交通、种植行道树、立电线杆，还要考虑地下埋设工程管线所需要的图度。人行道的宽度必须满足行人通行的安全和顺畅。

目前我国旧城市以及若干新城市道路的人行道宽度，普遍显得不足，原因是多方面的。如在繁华市区的道路上，自行车停放的很多，常占用大量的人行道宽度，一些沿道路的居民住宅，往往由于内部庭院较小，有很多的居民，利用附近的人行道作为日常生活场所；此外，还有一些沿路旧建筑物出口，由于高于道路标高需要与道路接成顺坡，因而影响人行道宽度。因此，在具体设计时，需要结合实际情况，全面考虑，才能妥善地得到解决。根据我国国内部分城市的调查资料得知：大城市现有人行道宽度一般为 3 ～ 10 米；中等城市一般为 2.5 ～ 8 米；小城市一般为 2 ～ 6 米。

（二）人行道在横断面上的布置

人行道通常在道路两侧都有布置，一般布置成对称并等宽。但在受到地形限制或有其他特殊情况时，不一定要成对相等宽布置，可按其具体情况作灵活处理。例如，上海北火车站附近的一条道路，迁就现实，其两侧人行道就成为一边窄一边宽。此外，在比较特殊地形的地段，有将人行道只布置在道路单侧的，这种布置形式将造成居民和行人出入、过路和步行的很大不便，一般应尽可能避免。不过，单侧布置的人行道适用于傍山、傍河的狭窄道路上。

二、城市道路无障碍设计

（一）城市道路无障碍实施范围

目前，无障碍设计越来越成为城市道路研究的热点。从 1974 年联合国明确提出"无障碍环境"概念以来，国内外针对无阻碍设计的研究一直方兴未艾。城市道路是人群通行的重要通道，不同的人群对具有不同的需求，它直接决定了人们在城市道路中出行的安全和舒适。随着残障人士社会活动的增加，人口老龄化的加剧，人们对生活质量要求的不断提高，全社会对城市无障碍设施建设要求与日俱增。城市道路无障碍设施建设，不但方便老、幼、弱、残疾人士等相对弱势人群的生活与出行活动，同时也会给广大普通人群的出行带来便利，提升人们的生活质量。

（二）缘石坡道

缘石坡道设计应符合下列规定：人行道的各种路口必须设缘石坡道；缘石坡道应设在人行道的范围内，并应与人行横道相对应；缘石坡道可分为单面坡缘石坡道和三面坡缘石坡道；缘石坡道的坡面应平整，且不应光滑；缘石坡道下口高出行车道的地面不得高于20毫米。

（三）盲道

盲道是为盲人提供行路方便和安全的道路设施。人行道设置的盲道位置和定向，应方便使残疾者安全行走和顺利到达天障碍设施位置。盲道一般由两类砖铺就：一类是条形引导砖，引导盲人放心前行，称为行进盲道；一类是带有圆点的提示砖，提示盲人前面有障碍，该转弯了，称为提示盲道

人行道设置的盲道位置和走向，应方便视残者安全行走和顺利到达无障碍设施位置；盲道应连续，中途不得有电线杆、拉线、树木等障碍物；另外，盲道应避开并盖铺设。一般盲道的颜色宜为中黄色。

1. 行进盲道

行进盲道的位置选择应按下列顺序，并符合下列规定：人行道外侧有围墙、花台或绿地带，行进盲道宜设在距围墙、带 0.25 ~ 0.50 米处；人行道内侧有树池，行进盲道可设在距树池 0.25 ~ 0.50 米处；人行道没有树池，行进盲道距离缘石不应小于 0.50 米；行进盲道的宽度宜为 0.30 ~ 0.60 米，可根据道路宽度选择低限或高限；人行道成弧线形路线时，行进盲道宜与人行道走向一致。

2. 提示盲道

提示盲道的设置应符合下列规定：行进盲道的起点和终点处应设提示盲道，其长度应大于行进盲道的宽度；行进盲道在转弯处应设提示盲道，其长度应大于行进盲道的宽度；人行道中有台阶、坡道和障碍物等，在相距 0.25 ~ 0.50 米处，应设提示盲道。

三、绿化的作用和布置

道路上设置绿化带是城市道路不可缺少的组成部分，同时也是城市园林化建设中的重要组成部分。由于绿化对于城市的公共卫生、交通安全、文化生活、治安防火以及市容等方面都有重大意义，因此设计城市道路时，需要考虑道路绿化的布置问题。

（一）城市道路绿化的作用

道路绿化的主要作用在于改善道路的卫生条件，调节温度与湿度，减少道路上的灰尘、烟雾以及喧闹对居民的影响，并可利用绿带划分道路的主要组成部分或不同性质的车量和行人交通，埋设地下管线和作为道路发展的后备地带。此外，道路绿化还为居民和行人提供散步休憩的场所，对建筑物有衬其美，藏其拙的作用，并能增添城市的景色。绿地或绿带还能防止火灾蔓延，抵御风力、风沙的作用。

（二）城市道路绿化的布置

道路绿化应在保证交通安全的条件下进行设计，无论选择种植位置、种植形式、种植规模等均应遵守这项原则。如果绿化布置不当，树叶侵入道路建筑限界或视距三角形范围内，树顶高度超过驾驶员目高，都会遮挡驾驶员视线，影响交通安全，这都是不允许的。

行道树应选择"树干挺直、树形美观、夏日遮阳、耐修剪、能抵抗病虫害、风灾及有害气体等树种"。当前在树种选择方面存在的主要问题是：乡土树种少，外来树种试种成功少，以致从北方到南方以悬铃木为行道树的城市很多，有的城市只有一种树种的行道树，道路绿化单调无特色。因此各城市应及早组织技术人员有计划地进行试验，尽早地研究出适合当地自然条件的新品种。一般认为乡土树种适应性较强，费用较低，应优先选用。

四、分车带

分车带是指在多幅道路上，用于分隔车辆，沿道路纵向设置的带状非行车部分，有活动式和固定式两种。按分隔的是机动车和机动车，还是机动车和非机动车，还可以分为中央分车带和两侧分车带。

分车带的功能主要是分隔交通，避免相互干扰，有利于安全运行。此外，也作行人过街停留避车及安设交通标志、公用设施与绿化之用。分车带还可以在路段为设置港湾式停车站、在交叉口为增设候驶车道提供场地，同时为远期路面展宽留有余地。分车带的宽度要与路辐及道路各组成部分的宽度比例协调。取值与道路设计车速有关，需要综合考虑行车分割效果和城市用地紧张的现状。

五、路缘石

路缘石指的是设在路面边缘的界石，简称缘石。它是作为设置在路面边缘与其他构造带分界的条石。它在路面上是区分车行道、人行道、绿地、隔离带和道路其他部分的界限，起到保障行人、车辆交通安全和保证路面边缘整齐的作用。一般高出路面 10 厘米。另外在交通岛，安全岛都设置缘石。

缘石按其材质不同，一般可以分为水泥混凝土路缘石和天然石材路缘石。缘石按其截面尺寸不同，可以分为 H 型、T 型、R 型、F 型、L 形状的 RA 型路线石和 P 型平面石，同时扩充有便于石材加工制作的 TF 型和 TP 型路绿石。

缘石按其线形不同，可以分为直线型路缘石和曲线形路线石。

缘石按其铺设的位置不同，一般分为侧石和平石。

第四章 桥梁工程

第一节 概 述

一、我国桥梁发展概况

桥梁是指在公路、铁路、城市道路建设中，路线路越江河、深谷、海峡或其他构造物而建造的结构物。桥梁不仅是一个国家文化的象征，更是生产发展和科学进步的写照。改革开放以来，我国公路建设进入了以高速公路为标志的快速发展阶段，公路投资力度不断增大，而在公路建设中，桥梁是重要的组成部分，不管是从数量还是造价上，桥梁都占有重要的比例。

我国 1954 年发掘出的西安半坡村公元前 4000 年左右的新石器时代氏族村落遗址，是我国已发现的最早出现桥梁的地方。根据史料记载，在距今约 3000 年的周文王时，我国就已在宽阔的渭河上架设过大型浮桥。公元 35 年东汉光武帝时，在长江上架设了第一座浮桥。

古代桥梁所用材料多为木、石、藤、竹之类的天然材料。锻铁出现以后，开始建造简单的铁链吊桥。由于当时的材料强度较低，人们力学知识不足，故古代桥梁的跨度都很小。木、藤、竹类材料易腐烂，因此能保留至今的古代桥梁多为石桥。

在秦汉时期，我国已经广泛修建石梁桥。世界上现存最长、工程最艰巨的石梁桥是位于福建泉州的万安桥，建于 l053～1059 年，桥长 800 多米。1240 年建造的福建漳州虎波桥，是一座梁式石桥，长约 335 米，有的石梁长达 23.7 米，由三根石梁组成，重达 200 多吨，是人们利用潮水涨落浮远架设而成的。

据出土的文物证明，在东汉中期我国已经开始建造拱桥，富有民族风格的古代石拱桥技术，无论是结构的巧妙构思，还是艺术造型的丰富多彩，都驰名中外。位于河北省的赵州桥（又称安济桥）是外围古代石拱桥的杰出代表。除赵州桥外，其他著名的石拱桥还有北京的卢沟桥、苏州的枫桥等。我国古代桥梁的建筑，无论在其造型艺术、施工技巧、历史积淀、文化蕴涵，还是人文景观等方面都曾为世界桥梁建筑史谱写了光辉的篇章。

新中国成立后，修复并加固了大量旧桥，随后在第一、二个五年计划期间，修建了不少重要桥梁，取得了迅速发展。1957年，第一座长江大桥——武汉长江大桥建成，结束了万里长江无桥的历史。1969年，我国又成功地建成了南东长江大桥，此桥是我国自行设计、制造、施工并使用国产高强钢材的现代大型桥梁，是我国桥梁史上的一个重要标志。

在20世纪80年代之前，我国还没有一座真正意义上的现代化大跨径悬索桥和斜拉桥；进入20世纪90年代以后，伴随着世界最大规模公路建设的展开，我国积极吸纳当今世界结构力学、材料学、建筑学的最新成果，公路桥梁建设得到极大发展，在长江、黄河等大江大河和沿海海域建成了一大批具有代表性的世界级桥梁。目前，截至2016年年底，全国共有公路桥梁80.53万座。目前在世界上已建成的主跨跨径最大的前10座斜拉桥、悬索桥、拱桥和梁式桥中，我国分别占有7座、6座、6座和5座。中国的桥梁事业已融入了世界桥梁事业的整体发展格局，正在成为中国"走出去"的新名片。

另外，主跨路径达1088m的苏通长江公路大桥将创造斜拉桥型的多项世界之最。在世界同类型桥梁中，苏通大桥的主塔最高、群桩基础规模最大、斜拉索最长、路径最大。浙江舟山西堠门跨海大桥主跨路径在悬索桥中居世界第二位。我国公路桥梁建设技术水平跻身世界先进行列。杭州湾跨海大桥全长36km，是目前世界上在建的最长公路跨海大桥。

此外，还有东海大桥、崇明岛过江通道、深港西部通道、珠港澳大桥等一批世界级桥梁正在建设或进行前期工作。它们的建成将会再次吸引世界的目光，并极大地丰富世界桥梁宝库。

桥梁等构造物在塑造公路的风格中扮演着重要角色。因为公路对所经地区的环境、景观、历史及文化等产生影响。事实上，桥梁已经成为许多大城市的主要标志性建筑之一，是重要的旅游景点。当人们想起旧金山时，金门桥就会浮现于人的脑海中。上海的南浦大桥、香港的青马大桥、南京的长江二桥等也丰富了城市风景。

二、桥梁基本组成与分类

道路路线遇到江河湖泊、山谷深沟以及其他线路（铁路或公路）等障碍时，为了保持道路的连续性，就需要建造专门的人工构造物——桥梁来跨越障碍。下面先熟悉桥梁的基本组成部分以及桥梁的分类情况。

（一）桥梁的基本组成

桥梁由五个大部件与五个小部件组成。

1.五大部件

所谓五大部件是指桥梁承受汽车或其他作用的桥跨上部结构与下部结构，它们是桥梁结构安全性的保证。这五大部件具体如下。

桥跨结构（或称桥孔结构、上部结构）：它是路线遇到障碍（如江河、山谷或其他路线等）中断时，跨越这类障碍的结构物。它的作用是承受车辆荷载，并通过支座传递给桥梁墩台。

支座系统：它的作用是支承上部结构并传递荷载给桥梁墩台，它应保证上部结构在荷载、温度变化成其他因素作用下的位移功能。

桥墩：它是在河中或岸上支求两侧桥跨上部结构的建筑物。

桥台：设在桥的两端，一端与路堤相接，并防至路堤滑塌；另一端则支承桥跨上部结构的端部。为保护桥台和路堤填土，桥台两侧常做一些防护工程。

墩台基础：它是保证桥梁墩台安全并将荷载传至地基的结构物。基础工程在整个桥梁工程施工中是比较困难的部分，而且常常需要在水中施工，因而遇到的问题也很复杂。

前两个部件是桥路上部结构，后三个部件是桥跨下部结构。

2. 五小部件

所谓五个"小部件"是指直接与桥梁服务功能有关的部件，过去总称为桥面构造。在桥梁设计中往往不够重视，因而使得桥梁服务质量低下、外观粗糙。在现代化工业发展水平的基础上，人类的文明水平也极大提高，人们对桥梁行车的舒适性和结构物的观赏水平要求越来越高，因而国际上公桥梁设计中很重视五小部件，这不仅是"外观包装"，而且是服务功能的直观体现。目前，国内桥梁设计工程师也愈来愈认识到五小部件的重要性。这五小部件具体如下：

桥面铺装（或称行车道铺装）。桥面铺装的平整、耐磨、不翘曲、不渗水是保证行车舒适的关键。特别在钢箱梁上铺设沥青路面的技术要求甚严。

排水防水系统。应能迅速排除桥面积水，并使渗水的可能性降至最小限度。此外，城市桥梁排水系统应保证桥下无滴水和结构上无漏水现象。

栏杆（或防撞栏杆）。它既是保证安全的构造措施，又是利于观赏的最佳装饰件。

伸缩缝。它位于桥跨上部结构之间，或桥路上部结构与桥台端墙之间，以保证结构在各种因素作用下的变位。为位桥面上行车舒适、不颠簸，桥面上要设置伸缩缝构造。尤其是大桥或城市桥的伸缩缝，不仅要结构牢固，外观光洁，而且要经常扫除掉伸缩缝中的垃圾泥土，以保证它的功能作用。

灯光照明。现代城市中，大跨桥梁通常是一个城市的标志性建筑，大多装置了灯光照明系统，构成了城市夜景的重要组成部分。

（二）桥梁的分类

1. 桥梁按受力体系分类

接受力体系可分为梁式桥、拱式桥和悬索桥三大基本体系。梁式桥以受弯为主，拱式桥以受压为主，悬索桥以受拉为主。由三大基本体系相互组合，可以派生出在受力上也具有组合特征的多种桥梁，如刚架桥和斜拉桥等。

（1）梁式桥

梁式桥是一种在竖向荷或作用下无水平反力的结构。梁作为主要承种结构，是以它的抗弯能力来承受荷载的。梁可分为简支梁、悬臂梁、固端梁和连续梁。

（2）拱式桥

拱式桥的主要承重结构时拱肋（或拱圈），在竖向荷载作用下，拱圈既要承受压力，也要承受弯矩，可采用抗压能力强的坼工材料来修建。拱式体系的墩、台除了承受竖向压力和弯矩以外，还承受水平推力作用。

（3）刚架桥

刚架桥是介于桥梁与拱桥之间的一种结构体系，它是由受弯的上部梁（或板）结构与承压的下部桩柱（或墩）整体组合在一起的结构。由于梁与柱是刚性连接，梁因柱的抗弯刚度而得到卸载作用。整个体系时压弯结构，也是推力结构。钢架可分为直腿刚架和斜腿刚架。

刚架的桥下净空比拱桥大，在同样净空下可修建小的跨径。

（4）悬索桥

传统的悬索桥均用在挂在两边搭架上的强大缆索作为主要承重结构。在竖向荷载作用下，通过吊杆使缆索承受很大的拉力，通常都需要在两岸桥台的后方修筑非常巨大的锚碇结构。悬索桥也是具有水平反力（拉力）的结构。悬索桥的跨越能力在各类桥梁中是最大的，但结构刚度差，整个悬索桥的发展历史也是争取刚度的历史。

（5）组合体系

①梁、拱组合体系

这类体系有系杆拱、木桁架拱、多跨拱梁结构等，它们是利用梁的受弯与拱的承压特点组成复合结构。其中梁、拱都是主要承重结构，两者相互配合、共同受力。

②斜拉桥

斜拉桥也是一种主梁与斜缆相组合的组合体系。悬挂在塔柱上的被张紧的斜缆将主梁吊住，使主梁像多点弹性支承的连续梁一样工作，这样既发挥了高强材料的作用，又显著减小了主梁截面，使结构自重减轻而能跨越很大的跨径。

2. 桥梁的其他分类简介

按用途农划分，有公路桥、铁路桥、公铁两用桥、农桥（或机耕道桥）、人行桥、水运桥（或渡槽）、管线桥等。

按桥梁全长和路径的不同，可分为特大桥、大桥、中桥、小桥和涵洞。

按照主要承重结构所用的材料划分，有坼工桥（包括砖、石、混凝土桥）、钢筋混凝土桥、预应力混凝土桥、钢桥、钢筋混凝土组合桥和木桥等。木材易腐，且资源有限，一般不用于永久性桥梁。

按跨越障碍性质，可分为跨河桥、立交桥、高架桥和栈桥。高架桥一般指跨越深沟峡谷以替代高路堤的桥梁，以及在城市道路中跨越道路的桥梁。

按桥跨结构的平面布置，可分为正交桥、斜交桥利弯桥。

按上部结构的行车道位置，可分为上承式桥、中承式桥和下求式桥。

第二节 桥梁的基本结构体系

一、钢筋混凝土梁桥

用钢筋混凝土建造的桥梁具有便于就地取材、工业化施工、耐久性好、适应性强、整体性好以及美观等各种优点。目前，使用钢筋混凝土建造的桥梁、种类多，数量大，在桥梁工程中占有重要地位。

钢筋混凝土梁桥缺点是结构自重大，占全部设计荷载（包括恒载和活载）的30%～60%。跨度愈大则自重所占的比例越大。

此外，现场浇筑的钢筋混凝土桥，施工工期长，支架和模板消耗很多木料。

在寒冷地区及在雨季建造整体式钢筋混凝土桥梁时，施工比较困难，如采取蒸汽养生及防雨措施等，则会显著增加工程造价。

目前，为了节约钢材，我国很少修建公路钢桥，而建造圬工拱桥费工又费时，且会受到桥位处地形、地质条件的限制。因此，在公路建设中，尤其是遇到跨越中、小河流等障碍的情况下，往往建造大量中、小路径的钢筋混凝土梁桥。对装配式钢筋混凝土简支梁桥而言，在技术经济上合理的最大路径约为20米。悬臂梁桥勺连续梁桥适宜的最大跨径为的60～70米。

二、预应力混凝土桥梁

预应力混凝土是一种预先施加足够压应力的新型混凝土材料。对混凝土施加预应力的高强度钢筋（或称力筋），既是施力工具，又是抵抗荷载引起构件内力和变形的受力钢筋。预应力混凝土桥梁除了具有一般钢筋混凝土桥梁的优点外，还有下述重要特点：能最有效地利用现代的高强度材料（高强混凝土、高强钢材），减少构件截面，降低自重所占全部设计荷载的比重，增大跨越能力，并扩大混凝土结构的适用范围；与钢筋混凝土梁桥相比，一般可以节省钢材30%～40%，路径愈大，节省愈多；全预应力混凝土梁在使用荷载下不出现裂缝，即使是部分预应力混凝土梁在常遇荷载下也无裂缝，鉴于能全截面参与工作，因此梁的刚度就比带裂缝工作的钢筋混凝土梁要大；预应力技术的采用，为现代装配式结构提供了最有效的接头和拼装手段。根据需要，可在纵向、横向和竖向等施加预应力，使装配式结构结合成理想的整体，扩大了装配式桥梁的使用范围，提高了运营质量。

三、板桥

板桥是小跨径钢筋混凝土桥小最常用的桥型之一，由于它外形上像一块薄板，故习惯称之为板桥；板桥具有如下特点：建筑高度小，适用于桥下净空受限制的桥梁，以降低桥头引道路堤高度和缩短引道的长度；外形简单，制作方便，便于进行工厂化成批生产；装配式板桥的预制构件重量不大，架设方便。

板桥的主要缺点是跨径不宜过大。跨径超过一定限度时，截面高度显著增大，从而导致结构自重也增大，材料使用上不经济，使得建筑高度小的优点难以发挥。因此，通过实践，简支板桥的经济合理路径一般限制在 13 ~ 15 米，预应力混凝土连续板桥也不宜超过35 米； 从结构静力体系来看，板桥可以分为简支板桥、悬臂板桥和连续板桥等。

简支板桥按施工方法可分为整体式结构和装配式结构，前者跨径一般为 4 ~ 8 米，后者若采用预应力混凝土时，跨径可达 16 米。在缺乏起重吊装设备，而有模板架料的情况下，宜采用就地浇筑的整体式钢筋混凝土板桥。这种结构的整体性能好，横向刚度较大，施工也较简便，不足的是，木材消耗量较多。但在一般施工条件下，宜采用装配式结构。

悬臂板桥一般为悬臂式结构，中间跨径为 8 ~ 10 米，两端伸出的悬臂长度约为中间跨径的 0.3 倍，板在跨中的厚度为跨径的 I/18 ~ 1/14，在支点处的板厚要比跨中的加大30% ~ 40%：悬臂端可以直接伸到路堤上，不用设置桥台。为了使行车平稳顺畅，两悬臂端部应设置搭板与路堤相衔接。但在车速较高、荷载较重且交通量很大时，搭板容易损坏，从而导致车辆在从路堤上桥时对悬臂的冲击，故目前较少采用。

连续板桥是桥不间断地跨越几个桥孔而形成一个超静定结构体系。我国目前修建的连续板桥有三孔、四孔及以上。但当桥梁全长较长时，可以几孔一联，做成多联式的连续板桥。连续板桥较简支板桥具有伸缩缝少、车辆行驶平稳的优点。由于它在支点处产生负弯矩，对跨中弯矩起到卸载作用，故可比简支板桥的跨径做得大一些，或者其厚度比同路径的简支板做得薄一些，这一点和悬臂板桥是相同的。连续板桥的两端直接搁置在桥台上，不需要设置搭板，避免了像悬臂板桥所出现的车辆上桥时对悬臂端部的冲击。

四、预应力混凝土 T 型刚构桥

预应力混凝土 T 型刚构桥分为跨中带剪力铰的和跨内设挂梁的两种基本类型。

带铰的 T 型刚构桥是一种超静定结构。两个大悬臂在端部借所谓"剪力铰"相连接，它是一种只能传递竖向剪力而不传递纵向水平力和弯矩的连接构造。当在一个 T 型结构单元上作用有竖向荷载时，相邻的 T 型结构单元通过剪力铰而共同参与受力。因而，从结构受力和牵制悬臂端变形来看，剪力铰起到有利的作用。另外，带铰的 T 型刚构桥，由于不设挂梁，就不需要专门为预制和安装挂梁的大型设备。

带挂梁的 T 型刚构桥以偶数的 T 构单元与奇数的挂梁配合布置最为简单合理。在此情况下刚架两侧恒载是对称的，墩柱中无不平衡的恒载弯矩，一般的多跨桥梁均采用尺寸划一的 T 构和挂梁，以简化设计和施工，但也可以采用不同的 T 构悬臂长度和相同的挂梁相配合，以构成中孔跨径最大并向两侧逐孔减小的桥型布置。在此情况下，每一 T 构两侧的恒载仍是对称的，墩柱中也无不平衡的恒载弯矩。

五、预应力混凝土连续梁桥

预应力混凝土连续梁桥属于超静定结构。由于预应力结构能充分发挥高强材料的特性，促使结构轻型化，以致具有比钢筋混凝土连续梁桥大得多的跨越能力。其重要特点就是可以有效地避免混凝土开裂，特别是处于负弯矩区的桥面板开裂。连续梁桥的下部结构受力和构造简单，并能节省材料，加之它具有变形和缓、伸缩缝少、刚度大、行车平稳、超载能力大、养护简便等优点，所以在近代桥梁建筑中已得到越来越多的应用。

预应力混凝土连续梁可以设计成等跨或不等跨、等高或不等高的结构形式。由于预应力筋在结构内能起到调整内力的作用，因此预应力混凝土连续梁在孔径布置和截面设计等方向可供选择的范围比钢筋混凝土桥要大得多。

对于中等跨度，当采用目前比较盛行的顶推法施工工艺时，往往就设计成等跨等高的连续梁桥。鉴于施工工艺的独特优点，补偿了结构本身作为等跨等高度连续梁所具有的短处，也可采用先顶制成简支梁，待其被架设在临时支座上后，再在支点顶部张拉预应力筋来建立连续性的施工方法。不等跨不等高的预应力混凝土连续梁桥，是大跨度桥梁结合悬臂法施工最常用的结构形式。对于城市桥梁或路线桥，有时为了增大中跨跨径，还可能设计成边跨与中路之比小于 0.3 的连续梁桥，端支点上将出现较大的负反力，因此就要设计专门的能抵抗拉力的支座，或者在跨端部分设置巨大的平衡重来消除负反力。

预应力筋的布置要考虑到张拉操作的方便，当需要在梁内、梁顶或梁底锚固预应力筋时，应根据预应力筋锚固区的受力特点给予局部加强，以防开裂损坏。

六、预应力混凝土斜拉桥

用多根斜索拉住桥面来跨越较大的河谷障碍早在 19 世纪初期在欧洲就曾风行一时，但由于当时对于理论认识的不足，对于高次超静定结构无法精确计算以及缺乏高强材料等原因，致使建成的桥梁多次发生毁桥事故，甚至造成严重的伤亡惨剧。

进入 20 世纪后，鉴于近代桥梁力学理论、电子计算机计算技术、材料强度、施工手段等有了很大进展，上述这种斜拉式桥型又逐渐地重现了它的优越性。

预应力混凝土斜拉桥也属组合体系，它主要由斜索（或称斜缆）、塔柱和主梁三部分组成。从塔柱上伸出并悬吊起主梁的高强度钢索起着混凝土主梁弹性支承的作用。这样，主梁就像显著缩小的多跨弹性支承连续梁那样工作，从而使梁高大大减小，自重大大减轻，并能显著加大桥梁的跨越能力。而且，斜索的水平分力还成了混凝土梁的"免费"轴向预压力，一般来说，已对主梁起有利作用。

（一）预应力混凝土斜拉桥的优缺点

根据它的结构特点，可将预应力混凝土斜拉桥的优缺点综述如下：

第一，鉴于主梁增加了中间的斜索支承，弯矩显著减小，与其他体系的大跨径桥梁比较，混凝土斜拉桥的钢筋和混凝土用量均较节省。

第二，借斜索的预拉力可以调整主梁的内力，使之分布均匀合理，获得经济效果，并且能将主梁做成等截面梁，便于制造和安装。

第三，斜索的水平分力相当于对混凝土梁施加的预压力，借以提高了梁的抗裂性，并充分发挥了高强材料的特性。

第四，结构轻巧，实用性强。利用梁、索、塔三者的组合变化做成不同体系，可适应不同的地形与地质条件。

第五，建筑高度小，主梁高度一般为跨度的 1/100 ~ 1/40，能充分满足桥下净空与美观要求，并能降低引道填土高度。

第五，与悬索吊桥比较，竖向刚度及抗扭刚皮均较强，抗风稳定性要好得多，用钢量较小以及钢索的锚固装冒也较简单。

第六，便于采用悬臂法施工和架设，施工安全可靠。

索力调整是使斜拉桥主梁受力均匀，以达到经济、安全的重要措施，但此工序比较繁杂，在实际施工中，要使施工与设计理想地配合并非易事。此外，缆索的防护、新型锚具的工艺和耐疲劳问题等都是有待进一步研究的课题。

（二）斜拉桥的结构体系种类

斜拉桥可按其相互的结合方式组成四种不同的结构体系，即悬浮体系、支承体系、塔梁固结体系和刚构体系，它们各具特点，在设计中应根据具体情况选择最合适的体系。

一是悬浮体系。也称飘浮体系，它是将除两端外全部缆索吊起而在纵向可稍作浮动的一种具有弹性支承的单跨梁。空间动力计算表明，悬浮体系不能任其在横向随意"摆动"，而必须施加一定的横向约束，提高其振动频率以改善动力性能。

悬浮体系在采用悬臂法施工时，靠近塔柱处的梁段应设置临时支点。

二是支承体系。主梁在塔墩上设有支点，接近于在跨度内具有弹性支承的三跨连续梁。这种体系的主梁内力在塔墩支点处产生急剧变化，出现了负弯矩尖峰，通常须加强支承区段的主梁截面。

支承体系的主梁一般均设置活动支座，这样可避免因一侧存在纵向水平约束而导致极不均衡的温度变位，它将使无水平约束一侧的塔柱内产生极大的附加弯矩。支承体系在横桥方向亦须杆桥台和塔墩处设置侧间水平约束来改善体系的抗震性能。

支承体系在悬臂施工中不需额外设置临时支点，施工比较方便。

三是塔梁固结体系。它相书于梁顶面用斜索加强的一根连续梁。主梁与塔柱内的内力以及梁的挠度，直接同主梁与塔柱的弯曲刚度比值有关。其主要优点是取消了承受很大弯矩的梁下塔柱部分而代之以一般的桥墩结构，塔柱和主梁的温度内力极小，并可显著减小主梁中央段承受的轴向拉力。但需指出，当中跨满载时，主梁在墩顶处的转角位移会导致塔柱倾斜，使柱顶产生较大水平位移，这样就显著增大了主梁的路中挠度和边跨的负弯矩，这是这种体系的弱点。

塔梁固结体系小，全部上部结构的重量和活载都须由支座传给桥墩，这就需要设置很大吨位的支座，对于大路径桥，支承力甚至是万吨级的。

四是刚构体系。它的塔柱、主梁和柱墩相互固结，形成了在跨度内具有弹性支承的刚构。其优点在于体系的刚度较大，即主梁和塔柱的挠度较小。

刚构体系在塔柱处不需要任何支座，但是在刚结点和墩脚处将出现很大的温度附加弯矩，对于大跨度桥它将是万吨级的。为了减小或消除这种极大的温度内力，往往在主梁路中设置可以容许水平移动的剪力铰，或者设置挂梁。

总之，悬浮体系具有充分的刚度，受力比较匀称，可以做成等截面主梁而简化施工，抗风、抗震性能也较好，是采用较多的结构体系。支承体系不比悬浮体系有多大的优越性。塔梁固结体系的塔柱内力最小，温度内力也最小，仅主梁边跨负弯矩较大，整体刚度较小，也是可以考虑采用的结构体系，但修建时要解决大吨位支座的问题。由于巨大的温度内力，刚构体系极都做成带挂梁的型式，它适用于对抵抗地震和风振无特殊要求的场合。

第三节　桥梁的规划与设计要求

一、桥梁总体规划原则和基本设计资料

桥梁是公路或城市道路的重要组成部分，特别是大、中桥梁对当地的政治、经济、国防等都具有重要意义。因此，应根据设计桥梁的使用任务、性质和所在线路的远景发展需要，按照适用、经济和适当照顾美观的原则进行总体规划和设计。公路桥梁应适当考虑农田排灌的需要，以支援农业生产。靠近村镇、城市、铁路及水利设施的桥梁，应结合各有关方面的要求，考虑综合利用。设计人员在工作中必须广泛吸取建桥实践中创造的先进经验，推广各种经济效益好的技术成果，积极采用新结构、新技术、新设备、新工艺、新材料。设计中应结合我国的实际，学习和引进国外最新科学成就，把学习外国利自己创造结合起来。

（一）桥梁设计的基本要求

与设计其他工程结构物一样，在桥梁设计中必须考虑下述各项要求。

1.使用上的要求

关于桥梁结构，在制造、运输、安装利使用过程中应有足够的强度、刚度、稳定和耐久性，并有安全储备。桥上的行车道和人行道宽度（或文全带）、缘石、护栏、栏杆等设备应保证车辆和人群的安全畅通，并应满足将来交通量增长的需要。桥型、跨度大小别桥下净空应满足泄洪、安全通航或通车等要求。桥上还应没有照明设施，引桥纵坡不宜过陡，地震区桥梁应按抗震要求采取防展措施，建成的桥梁要保证使用年限，并便于检查和维修。

2.经济上的要求

在桥梁设计中，经济性一般是首要考虑的因素。在设计中必须进行详细周密的技术经济比较，使桥梁的总造价和材料等的消随为最少。应注意的是，要全面而精确地计算所有的经济因素往往是困难的，在技术经济比较中，应充分考虑桥梁在使用期间的运营条件，并综合考虑发展远景和将来的养护维修等方向的问题，使其造价和养护费用综合最省。

桥梁设计根据因地制宜、就地取材、方便施工的原则，合理选用适当的桥型。此外，能满足快速施工要求以达到缩短工期的桥梁设计，不仅能降低造价，而且提早通车在运输上格带来很大的经济效益。

3.结构尺寸和构造上的要求

整个桥梁结构及具备部分构件在制造、运输、安装和使用过程中应具有足够的强度、刚度、稳定性和耐久性。桥梁结构的强度应使全部构件及其连接构造的材料抗力或承载能力具有足够的安全储备。对于刚度的要求，应使桥梁在荷重作用下的变形不超过规定的容许值，过度的变形会使结构的连接松弛，而且挠度过大会导致高速行车困难，引起桥梁剧烈的振动，使行人不适，严重者会危及桥梁的安全。结构的稳定性是要使桥梁结构在各种外力作用下，具有能保持原来的形状相位置的能力。例如，桥梁结构和墩台的整体不致倾倒或滑移，受压构件不致引起纵向屈曲变形等。在地震区修建桥梁时，在计算和构造上还要满足抵御地震破坏力的要求。

4.施工上的要求

桥梁结构应便于制造和架设。应尽量采用先进的工艺技术和施工机械，以利于加快施工速度，保证工程质量和施工安全。

5.美观上的要求

一座桥梁应具有优美的外形，应与周围的景致相协调，城市桥梁和游览地区的桥梁可较多地考虑建筑艺术上的要求。合理的结构布局和轮廓是美观的主要因素，决不应把美观片面地理解为豪华的细部装饰。此外，施工质量也会影响桥梁美观性。

此外，桥梁设计应积极采用新结构、新材料、新工艺和新设备，学习和利用国际上最新科学技术成就，以利于提高我国桥梁建设水平，赶上和超过世界先进水平。

（二）野外勘测与调查研究

一座桥梁的规划设计涉及的因素很多，必须充分调查和研究、收集以下资料，从客观实际出发，提出合理的设计建议及计划任务书。

第一，调查研究桥梁交通要求。即调查桥上的交通种类和行车、行人的往来密度，以确定桥梁的荷载等级和行车道、人行道宽度等，调查桥上是否有需要通过的各类管线（如电力、电话线和水管、煤气管等），为此需设置专门的构造装置。

第二，选择桥位，测量桥位附近的地形，绘制地形固供设计和施工应用。

第三，探测桥位的地质情况，包括土壤的分层标高、物理力学性能、地下水等，并将钻探所得资料绘成地质剖面图。对于所遇到的地质不良现象，如滑坡、断层、溶洞、裂缝等应详加注明。

第四，桥位的详细勘测和调查。对确定的桥位要进一步收集资料，为设计和施工提供可靠依据。这时的勘测和调查工作包括绘制桥位附近大比例尺地形图、桥位地质钻探并绘制地质剖面网、实地水文勘测调查等。为使地质资料更接近实际，宜将钻孔布置在拟定的桥孔方案墩台附近。

第五，调查和测量河流的水文情况，包括调查河道性质（如河床及两岸的冲刷和淤积、河道的自然变迁等），收集和分析历年的洪水资料，测量河床断面图，调查河槽各部分的形态标志、糙率等，通过计算确定各种特征水位、流速、流量等。与航运部门协商确定通航水位利呕航净空。了解河流上有关水利设施对新建桥梁的影响。

第六，调查当地建筑材料（砂、石料等）的来源、水泥钢材的供应情况以及水陆交通的运输情况。

第七，调查了解施工单位的技术水平、施工机械等装备情况，以及施工现场的动力设备利电力供应情况。

第八，调查和收集有关气象资料，包括气温、雨量及风速（台风影响）等情况。

第九，调查新建桥位上、下游有元老桥，其桥型布置和使用情况等。

很明显，选择桥位需要一定的地形、地质和水文等资料，而对于已选定的桥位，又需要进一步为桥梁设计提供更为详细的基本资料。因此，以上各项工作往往是互相渗透，交错进行的。

（三）设计程序

桥梁设计是一个分阶段、循序渐进的工作过程。根据国家基本建设程序要求，我国大型桥梁的桥梁设计程序分为前期工作和设计阶段。前期工作包括编制预可行性研究报告和可行性研究报告；设计阶段按"三阶段设计"进行，即初步设计、技术设计与施工图设计。各阶段的设计目的、内容、要求和深度均不同，分述如下。

1. 预可行性研究报告的编制

此阶段简称"预可"阶段。预可行性研究报告是在工程可行的基础上，着重研究建设上的必要件和经济上的合理性，解决要不要修建桥梁的问题。对于区域件桥梁，应通过对准备建桥地点附近的渡口车辆流量调查，并从发展的观点以及桥梁修建后可能引入的车流，科学分析和确定通过桥梁的可能车流量，论证工程的必要性。

在预可性研究报告中，应编制几个可能的桥型方案，对工程造价、投资回报、社会效益、政治意义和国防意义等进行分析，论述经济上的合理性，并对资金来源有所设想。设计单位将预可行性研究报告交业主后，由业主据此编制"项目建议书"报主管上级审批。

2. 可行性研究报告的编制

此阶段简称为"工可"阶段。"工可"阶段与"预可"阶段的内容和目的基本一致，只是研究的深度不同，可行性研究报告是在预可行性研究报告审批后，着重研究工程上和投资上的可行性。

在本阶段，要研究和制定桥梁的技术标准，包括设计荷载、允许车速、桥梁坡度和曲线半径等，同时，还应与河道、航运、城市规划等部门共同研究和协商来确定相关技术标准。

在"工可"阶段，应提出多个桥型方案，并按交通部《公路建设工程投资估算编制办法》估算造价，对资金来源和投资回报等问题应基本落实。

3. 初步设计

可行性研究报告批复后，即可进行初步设计；在本阶段要进一步开展水文、勘测工作，以获取更详细的水文资料、地形图和工程地质资料。在初步设计阶段，应拟定桥梁结构的主要尺寸、估算工程数量和主要材料的用量、提出施工方案的意见和编制设计概算。初步设计概算成为控制建设项目投资的依据。

初步设计的目的是确定设计方案，应拟定几个桥式方案，综合分析每个方案的优缺点，通过对每个方案的主要材料用量、总造价、劳动力数量、工期、施工难易程度、养护费均等各种技术经济指标以及美观性进行比较，选定一个最佳的推荐方案，报建设单位审批。

4. 技术设计

技术设计的主要内容是对选定的桥式方案中重大、复杂的技术问题通过科学试验、专题研究、加深勘探调查及分析比较，进一步完善批复的桥型方案的总体和细部各种技术问题，提出详尽的设计图纸，包括结构断面、配筋、细节处理、材料清单及工程量等，并修正工程概算。

5. 施工图设计

施工图设计是在批复的技术设计（三阶段设计时）或初步设计（二阶段设计时）所有技术文件基础之上，进一步进行具体设计。此阶段工作包括详细的结构分析计算、配筋计算、验算各构件强度、刚度、稳定性和裂缝等各种技术指标并确保满足规范要求，绘制施下详图，编制施工组织设计和施工图预算。

目前，国内一般的（常规的）桥梁采用二阶段设计，即初步设计和施工图设计；对于技术上复杂的特大桥、互通式交或新型桥梁结构，需增加技术设计，即三阶段设计；对于技术简单、方案明确的小桥，也可采用一阶段设计，即施工图设计。

二、梁纵、横断面设计和平面布置

（一）桥梁纵断面设计

桥梁纵断面设计包括确定桥梁的纵跨径、桥梁的分孔、桥道的标高、桥上和桥头引道的纵坡以及基础的埋置深度等。

1. 桥梁总跨径的确定

对于一般跨河桥梁，总跨径可参照水文计算来确定。桥梁的总跨径必须保证桥下有足够的排洪面积，使河床不致遭受过大的冲刷。另一方面，根据河床土壤的性质和基础的埋置情形，设计者应视河床的允许冲刷程度，适当缩短桥梁的总长度，以节约总投资。由此可见，桥梁的总跨径应根据具体情况经过全面分析加以确定。例如，对于在非坚硬岩层上修筑的浅基础桥梁，总路径应该大一些而不使路堤压缩河床；对于深埋基础，一般允许较大的冲刷，总跨径就可适当减小。山区河流一般河床流速本来已经很大，则应尽可能少压缩或不压缩河床；而对于平原区的宽滩河流虽然可允许较大的压缩，但必须注意壅水对河滩路堤以及附近农田和建筑物可能造成的危害。

2. 桥梁的分孔

对于一座较长的桥梁，应当分成几孔，各孔的路径应当多大，这不仅影响到使用效果、施工难易等，并且在很大程度上关系到桥梁的总造价。跨径愈大、孔数愈少，上部结构的造价就愈高，墩台的造价就减少；反之，则上部结构的造价降低，而墩台造价格提高。这与桥墩的高度以及基础工程的难易程度有密切关系。最经济的分孔方式就是使上、下部结构的总造价趋于最低。

对于通航河流，在分孔时首先应考虑桥下通航的要求。桥梁的通航孔应布置在航行最方便的河域。对于变迁性河流，鉴于航道位置可能发生变化，就需要多设几个通航孔。

在平原地区的宽阔河流上修建多孔桥时，通常在主槽部分按需要布置跨径较大的通航孔，而在两旁浅滩部分则技经济跨径进行分孔。如果经济跨秤较通航要求值还大，则通航孔也应取用较大跨径。

在山区的深将上、在水深流急的江河上或需在水库上修桥时，为了减少中间桥墩，应加大跨径：条件允许的话，甚至可采用特大路径单孔跨越。

在布置桥孔时，有时为了避开不利的地质段（如岩石破碎带、裂隙、溶洞等），也要将桥基位置移开，或适当加大跨径。

对于某些体系的多孔桥梁，为了合理地使用材料，各孔路径应有适宜的比例义系。例如，为了使钢筋混凝土连续梁桥的中跨和相邻边路的跨小最大弯距接近相等，其中路与相邻边跨的路径比值，对于三连连续者约为1.00：0.90：0.65，为了使多孔悬臂梁桥的结构对称，最好布置成奇数跨。

从战备方面考虑，应尽量使全桥的跨径做得一样，并且跨径石宜太大，以便于战时抢通和修复。

路径的选择还与施工能力有关，有时选用较大跨径虽然在经济上是合理的，但限于当时的施工技术能力和设备条件，也不得不将跨径减少。对于大桥施工，基础工程往往对工期起控制作用、在此情况下，从缩短工期出发，就应减少基础数量而修建较大跨径的桥梁。

一座桥梁既是交通工程结构物，又是自然环境的美化者，对于一些特别重要的桥梁，更应该显示出社会主义建设的时代特点。因此，在整体规划桥梁分孔时必须重视美观上的要求。

总之，大、中桥梁的分孔是一个相当复杂的问题，必须根据使用任务、桥位处的地形和环境、河床地质、水文等具体情况，通过技术经济等方面的分析比较，才能做出比较完美的设计方案。

3. 桥道标高的确定

对于跨河桥梁，桥道的标高应保证桥下排洪和通航的需要；对于跨线桥，则应确保桥下安全行车。在平原区建桥时，桥道标高的抬高往往伴随着桥头引退路堤土方量的显著增加。在修建城市桥梁时，桥高了使两端引道的延伸影响市容，或者需要设置立体交叉或高架栈桥，这将导致提高造价。因此，必须根据设计洪水位、桥下通航（或通车）净空等需要，结合桥型、跨径等一起考虑，以确定合理的桥道标高。在有些情况下，桥道标高在路线纵断面设计中已做规定。

桥面标高的确定主要考虑三个因素：路线纵断面设计要求、排洪要求和通航要求。对于中、小桥梁，桥面标高一般由路线纵断面设计确定；对于跨河桥，为保证结构不受毁坏，桥梁主体结构必须比计算水位（设计水位计入壅水、浪高等）或最高流冰水位高出一定距离，满足《公路桥涵设计通用规范》(JTGD60-2004)(以下简称《桥规》（JTG D60）；对于通航河流，通航孔还必须满足通航净空要求，通航净空尺寸按《内河通航标准》（GBJ 139-90）确定；对于跨越铁路或公路的桥梁，应满足相应的铁路或公路的建筑眼界规定。

4. 桥梁纵坡布置

桥梁标高确定后，就可根据两端桥头的地形和线路要求来设计桥梁的纵断面线形。按照《公路工程技术标准》（JTG B01-2003）规定，公路桥梁的桥上纵坡不宜大于4%，桥头引道纵坡不宜大于5%；位于市镇混合交通繁忙处，桥上纵坡和桥头引道纵坡均不得大于3%，桥头两端引道线形应与桥上线形相配合。

（二）桥梁横断面设计

桥梁横断面的设计主要是决定桥面的宽度和桥跨结构横截面的布置。桥面宽度由行车和行人的交通需要决定。桥面净空应符合《桥规》（JTG D60）第3.31条公路建筑限界的规定，在规定的限界内，不得有任何结构部件等侵入。在选择车道宽度、中间带宽度和路肩宽度及其一般值和最小值时，应首先考虑与桥梁相连的公路路段的路基宽度，保持桥面净宽与路肩间宽，使桥梁与公路更好地衔接，公路上的车辆可维持原速通过桥梁，满足车辆在公路上无障碍行驶的现代交通最基本的要求。

行车道宽度为车道数乘以车道宽度，车道宽度与设计车速有关，车速越高，车道宽度越大，其值为 3～3.75 米，应满足前述规范的要求。自车道和人行道的设置应根据需要而定，与前后路线布置协调。一个自行车道的宽度为 10 米，单独设置自行车道时，一般不宜小于两个自行车道的宽度。人行道的宽度一般为 0.75 米或 1.0 米，大于 1.0 米时、按 0.5 米的级差增加。高速公路上的桥梁不宜设人行道。漫水桥和过水路面可不设人行道。

高速公路、一级公路上的桥梁必须设置护栏。二、三、四级公路上特大、大、中桥应设护栏或栏杆和安全带，小桥和涵洞可仅设缘石或栏杆。不设人行道的漫水桥和过水路面应设护栏或栏杆。

在弯道上的桥梁应按路线要求予以加宽。

（三）桥梁平面布置

桥梁及桥头引道的线形应与路线布设相互协调，各项技术指标应符合路线布设的规定。高速公路和一级公路上行车速度快，桥梁与道路衔接必须舒顺才能满足行车要求，因此高速公路、一级公路上的各类桥梁除特殊大桥外，其布设应满足路线总体布设的要求。高速公路、一级公路上的特殊大桥，以及二、三、四级公路上的大、中桥线形，一般为直线，如必须设成曲线时，其各项指标应符合路线布设规定。

从桥下泄洪要求及桥梁安全角度考虑，桥梁纵轴线应尽可能与洪水主流流向正交。对通航河流上的桥梁，为保证航行安全，通航河道的主流应与桥梁纵轴线正交。当斜交不能避免时，交角不宜大于 5°；当交角大于 5° 时，应增大通航孔跨径。对于一般小桥，为了改善路线线形，或城市桥梁受原有街道的制约时，也允许修建斜交桥，但从桥梁本身的经济性和施方便来说，斜交角通常不宜大于 45°。

第四节 桥梁上部结构构造

桥梁的构造组成基本上是一样的，但因为桥梁类型的不同，它们也有许多不同之处。本节主要对钢筋混凝土梁桥和拱桥分别进行简要的介绍。

一、梁桥上部结构

由于施工方法的不同，梁桥分为整体式和装配式两类。整体式是上部结构在桥位上整体现场浇筑而成。特点是结构整体性好，刚度大，但由于需要现场浇筑，施工进度慢，工业化程度低。装配式是利用运输和起重设备将预制的独立构件运到桥位现场，进行起吊、安装、拼接。

（一）梁的横断面形式

梁桥的上部结构根据截面的形式不同，一般分为板式梁桥、肋板式梁桥和箱形梁桥。

1. 板式梁桥（简称板桥）

板桥的承重结构是矩形截面的混凝土板梁。其主要特点是构造简单、施工方便且建筑高度小。但其跨径不能太大，一般情况下简支板桥的跨径在 10 米以下。根据力学特性，对矩形板桥进行优化设计做成留有圆洞的空心板或将其下部稍加挖空的矮肋式板，以减轻自重，增大跨径。为施工方便，也可将梁板制成预制的实心板条拼接而成，形成装配式结构。

2. 肋板式梁桥

在横断面内形成明显肋形结构的梁桥称为肋板式梁桥。在这种桥梁上，梁肋与顶部的钢筋混凝土桥面板结合在一起作为承重结构。这种形式显著减轻了结构自重，其跨越能力较板桥有了很大提高，一般中等路径（13 ～ 15 米）的梁桥采用这种形式。一般情况下，为了施工方便，先将梁顶制成 T 型断面的单个梁（简称 T 型梁），然后进行运输、起吊、安装和拼接（简称装配式 T 型梁）。在每一片 T 梁上通常设置待安装就位后相互连接用的横隔梁，以加强全桥的整体性。

3. 箱形梁桥

横断面呈一个或多个封闭箱形的梁桥称为箱形梁桥。与肋板式梁桥的区别是，不但跨越能力较大，而且抗扭刚度也特别大，一般用于较大跨径的悬臂梁桥和连续梁桥。箱梁可分为单室或多室的整体式以及多事装配式箱梁。

（二）梁桥上部构造

简支梁桥上邻结构由主梁、横隔梁、桥面板、桥面系以及支座等几部分组成。

1. 主梁

主梁是桥梁上部结构的主要承重构件。装配式简支梁桥的每片主梁都是预制的独立构件，主梁两端分别用固定支座和活动支座支撑于桥梁墩台上。其横断面形式如上所述。以标准路径 20 米装配式简支 T 梁为例。

（1）主梁的间距

主梁间距的大小不仅与钢筋和混凝土的材料用量、构件的重力有关，而且与桥面板的刚度有关。一般来说，对于跨径大一些的桥梁，适当地加大主梁间距，可减少钢筋和混凝土的用量。主梁间距一般为 1.5 ～ 2.2 米。

（2）主梁钢筋布置

装配式 T 梁的主梁钢筋可分为纵向主钢筋、弯起钢筋（也称为斜钢筋）、箍筋、架立钢筋和防收缩钢筋。由于纵向主钢筋数量多，常采用多层焊接钢筋骨架。

①纵向主钢筋

纵向主钢筋设在梁肋的下缘，随着弯矩值的变化而向支点逐渐减少。主钢筋可在跨间适当的位置切断或弯起。为保证主梁两端有足够数量的主钢筋，伸过支点截面的钢筋不应少于主钢筋截面积的 20%，且不得少于 2 根。主梁中每片骨架的纵向钢筋数一般为 3 ～ 7 根，竖直排焊的总高度不宜大于梁高的 0.15 ～ 0.20 倍。伸过支点截面的钢筋应弯成直角，并顺着梁端延伸到梁的顶部与架立钢筋焊接在一起。

②斜钢筋

斜钢筋的作用是抵抗剪力及主拉应力。当主钢筋弯起数量不足时，可在主钢筋和架立钢筋上加焊斜钢筋。斜钢筋与梁的轴线一般布置成 45°。弯起钢筋应按圆弧弯折，圆弧半径（以主钢筋轴线计算）不小于 10d。弯起钢筋的数量（包括根数和直径）由斜截面抗剪强度计算确定，而弯起钢筋的弯起点位置还应满足桥涵设计规范的要求。

③箍筋

箍筋的作用也是用于抵抗剪力，其间距不应大于梁高的 3/4 和 50 厘米，直径不小于 6 毫米，且不小于 1/4 主钢筋直径，且梁支点附近的第一根箍筋应设置在距支承边缘 5 厘米处。在主梁和横隔梁交叉处不设箍筋，在支座附近箍筋应加密或采用四肢箍筋，并应在支座部位的梁底部加设钢筋网。

④架立钢筋

架立钢筋布置在梁肋的上缘，主要起固定箍筋和斜钢筋并使梁内全部钢筋形成空间骨架的作用。

⑤防收缩钢筋

防收缩钢筋是防止梁肋侧面混凝土收缩等原因而导致的裂缝。其钢筋面积 A=（0.0015 ～ 0.002）bh（b 为梁肋宽度，h 为梁高）。钢筋直径为 6 ～ 10 毫米，靠近下部布置得密些，靠近上部布置得疏些。

T 梁翼缘板内的受力钢筋沿横向布置在板的上缘，以承受悬臂的负弯矩。在顺桥方向还应设置少量分布钢筋。

2. 横隔梁

横隔梁起着联系各主梁、增强全桥整体性的作用，保证作用在桥面上的荷载对各主梁有良好的横向分配。一般在跨中、支点处均应设置横隔梁。跨中横隔梁对各主梁的荷载分配起主要作用，支座处的横隔梁对保证装配式梁桥在运输、安装过程中的稳定性和主梁的抗扭能力是必要的。

横隔梁一般做成肋板截面形式，肋宽一般为 0.12 ～ 0.2 米，高度可取主梁高度的 3/4 左右，也可做成主梁同样高度。

3. 桥面系

桥梁的桥面系通常包括桥面铺装、桥面防水和排水设施、伸缩缝、人行道、缘石、栏杆和灯柱等构造。它是桥梁直接提供服务功能的部件。

（1）桥面铺装

桥面铺装是车轮直接作用的部分，又叫行车道铺装。它的作用是保护属于主梁整体部分的行车道板不受车辆轮胎（或履带）的直接磨耗，防止主梁遭受雨水侵蚀，且对车轮中的集中荷载起分布作用。桥面铺装位于翼板之上，其形式很多，常用的有钢筋混凝土桥面铺装、普通混凝土或沥青混凝土铺装、防水混凝土铺装、具有贴式防水层的水泥混凝土或沥青混凝土铺装。

（2）桥面排水设施

钢筋混凝土结构经受水长时间浸入时，其细微裂纹和大孔隙中会渗入水分，在结冰时会因为膨胀导致混凝土发生破坏，而且即使不发生冰冻，钢筋也会受到锈蚀作用。所以，为防止雨水滞积于桥面并渗入梁体而影响桥梁的耐久性，除在桥面铺装层内设置防水层外，还应将桥面上的雨水迅速引导排出桥外。通常当桥面纵坡大于 2% 而桥长小于 50 米时，雨水可流至桥头从引道上排除，桥上不设专门的泄水孔道。

当桥面纵坡大于 2%，仅桥长大于 50 米时，宜在桥上间隔设置泄水管。泄水管可沿行车道两侧左右对称排列，也可交错排列，其离路缘石距离为 20 ～ 30 厘米。泄水管尽可能竖直向下设置，以利于排水。对于一些小跨径桥梁，为了简化构造和节省材料，可以直接在行车道两侧安全带或缘石上预留横向泄水口，将水用管排至桥外侧。

（3）伸缩缝

为保证桥跨结构在气温变化、活载作用、混凝土收缩与徐变等作用下自由变形，通常在梁端与桥台之间、构梁端之间或桥梁的铰接位量上设置横向伸缩缝（也称变形缝）。伸缩缝的构造有简有繁，不仅要保证主梁能够自由伸缩，而且要满足车辆能够平顺地通过伸缩缝处，也不能使雨水渗入、垃圾阻塞伸缩缝。常用的伸缩缝有钢板伸缩缝、橡胶伸缩缝、TST 弹塑体伸缩缝等。

（4）桥面连续

为了减少多孔桥的伸缩缝数量，改善行车条件，一般采用桥面连续，根据气温变化情况，通常每隔 50 ～ 80 米设一道伸缩缝，使相邻伸缩缝之间的桥面构成一联。在桥面连续处，增加铺装层钢筋，混凝土连续浇筑，使桥面连成整体。

（5）人行道

当桥梁修建在城市道路或一般公路上时，因为通过桥上的行人交通量较大，这就需要在桥面的两侧设置人行道，专供行人通行使用，使行人与车辆分离以保证安全。人行道的宽度根据当地调查情况决定，人行道的形式一般有悬臂式和非悬臂式两种。其中，悬臂式是依靠锚栓获得稳定。

（6）支座

桥梁支座的作用是将桥跨结构的荷载传递到桥梁的墩台上，同时保证桥跨结构所要求的位移与转动，以便使结构实际受力情况与计算理论图式相吻合。钢筋混凝土和预应力混凝土梁桥在桥跨结构和墩台之间均应设置支座。

梁桥的支座一般分为固定支座和活动支座两种，固定支座既要固定主梁在墩台上的位置以传递竖向压力和水平力，又要保证主梁发生挠曲时在支承处能自由转动。活动支座只传递竖向压力，但它须保证主梁在支承处既能自由转动又能水平移动。

　　梁桥的支座通常可以用油毛毡、钢板、橡胶或钢筋混凝土等材料来制作。梁桥支座结构类型甚多，应根据桥梁跨径的长短、支点反力的大小、梁体变形的程度以及对支座构造高度的要求等、视具体情况进行选用。

二、拱桥上部结构

（一）拱桥的特点

　　拱桥是我国公路上使用很广泛且具有悠久历史的一种桥梁形式。其外形宏伟，且经久耐用。拱桥与梁桥不仅在外形上不同，在受力性能上也存在着本质区别。梁式桥在竖向荷载作用下，梁体内主要产生弯矩，且在支承处只有竖向反力，而拱式桥在竖向荷载作用下，支承处不仅产生竖向反力，而且还产生水平推力。由于这个水平推力的存在，拱圈中的弯矩比相同跨径梁桥的弯矩小得多，从而使整个拱圈主要承受压力作用。因此，拱桥不仅可以利用钢、钢筋混凝土等材料来修建，而且还可以充分利用抗压性能较好而抗拉性能较差的圬工材料（石料、混凝土、砖等）来修建。这种由圬工材料修建的拱桥又称为圬工拱桥。

　　1.拱桥的主要优点

　　第一，跨越能力大。在全世界范围内，目前已建成的钢筋混凝土拱桥的最大跨径为420米，石拱桥为155米，钢拱桥达518米。

　　第二，能充分做到就地取材，降低造价，并且与钢桥和钢筋混凝土梁式桥相比，可以节省大量的钢材和水泥。

　　第三，耐久性好，养护及维修费用少，承载潜力大。

　　第四，外形美观。拱桥在建筑艺术上，是通过选择合理的拱式体系及突出结构上的线条来达到美的效果。

　　第五，构造较简单，尤其是圬工拱桥，有利于普及和广泛采用。

　　2.拱桥的主要缺点

　　第一，自重大，水平推力也较大，增加了下部结构的工程量，对地基条件要求高。

　　第二，对于多孔连续拱桥，为了防止其中一孔破坏而影响全桥，还要采取特殊的措施，如设置单向推力墩以承受不平衡的推力。

　　第三，在平原地区修建拱桥，由于建筑高度较大，使桥两岸接线的工程量增大，亦使桥面纵坡加大，对行车不利。

　　第四，圬工拱桥施工需要劳动力较多，建桥工期较长等。

　　拱桥虽然存在以上缺点，但由于它的优点突出，在条件许可的情况下，修建拱桥往往是经济合理的，因此在我国公路桥梁建设中，拱桥得到了广泛应用。

（二）拱桥的主要类型及其适用范围

拱桥的形式多种多样，构造各有差异，可以按照不同的方式将拱桥分为各种类型。

1. 按主拱圈所使用的材料分

按主拱圈（肋、箱）所使用的建筑材料不同可分为圬工拱桥、钢筋混凝土拱桥和钢拱桥。

2. 按拱上建筑的形式分

①实腹式拱上建筑

由侧墙、拱腹填料、护拱以及变形缝、防水层、泄水管以及桥面组成。实腹式拱上建筑的构造简单，施工方便，填料数量较多，恒载较重，所以一般适用于小跨径的板拱桥。

侧墙：侧墙承受填料和车辆荷载所产生的侧向压力，设置在拱圈两侧，其作用是围护拱腹填料。通常采用浆砌片石或浆砌块石砌筑而成，为了美观，可采用料石镶面。侧墙厚度由计算确定，通常顶宽 0.5 ~ 0.75 米，向下逐渐加厚，外坡垂直，内坡为 4 : 1 或 5 : 1。墙脚厚度取用墙高的 0.4 倍。侧墙与墩、台之间必须设置伸缩缝分开。

拱腹填料：用来支撑桥面，并具有传递荷载和吸收冲击力的作用。一般采用砾石、碎石、粗砂和煤渣等透水性良好的粒料，分层填实，以防积水造成冻胀。

护拱：拱阁一般都应设置护拱，它是在拱脚的拱背上用低强度等级水泥砂浆砌筑片石而成。由于护拱加厚了拱脚截面，因此能协调拱圈的受力。为了便于排除桥面渗入拱腔内的雨水，护拱一般做成斜坡形。

②空腹式拱上建筑

空腹式拱上建筑除具有实腹式拱上建筑相同的构造外，还有腹孔和腹孔墩。腹孔按形式可分为拱式和梁氏两种。

拱式拱上建筑：构造简单，外形美观，一般多用于圬工拱桥。其腹孔通常对称布置在主拱圈两侧结构高度所容许的范围内，拱形腹孔跨径一般可选用 2.5 ~ 5.5 米，且每半跨内腹孔的总长不宜超过主拱跨得的 1/4 ~ 1/3。腹拱宜做成等厚的，以利于腹拱墩的受力和施工。

梁式拱上建筑：采用梁式腹孔的拱上建筑，可使桥梁构造轻巧美观，减小了拱上建筑的重量和地基的承压力，以便获得更好的经济效果。一般情况下，大跨径的混凝土拱桥往往采用这种形式。梁式腹孔的桥道梁体系又可分为简支、连续和连续刚架式等三种形式。

3. 按主拱圈采用的状轴线形式分

按主拱圈采用的拱轴线形式可将拱桥分为圆弧拱桥、抛物线拱桥和悬链线拱桥。

从施工方面来看，圆弧拱桥比抛物线拱桥和悬链线拱桥简单；从力学性能方面分析，悬链线拱桥比圆弧拱桥受力好；而对大跨径拱桥，为了改善拱圈受力，可以采用高次抛物线拱桥。

4. 按结构受力体系分

（1）三铰拱

三铰拱属于静定结构。由于温度变化、墩台沉陷等原因引起的变形不会在拱圈截面内产生附加应力。当地基条件不良又需要采用拱式桥梁时，可以采用三铰供。但由于铰的存在，按其构造复杂，施工比较困难，维护费用增大，而且降低了结构的整体刚度，尤其减小了抗震能力。同时拱的挠度曲线在拱顶铰处出现转折，对行车不利。因此，大、中跨径的主拱圈一般不采用三铰供。三铰拱常用于大、中跨径字腹式拱上建筑的边腹供。

（2）两铰拱

两铰拱属于一次超静定结构。由于取消了拱顶铰，其结构整体刚度较三铰拱大。因地基条件较差，不宜采用无铰拱时，可采用两铰洪。

（3）无铰拱

无铰拱属于三次超静定结构。在自重及外荷载作用下，拱内的弯矩分布比两铰拱均匀，材料用量省。由于无铰，结构整体刚度大、构造简单、施工方便、维护费用低，因此在实际中使用最为广泛。但由于无铰拱的超静定次数高，温度变化、材料收缩、结构变形，尤其是墩台位移会在洪圈截面内产生较大的附加内力，所以无铰拱一般在地基良好的条件下修建。

5. 按拱圈的横断面形式分

拱圈的横断面形式多种多样，通常打以下几种：

（1）板拱

板拱承重结构的主拱圈采用矩形实体断面，这种形式构造简单，施工方便，但结构自重较大，所以只在地基条件较好的中、小路径的圬工拱桥中采用。

（2）肋拱

肋供在板拱的基础上，将板供划分成两条或两条以上，使其形成分离的、高度较大的拱肋，肋与肋之间用横系梁相互连接，这样就可用较小的截面积获得较大的截面抵抗矩，节省了材料，减轻了拱圈自重。一般多用于跨径较大的拱桥。

（3）双曲拱

双曲拱主拱圈在纵向和横向均呈曲线形，故称为双曲拱桥。截面抵抗矩较相同材料的板拱大了很多，因此可以节省材料。另外，双曲拱还具有装配式桥梁的特点。但它也存在着缺点，如施工工序多，组合截面的整体件较差，易开裂等。因此，双曲拱只宜在中、小跨径桥梁中采用。

（4）箱形拱

箱形拱的主拱圈外形与板拱相似，由于截面挖空，箱形的截面抵抗短较相同材料用量的板供大很多，因此可以节省材料，减轻了拱圈自重，有利于大跨径。又由于其为闭口箱形断面，截面的抗扭刚度大，横向的整体性和结构稳定性均较好，适用于无支架施工。但箱形拱施工制作比较复杂。一般情况下，路径在50米以上的拱桥宜采用箱形拱断面。

（三）主拱圈的构造

1. 板拱

板拱的主拱圈通常都是做成实体的矩形截面。常用的板拱有等截面圆弧拱和等截面悬链线拱。按照砌筑拱圈的石料规格不同，可分为料石拱、块石板拱及片石拱。

用于拱圈砌筑的石料要求石质均匀，不易风化，无裂纹，石料强度不得低于 MU30。砌筑用的砂浆强度，对于大、中跨径拱桥，不得小于 M7.5；对于小跨径拱桥，不得小于 M5。在有条件的地方，可以用小石子混凝土代替砂浆砌筑拱圈，小石子粒径一般不得大于 20 毫米，以便于灌缝。采用小石子混凝土砌筑的石拱圈砌体强度要比用砂浆砌筑的高，而且可节约水泥 1/4 ～ 1/3。

石板拱桥具有悠久的历史，其构造简单，施工方便，造价低，是盛产石料地区中、小桥梁的主要桥型。根据设计的要求，石拱圈可以采用等截面圆弧拱等截面或变截面的悬链线拱以及其他拱轴形式的拱。

2. 肋拱

肋拱桥是由两条或多条分离的平行拱肋，以及在拱肋上设置的立柱和横隔梁支承的行车道部分组成，适用于大、中路径拱桥。由于肋拱较多地减轻了拱体重她的恒载内力较小，活载内力较大，故宜用钢筋混凝土结构。

拱肋是肋拱桥的主要承重结构，通常是由混凝土或钢筋混凝土做成。拱肋的数目和间距以及拱肋的截面形式等，均应根据使用要求（跨径、桥宽等）、所用材料和经济性等条件综合比较选定。为了简化构造，宜采用较少的拱肋数量，拱肋的截面可以选用文体矩形、工字形、箱形、管形等。

3. 箱形拱

大跨径拱桥的主拱圈可以采用箱形截面。为了采用预制装配的施工方法，在横向将拱圈截面划分成多条辅助，在纵向将箱肋分段，然后预制各箱肋段，待箱肋拼装成拱后，最后现浇混凝土将各箱肋连成整体，以形成箱形拱截面。箱形拱桥的主要特点是：一是截面挖空率大。挖空率可达全截面的 50% ～ 60%，因此与板拱相比，可省大量圬工体积，减小重量；二是箱形截面的中性轴大致居中，对于抵抗正负弯矩具有几乎相等的能力，能较好地适应主拱圈各截面承受正负弯矩变化的情况；三是由于是闭合空心截面，抗弯和抗扭刚度大，拱圈的整体性好，应力分布比较均匀；四是单根箱肋的刚度较大，稳定性较好，能单箱肋成批，便于大支架吊装；五是预制箱肋的宽度较大，施工操作安全，易保证施工质量；六是预制构件的精度要求较高，吊装设备较多。因此，箱形截面是大跨径拱桥一种比较经济、合理的截面形式之一。

箱形拱桥的主拱圈截面由多个空心薄壁箱组成，其形式有槽形截面箱、工字形截面箱和闭合箱。

4. 桁架拱桥

桁架拱由钢筋混凝土或预应力混凝土桁架拱片、横向联系和桥面系组成。桁架拱片是桁架拱桥的主要承重构件，横桥向桁架拱片的片数，由桥梁的宽度、跨径、设计荷载、施工条件、桥面板跨越能力等因素综合考虑确定。

钢筋混凝土桁架拱桥是一种具有水平推力的拱形桁架结构，外形新奇美观。在结构上兼有桁架和拱的特点，各部件截曲尺寸小，重量轻，节省材料，对墩台的垂直压力和水平推力也相应减小，结构的整体性能好，装配化程度高，施工程序少。

预应力混凝土桁式组合拱桥是近年来出现的一种新桥型。桥梁结构从形式上来看与钢筋混凝土桁架拱相似，既像是带斜杆的箱形拱，又像上、下弦杆为闭合箱形截面的桁架拱；从受力体系看是预应力桁架T构和行车道板和拱圈闭合箱形截面的无铰箱形拱的组合结构。与箱形拱桥相比，它具有桁式体系的优点，拱上建筑与主拱圈联合受力，整体性好。为了满足其结构受力需要，上弦杆及斜杆常设置预应力钢筋，因此它的跨越能力较强，与同跨径的其他桥型比较造价低。

5. 刚架拱桥

刚架拱桥是在桁架拱、斜腿刚架等基础上发展起来的另一种新桥型，属于有推力的高次超静定结构，它具有构件少、自重轻、整体性好、刚度大、施工简便、经济指标较先进、造型美观等优点，在我国得到厂广泛应用。

刚架拱桥的上部由刚架拱片、横向联系和桥面系等部分组成。

6. 钢管混凝土拱桥

我国近年来发展起来的钢管混凝土拱桥，一方面提高了材料的强度，减轻了拱圈的自重；另一方面使拱圈水身成为自架设体系，劲性骨架便于无支架施工。因此，钢管混凝土拱桥成为拱桥的发展方向。应用钢管混凝土拱桥作为劲性骨架修建的广西邕宁邕江大桥312米的肋拱和四川万县长江大桥420米的箱拱已经进入世界级水平。钢管混凝土拱桥在我国的兴建方兴未艾，跨径在不断突破，形式在不断创新，技术在不断提高。

第五节　桥梁墩台与基础的构造

桥梁墩台是桥梁结构的重要组成部分，承担着桥梁上部结构所严生的荷载，并将荷载有效传递给地基，起着"承上启下"的作用，决定着桥跨结构在平面上和高程上的位置。桥梁墩台主要由墩台帽、墩台身和基础三部分组成。

桥墩一般是指多跨（不少于两跨）桥梁的中间支承结构。它除了承受桥跨结构的竖向力和水平力之外，还承受风力、流水压力及可能发生的冰压力、船只和漂浮物的撞击力。桥台是设置在桥梁两端、支承桥跨结构并与两岸接线路堤衔接的构造物。桥台既要承受桥梁边跨结构自重、桥台自重以及车辆荷载的作用，并把荷载传到地基上，又要挡土护岸，而且还要承受台背填土及填土车辆荷载所产生的附加土压力。因此，桥梁墩台不仅自身应具有足够的强度、刚度和稳定性，而且对地基的承载能力、沉降量、地基与基础之间的摩擦力等提出了一定的要求。

一、桥墩一般构造

桥墩按其构造形式可分为实体墩、空心墩、柱式墩、排架墩、框架墩等 5 种类型；按其受力特点可分为刚性墩和柔性墩；按其截面形状可分力矩形、圆形、圆端形、尖端形及各种截面组合成的空心墩；按其施工工艺可分为就地砌筑或浇筑和预制安装桥墩。

（一）实体桥墩

实体桥墩是指一个实体结构组成的桥墩。按其截面尺寸或刚度及重力的不同又可分为重力式桥墩和实体轻型桥墩。

1. 重力式桥墩

重力式桥墩主要依靠自身重力来平衡外力，以保证桥墩的稳定。它通常是用圬工材料修筑而成，具有刚度大、防撞能力强等优点。适用于荷载较大的大、中桥梁或流冰、漂浮物较多的河流中。其截面形式有圆形、矩形、圆端形、尖端形等。

2. 实体轻型桥墩

实体轻型桥墩可用混凝土、浆砌块石或钢筋混凝土材料做成。其中实体式钢筋混凝土薄壁桥墩最为典型。其特点是圬工体积小，自重小，施工简便，外形美观，过水性好，一般适应于地基土软弱地区的中小径的桥梁上。

（二）空心桥墩

空心桥墩有两种形式，一种为中心镂空式桥墩；另一种是薄壁空心桥墩。

1. 中心镂空式桥墩

中心镂空式桥墩是在重力式桥墩基础上镂空中心一定数量的圬工体积而成。可使结构更经济，减轻桥墩自重，降低对地基承载能力的要求。

2. 薄壁空心桥墩

薄壁空心桥墩系用强度高的钢筋混凝土构筑而成的墩身壁较薄的空格形桥墩。其最大特点是大幅度地削减了墩身圬工体积和墩身自重，减小了地基负荷，因而适用于软弱地基上的桥墩。

（三）柱式桥墩

柱式桥墩是目前公路桥梁中广泛采用的桥墩形式，特别是对于桥宽较大的城市桥或立交桥，这种桥墩不但能减轻自重，节约圬工材料，而且轻巧、美观。

柱式桥墩一般由基础之上的承台、柱式墩身和盖梁组成，常用的有单柱式、双柱式、哑铃式以及混合双柱式 4 种形式。

（四）柔性排架桥墩

柔性排架桥墩由单排或双排的钢筋混凝土柱与钢筋混凝土盖梁连接而成，其主要特点是：上部结构传来的水平力按各墩台的刚度分配到各墩台，作用在每个柔性墩上的水平力较小，而作用在刚性桥墩上的水平力很大，因此案件墩截面尺寸得以减小。

（五）框架式桥墩

框架式桥墩采用钢筋混凝土或预应力混凝土等压挠或挠曲构件组成平向框架代替墩身，支承上部结构，必要时可做成双层或多层框架。这是较空心墩更进一步的轻型结构。

二、桥台一般构造

桥台通常按其形式划分为重力式桥台、轻型桥台、框架式桥台、组合式桥台和承拉桥台。

（一）重力式桥台

重力式桥台一般采用砌石、片石混凝土或混凝土等圬工材料就地砌筑或浇筑而成，主要依靠自身重力求平衡台后土压力，从而保证自身的稳定。重力式桥台依据桥梁跨径、桥台高度及地形条件的不同有多种形式，常用的有 U 形桥台、埋置式桥台、拱型桥台、埋置衡重式高桥台等。

1.U 形桥台

U 形桥台由台身（前墙）、台帽、基础与两侧翼墙组成。在平面上呈 U 字形，其台身支承桥跨结构，并承受台后土压力；翼墙与台身连成整体承受土压力，并起到与路堤衔接的作用。U 形桥台通用于填土高度为 8 ～ 10 米的单孔或多孔桥梁。其结构简单，接触地面大，应力较小。

2. 埋置式桥台

埋置式桥台其台身为圬工实体，台帽及耳墙采用钢筋混凝土。台身埋置于台前溜坡内，利用台前溜坡填土抵消部分台后填土压力，不需另设翼墙，仅由台帽两端的耳墙与路堤衔接；这种桥台稳定性好，适用于填土高度在 10 米及以上的高桥。

3. 拱形桥台

拱形桥台由埋置式桥台改进而来，台身用块石或混凝土砌筑，中间挖空成拱形，以节省圬工。它适用于基岩埋藏浅或地质良好而有浅滩河流的多孔桥。

4. 埋置衡中式高桥台

埋置衡重式高桥台是利用衡重台及其上的填土重力平衡部分土压力，在高桥中圬工较省。它适用于跨径大于 20 米、高度大于 10 米的跨深沟及山区特殊地形的桥梁。

（二）轻型桥台

轻型桥台通常用圬工材料砌筑或钢筋混凝土浇筑。圬工轻型桥台只限于桥台高度较小的情况，而钢筋混凝土轻型桥台应用范围更广泛。从结构形式上分，轻型桥台由薄壁型轻型桥台和支撑梁型轻型桥台。

1. 薄壁型轻型桥台

薄壁型轻型桥台常用的形式有悬臂式、扶臂式、撑墙式和箱式。其主要特点是利用钢筋混凝土结构的抗弯能力来减少圬工体积，从而使桥台轻型。

2. 支撑梁型轻型桥台

支撑梁型轻型桥台就是在墩台基础间设置 3 ~ 5 根支撑梁，成为支撑型桥台。一般用于单跨或多跨的小路径桥。

（三）框架式桥台

框架式桥台由台帽、桩柱及基础或承台组成，是一种在横桥向导框架式结构的桩基础轻型桥台。桩基埋入土中，所受土压力较小，适用于地基承载力较低、台身高度大于 4 米、跨样大于 10 米的梁桥。其构造形式有双柱式、多柱式、肋墙式、半重力式等。

桩式桥台指台帽置于立柱上，台帽两端设耳墙以便与路堤衔接，是一种结构简单、圬工数量少的桥台形式，适用于填土高度小于 5 米的情况。

当填土高度大于 5 米时，用少筋薄壁墙代替立柱支承台帽，即成为墙式桥台。

半重力式桥台与墙式桥台相似，只是墙更厚，不设钢筋。

（四）组合式桥台

为使桥台轻型化，可以将桥台上的外力分配给不同对象来承担。如让桥台本身主要承受桥跨结构传来的竖向力和水平力，而台后的土压力由其他结构来承担，这就形成了由分工不同的结构组合而成的桥台，即组合式桥台。常见的组合式桥台有锚碇板式、过梁式、框架式以及桥台与挡土墙组合式等。

（五）承拉桥台

在某些情况下，桥台可以承受拉力，因而要求在进行设计时考虑满足桥台受力要求，这就是承拉桥台。该种桥上邻结构通常为单箱室截面，箱梁的两个腹延伸至桥台形成悬臂腹板，它与桥台顶梁之间设氯丁橡胶支座受拉，悬臂腹板与台帽之间设氯丁橡胶支座支承上部结构。

三、桥梁基础的一般构造

任何结构物都是建筑在一定的地层（岩层和土层）上，基础是结构物直接与地层接触的最下部分。在基础底面下，直接承受基础及上部荷载的地层称为该结构物的地基。桥梁基础是桥梁下部结构的重要组成部分，桥梁结构的全部荷载通过基础传给地基土层或岩层，基础既要求受结构物的整个荷载，又要能够适应地基的容许承载力和变形。

地基与基础受各种负载作用后，其本身会产生附加的应力和变形，为了保证结构物的正常使用和安全，地基与基础必须具有足够的强度和稳定性，同时要控制其变形成在容许的范围内。根据地基土的土层变化情况、上部结构的要求和荷载特点，地基与基础可采用答种类型。

地基分为天然地基和人工地基。基础直接砌筑在天然地层上的地基称为天然地基；如天然地基的承载力不足，可先通人工加固的办法提高地基的承载力成减小其压缩性，然后砌筑基础，这种经过人工处理的地基称为人工地基。

桥梁基础根据埋置深度分为浅基础和深基础。一般将埋置深度（无冲刷时，从河底或地面至基础底固的距离；有冲刷时，从最大冲刷线——包括河床自然演变冲刷、设计洪水位的一般冲刷深度及构造物阻力引起局部冲刷深度至基础底面的距离）在 5 米以内者称为浅基础；由于浅层土质不良，须将基础埋置在较深的良好地层上，埋置深度超过 5 米者称为深基础；基础埋置在上层内的深度虽较浅（不足 5 米），但在水下部分较深，称为深水基础（如深水中桥墩基础）。深水基础在设计、施工中有时需按深基础考虑。除了深水基础，道路桥梁及人工构造物最常用的基础类型是天然地基上的浅基础，当需要设置深基础时，一般采用桩基础或沉井基础。

（一）天然地基上的浅基础

天然地基上的浅基础是较经济、方便、常用的基础类型。根据受力条件和构造形式不同可分为刚性基础和天性基础两大类。

1. 刚性基础

刚性基础稳定性好、施工简便、能承受较大的荷载。所以，只要地基强度能满足要求，它是桥梁和涵洞等结构物首先考虑的基础形式。它的主要缺点是自身重力较大，并且当持力层为软弱土时，由于扩大基础面积有一定限制，需要对地基进行加固处理后才能采用。否则，由于所承受的荷载压力超过地基承载力而影响结构物的正常使用。所以，对于荷载大、上部结构对变形敏感的结构物，在持土层的土质较差又较厚时，刚性基础作为浅基础是不适宜的。

刚性扩大基础，其平面形状常力矩形，平面尺寸一般较上面结构物的底面（如墩、台底面）扩大，每边扩大的尺寸为 0.2 ~ 0.5 米，视土质、基础厚度、埋置深度及施工方法而定。作为刚性基础，每边扩大的最大尺寸应受到材料刚性角的限制。当基础较厚时，可在纵、横两个剖面上都砌筑成台阶形，以减少基础自重，节省材料。

2. 柔性基础

柔性基础主要是用钢筋混凝土浇筑而成的。常见的形式有柱下条形和十字形基础、片筏及箱形基础。它的整体性能较好，抗弯刚度可以相当大，如片筏基础和箱形基础，在外力作用下只产生均匀沉降或整体倾斜，这样对上部结构产生的附加应力较小，基本上可以消除由于地基不均匀沉阵引起的结构物损坏，适宜作土质较差的地基上的基础，在城市立交、高架桥及高速公路上修筑小桥涵时可以考虑采用。但上述基础形式，特别是箱形基础，钢筋和水泥用量较大，施工技术的要求也较高，所以采用这种基础形式应与其他基础方案

（如采用桩基础）比较后确定。

（二）深基础

当地基浅层土质不良，采用浅基础无法满足结构物对地基强度、变形和稳定性方面的要求时，往往需要采用深基础。桥梁工程最常用的深基础有桩基础和沉井基础。

1.桩基础

桩基础由若干根基桩和承台两个部分组成。桩在平面上可排列成一排或多排，所有基桩的顶部内承台联成一个整体。在承台上商修筑桥墩、桥台及上部结构。桩身可全部或部分埋入地基上层中，当桩身在地面上外露较多时，在桩与桩之间应加设横系梁，以加强各桩的横向联系。

桩基础的作用是将承台以上结构物传来的外力传到较深的地基持力层中。承台将外力传递给各桩并箍住顶使各桩共同承受外力。各桩所承受的外力由桩侧土的阻力及桩基础桩端土的抵抗力来平衡。因此，桩基础如设计正确，施工得当，它具省承载力高、稳定性好、沉降量小而均匀的特点，具有良好的适应性。

（1）按施工方法划分

按施工方法不同，桩基础可分为钻（挖）孔灌注桩基础、打入桩基础和管柱基础。

①钻（控）孔灌注桩基础

先用钻（冲）孔机械在土中钻成桩孔，然后在孔内放入钢筋骨架，再灌注桩身混凝土而形成基桩，最后在桩顶浇筑承台（或盖梁），称为钻（挖）孔灌注根基础，它的特点是施工设备简单，操作方便，适用于各种砂性土、黏性土，也适用于碎、卵石类土层和岩层。但对于淤泥及可能发生流沙或有承压水的地基，施工较困难，施工前应做试桩，以取得经验。

依靠人工在地基中挖出桩孔，然后与钻孔桩一样成桩，称为挖孔桩基础。它不受设备限制，施工简单。适用于地基较好、渗水少的地层。

②打入桩基础

打入桩是通过锤击（或以高压射水辅助）将各种预先制好的桩（主要是钢筋混凝土实心桩或管桩，也有木桩或钢桩）打入地基内达到所需要的深度。这种施工方法适用于桩径较小（一般直径在0.6～1.5米），土质为砂性土、塑性土、粉土、细砂以及松散的不含大卵石或漂石的碎卵石类土的地基上中，具有施工工艺简单、施工速度快等特点。

③管杆基础

大跨径桥梁的深水基础或在岩面起伏不平的河床上的基础，采用振动下沉施下方法建造管柱基础。它是将预制的大直径（直径1.5～5.8米，壁厚10～14厘米）钢筋混凝土或预应力钢筋混凝土管柱（实质上是一种巨型的管柱，每节长度根据施工条件决定，一般采用4米、8米或10米，接头用法兰盘和隙栓连接），用大型的振动沉桩锤沿寻向结构将桩向下项直振动沉到基岩（且以高压射水和吸泥机配合帮助下沉），然后在管柱内钻岩成孔，下放钢筋骨架笼并灌注沥凝土，将管忙与岩层牢固连接，上端与承台连接成整体。

管柱基础可以在深水及各种覆盖层条件下进行，没有水下作业和不受季节限制。但施工需要有振动沉桩锤、凿岩机、起重机等大地机具，动力要求也高，一般用于大型桥梁基础。

（2）按基础受力划分

按基础受力条件，桩基础可分为支承桩与摩擦桩。当桩穿过较松软土层，桩底支承在岩层或硬土层（如密实的大块卵石层）等实际非压缩性土层时，桩基本依靠桩底土层抵抗力支承垂直荷载，这种桩称为支承桩成柱桩，全部垂直荷载由桩底岩层抵抗力承受。如桩穿过并支承在各种压缩性土层中，桩主要依靠桩侧土的摩阻力支承垂直荷载，称为摩擦桩。

（3）按桩轴方向划分

按桩轴方向可分为垂直桩和多向斜桩等。垂直桩主要设于垂直较大、水平力较小的梁桥桩基础；斜桩主要设于有较大水平力的拱桥桥台或挡土墙基础。在桩基础中是否需要设置斜桩，选取怎样的斜度，应根据荷载的具体情况确定。

（4）按桩基础划分

桩基础还可以材料分类，可分为木桩、钢筋混凝土桩、钢桩等。

2. 沉井基础

沉井是井筒状的结构物，通常用混凝土或钢筋混凝土制成。它是用井筒作为围水结构，在井内挖土，依靠自身重量克服井壁摩擦阻力后下沉至设计标高，然后用混凝土封底，并用低强度等级混凝土或砂砾石等回填井筒，最后加封顶盖而成为桥梁墩台或其他结构物的基础。

沉井基础的特点是埋置深度可以很大，整体性强，稳定性好，能承受较大的垂直荷载和水平荷载。沉井既是基础，又是施工时的挡土和挡水围堰结构物，施工工艺也不复杂。因此，在桥梁工程中得到较为广泛的应用。

沉井基础的缺点是：施工期较长；对于细砂及粉砂类河床在井内抽水时易发生流沙现象，造成沉井倾斜；沉井下沉过程中遇到的大孤石、树干或井底岩层表面倾斜过大，均会给施工带来一定困难。

沉井按照外观形状分类，在平面上可分为圆形、矩形及圆端形沉井等。圆形沉井受力好，适用于河水主流方向易变的河流。矩形沉井制作方便，但四角处的土不易挖除，河中水流也不顺。圆端形沉井兼有二者的优点，但也在一定程度上兼有二者的缺点，是桥梁工程中常用的类型。

第六节　桥梁施工

一、施工准备工作

桥梁在正式开工之前，必须做好一系列的准备工作。其主要内容有以下几点：

第一，组织有关施工技术人员对设计文件、图纸、资料进行认真细致的研究，明确设计意图，并进行现场核对，必要时进行补充调查。核对和补充调查的主要内容包括：河流水文、两岸地形、河床地质、气候条件、材料供应、运输条件、劳动力来源、可利用的房屋和水电设施等。在熟悉图纸和明确设计意图的过程中，如发现图纸资料欠缺、错误和矛盾之处，应及时向设计单位提出，以求补全、更正。

第二，在充分调查研究的基础上，根据施工单位的具体情况，综合考虑各种因素，拟定施工方案。

第三，根据拟定的施工方案，编制实施性施工组织设计。实施性施工组织设计的内容比施工方案更加明确和详尽，大致包括以下几项内容：工程特点，简要叙述工程结构特点、地质、水文、气候等因素对工程的影响和准备采取的措施；主要施工方法和技术措施，根据工程特点和施工单位的具体情况，简要叙述主要工程的施工方法和保证工程质量、施工安全、节约材料以及推广采用新工艺、新技术、新材料的技术措施；施工进度宜按网络计划技术将主要工程项目的施工工序和工程进度编成图表，对控制全桥进度的关键项目应采取集中力量打歼灭战的方式解决，开工后若因故发生变动，应及时调整；施工场地布置，包括用地范围、临时性生产、生活用房，预制场的地点和规模，各种材料的堆放场，水、电供应及设备，临时道路，大中型施工机械设备及其临时设施的布置等；施工图纸的补充，包括设计文件和图纸中没有包括的施工结构详图、临时设施图等；编制施工预算，根据设计概（预）算，结合施工方案及施工单位、现场的具体情况，由施工单位编制施工预算，它比设计概（预）算更详细、更符合实际。它是建设单位和建设银行拨款的依据；编制主要材料、劳动力、机具设备的数量及供应计划。

第四，建立健全施工组织机构和劳动组织体系，配备适当的工作人员，并相应地制定必要的规章制度。

第五，进行施工测量放样。

第六，进行原材料和配合比试验。

二、钢筋混凝土桥的施工

钢筋混凝土桥的施工分为模板的制作、钢筋加工与制作、混凝土浇筑与养生等几个方面。

（一）模板的制作

模板可以分为木模、钢模、钢木组合模和土模。在桥梁建筑中最常用的模板是木模，木模的优点是制作容易。钢模是用钢板代替木模板，钢模的优点是周转次数多，浇筑的构件表面光滑。土模的优点是节约木料。模板宜优先使用胶合板和钢模板。模板结构应简单，制作、装拆方便。

模板、支架和拱架的设计应根据结构形式、设计跨径、施工组织设计、荷载大小、地基土类别及有关的设计、施工规范进行。

1. 钢模板制作

钢模板宜采用标准化的组合模板，组合钢模板的拼装应符合现行国家标准《组合钢模板技术规范》（GB214）。各种螺栓连接件应符合国家现行有关标准的规定。

钢模板及其配件应按批难的加工图加工，成品经检验合格后方可使用。

2. 木模板制作

木模板可在工厂或施工现场制作，木模与混凝土接触的表面应平整、光滑，多次重复使用的木模应在内侧加钉薄铁皮。木模板的制作要严格控制各部分尺寸和形状，常用的接缝形式有平缝、搭接缝和企口缝等。平缝加工简单，只需将缝刨平即可，但易漏浆。嵌入硬木块的平缝，拼缝严密，工料耗费少，常被采用。企口缝结合严密，但制作较困难，且耗用木料较多，只有在模板精度要求较高的情况下才采用。搭接缝具有平缝和企口缝的优点，也是常用的接缝形式之一。木模的转角处应加嵌条或做成斜角。

重复使用的模板应始终保持其表面平移，形状准确，不漏浆，有足够的强度和刚度。

3. 其他材料模板制作

钢框覆面胶合板模板的板面组配宜采用错缝布置，支撑系统的强度和刚度应满足要求，吊环应采用I级钢筋制作，严禁使用冷加工钢筋，吊环计算拉应力不应大于50MPa。

高分子合成材料面板、硬塑料或玻璃钢模板，制作接缝必须严密，边肋及加强肋安装牢固，与模板形成一体，施工时安放在支架的横梁上，以保证承载能力及稳定。

圬工外模。土胎模制作的场地必须坚实、平整，底模必须拍实找平，土胎表面应光滑，尺寸准确，表面应涂隔离剂。

砖胎模与木模配合时，砖做底模，木做侧模，砖与混凝土接触面应抹面，表面抹隔离剂。混凝土胎模制作时保证尺寸准确，表面抹隔离剂。

土牛拱胎。在条件适宜处，可使用土牛拱胎。制作时应有排水设施，土石应分层夯实，密实度不得小于90%，拱顶部分选用含水量适宜的黏土。土牛拱胎的尺寸、高程应符合设计要求。

4. 模板安装的技术要求

模板与钢筋安装工作应配合进行，妨碍绑扎钢筋的模板市待钢筋安装完毕后安设。模板不应与脚手架连接（模板与脚手架整体设计时除外），避免引起模板变形。

安装侧模时，应防止模板移位和凸出，基础侧模可在模板外设立支撑固定，墩、台、梁的侧模可设拉杆固定，浇筑在混凝土中的拉杆应按拉杆拔出或不拔出的要求，采取相应的措施。对小型结构物，可使用金属线代替拉杆。

模板安装完毕后，应对其平四位置、顶部标高、节点联系及纵横向稳定性进行检查，确认后方可浇筑混凝土。浇筑时若发现模板有超过允许偏差变形值的可能，应及时纠正。

模板在安装过程中必须设置防倾覆设施。

当结构自重和汽车荷载（不计冲击力）产生的向下挠度超过跨径的 1/1600 时，钢筋混凝土梁、板的底模板应设预拱度，预拱度值应等于结构自重和 1/2 汽车荷载（不计冲击力）所产生的挠度。纵向预拱度可做成抛物线或圆曲线。

（二）钢筋

1. 钢筋的检查

钢筋进场后，应检查出厂质量证明文件。对中、小桥所用的钢筋，使用前不进行抽验；对大桥所用钢筋，应进行抽验。

2. 钢筋的除锈去污

钢筋应有洁净的表面，使钢筋与混凝土间有可靠的黏结力。油渍、漆皮、鳞锈均应在使用前清除干净、可采用钢笔刷、砂盘等工具进行清除。

3. 钢筋的画线配料

为了合理地利用钢材，加工前应进行用料的设计工作——配料。配料工作应以结构施工图中每一根钢筋的下料长度和库存材料规格为依据，将不同直径和不同长度的各号钢筋顺序填记料单，按表列各种长度及数量进行配料。然后按型号规格分别切断、弯制。

（三）混凝土

1. 混凝土的材料

混凝土由水泥、细集料、粗集料和水拌和而成。

根据混凝土的特殊要求，可在浇筑过程中掺入外加剂。外加剂一般采用普通减水剂、高效能减水剂、缓凝减水剂、引气减水剂、抗冻剂、膨胀剂、早强剂、阻锈刘、防水剂等。

2. 混凝土质量控制

实施混凝土质量控制应符合下列规定：一是通过对原材料的质量检验与控制、混凝土配合比的确定与控制、混凝土生产和施工过程各工序的质量检验与控制以及合格性检验控制，使混凝土的质量符合规定要求；二是在施工过程中应进行质量检测，应用各种质量管理图表，掌握动态信息，控制整个生产和施工期间的混凝土质量，制定保证质量的措施，完善质量控制过程；三是必须配备相应的技术人员和必要的检验及试验设备，建立和健全必要的技术管理与质量控制制度。

（四）混凝土的养护

对于塑性混凝土，在浇筑完成后，应在收浆后尽快覆盖和洒水养护。对于硬性混凝土、炎热天气浇筑的混凝土，在浇筑完成后可加设棚罩，待收浆后再覆盖和洒水养护。

混凝土洒水养护时间一般为 7 天，可根据空气的湿度、温度、水泥品种及外加剂的情况，酌情延长或缩短。气温低于 +5℃时不得浇水。

（五）混凝土冬季施工

当气温等于或低于 -3℃及一昼夜平均温度低于 +5℃时，应采用冬季施工法浇筑混凝土。

三、预应力混凝土桥的施工

（一）混凝土

用于预应力结构的混凝土，必须采用强度等级高的混凝土，《公路钢筋混凝土及预应力混凝土桥涵设计规范》（JTG D62-2004）规定：预应力混凝土构件的混凝土强度等级不宜低于 C40。

预应力混凝土结构的混凝土，不仅要求高强度，而且还要求快硬、早强，以便及早施加预应力，加快施工进度，提高设备的利用率及模板等的周转率。

为了获得高强度和低收缩、徐变的混凝土，应尽可能采用高强度水泥，减少水泥用量，降低水胶（灰）比，选用优质坚硬的案料，并符合《公路桥涵施工技术规范》（JTJ 041-2000）的有关规定。

（二）预应力钢筋

在预应力混凝土中，有预应力钢筋于非预应力钢筋（普通钢筋）之分。

预应力混凝土结构对预应力钢筋的要求是：一是必须采用高强钢材。高强度预应力筋能有效克服各种因素造成的预应力损失，使构件建立起足够的有效预应力；二是要有较好的塑性和良好的加工性能。高强度钢材塑性性能一般较低，为了保证预应力混凝土结构在破坏之前有较大的变形能力，必须保证预应力钢筋有足够的塑性性能；而良好的加工性能是指预应力筋经过焊接、微粗等机械加工后不影响原有的力学性能和质量；三是具有良好的黏结性能。由于先张法构件是靠预应力筋与混凝土之间的黏结力来传递预应力的，因此在预应力筋与混凝土之间必须具有可靠的既结自锚强度，以防止预应力钢筋在混凝土中滑移。四是预应力钢筋的应力松弛损失要低，以便提高其有效预应力。

目前我国常用的预应力钢筋有钢丝、钢绞线、热处理钢筋、冷拉钢筋、冷拔低碳钢丝、精轧螺纹钢筋。

（三）预加应力的方法

预应力混凝土结构的产生，不仅使高强度钢材充分发挥了高强度的性能，而且还使得构件的抗裂性、刚度和耐久性得到提高。因此，预应力混凝土结构已在桥梁建设中得到了广泛应用。下面介绍预加应力的方法。

1. 先张法

先张法是指先张拉钢筋、后浇筑构件混凝土的方法，即先在张拉台座上按设计规定的张拉力张拉钢筋束，并用锚具临时锚固，再浇筑构件混凝土，待混凝土强度达到要求（一般不低于设计强度的 70%）后放张（即将临时锚固松开或将钢筋束剪断），通过钢筋束与混凝土之间的黏结作用将钢筋束的回缩力传递给混凝土，使混凝土获得预压应力。

先张法的优点是施工工序简单，钢筋束靠联结力自锚，不必耗费特制的锚具，而临时固定所用的锚具都可以重复使用，一般称为工具式锚具或夹具。在大批量生产时，先张法构件比较经济，质量也比较稳定。

先张法的缺点是一般只适合生产直线配筋的中小型构件，大型构件由于需配合弯矩与剪力沿梁长度的分布而采用曲线配筋，这使得施工设备和工艺复杂化，而且需配备庞大的张拉支座，同时构件尺寸大，起重运输也不方便。

先张法生产预应力混凝土构件可采用支座法或机组流水线法。机组流水线法生产速度快，但需大量钢模和较高的机械化程度，一般只用于工厂内预制定型构件。支座法不需要复杂的机械设备，施工适应性强，应用广泛。

2. 后张法

后张法是先浇筑构件混凝土，待混凝土结硬后再张拉钢筋束的方法，即先浇筑构件混凝土，并在其中预留穿束孔道（或设套管），待混凝土达到要求强度（一般不低于设计强度的 70%）后，将钢筋束穿入预留孔道内，将千斤顶支承于混凝土构件端部，张拉钢筋束，使构件也同时受到反向压缩。待张拉到控制拉力后，即用特制的锚具将钢筋束锚固于混凝土上，使混凝土获得并保持其预压应力。最后，在预留孔道内压注水泥浆，以保护钢筋束不致锈蚀，并使钢筋束与混凝土黏结成为整体，并浇筑梁端封头混凝土。

后张法的优点是靠工作锚具来传递和保持预加应力，不需要专门的张拉支座，便于在现场施工配置曲线形预应力筋的大型和重型构件。因此，目前在公路桥梁上得到广泛应用。

后张法的缺点是需要预留孔道、穿束、压浆和封锚等工序，所以施工工艺较复杂，并且耗用的锚具和预埋件等，增加了用钢量和制作成本。

四、拱桥施工

拱桥的施工从方法上大体可分为有支架施工和无支架施工两大类。有支架施工常用于石拱桥和混凝土预制块拱桥，而无支架施工多用于肋拱桥、双曲拱桥、箱形拱桥和桁架拱桥等。当然也有采用两者相结合的施工方法。本节主要介绍有支架施工。

拱架是拱桥在施工期间用来支承拱圈，保证拱圈能符合设计形状的临时构造物。因此，拱架不仅应具有足够的强度、刚度和稳定性，同时还应符合构造简单、施工方便的要求。

（一）拱架的形式和构造

拱架按形式不同可分为满布式拱架、拱式拱架等；按所用材料不同可分为木拱架、钢拱架和土牛拱胎等。

1. 木拱架

木拱架目前在木材产地或木材供应充足地区的中小跨径拱桥施工中应用较为普遍，这是因为它一次性投资少，制作和安装方便。木拱架的缺点是需要耗费大量木材。

（1）满布式拱架

满布式拱架由拱架上部、拱架下部和卸架设备（木楔或砂筒）三部分组成。

拱架上部包括模板、横梁、弓形木、斜撑、支柱和大梁等，并由弓形木、斜撑、立柱和大梁组成拱形桁架，其形式有柱式、斜撑式和小扇形式等。

拱架下部（或称支架）一般由帽木、立柱、夹木和基础组成。根据支架形式的不同，满布式供架可分为排架式和斜撑式两种。

（2）拱式拱架

拱式拱架常用的形式有夹合木拱架和三铰桁式拱架等。拱式拱架跨中一般不设支架，适用于墩高、水深、流急和在施工期间需要维持通航的河流。

2. 钢拱架

钢拱架有多种类型，使用广泛。其优点是不仅能节约大量木材，而且装拆及运输都很方便。虽然用钢量多，一次投资费用大，但能多次重复使用，每次使用的折旧率低。因此，钢拱架仍比木拱架经济得多。钢拱架的主要缺点是弹性变形和由温度引起的变形都比木拱架大，且钢拱架和拱圈的线膨胀系数不相等，若拱圈分段的空缝位置设置不当，当温度变化较大时，容易使拱圈发生裂缝。

（1）工字梁钢拱架

工字梁钢拱架分为中间有木支架的钢木组合拱架和中间无木支架的活用钢拱架两种。

（2）钢桁架拱架

当路径很大时，可做成拼装式桁架型钢拱架，它是由标准节段、拱顶段、拱脚段和连接杆等以钢销或螺栓连接而成。其优点是可采用常备式构件（又称万能杆件），在现场拼装，适应性强，运输安装方便。

3. 土牛拱胎

土牛拱胎是在桥下用土、砂或卵石填筑一个土胎（俗称土牛），并将其顶面做成与拱阁腹面相适应的曲面，然后在上面砌筑拱圈，待砌筑完成后将填土清除。在有水的河流中应在土牛底部设置临时涵洞。

（二）卸架设备

为了使拱圈在卸架时能够逐渐、均匀地受力，在拱架上部和下部之间需设置卸架设备。常用的卸架设备有木楔和砂筒。

（三）拱圈砌筑

砌筑拱圈前必须对拱架进行全面检查，注意支撑是否稳定，杆件接头是否紧密，并校核模板顶面的标高。

拱圈砌筑要求尽快合拢成拱，以免拱架承受荷载过久，增大拱架持续变形。因此，在砌筑拱圈前要做好一切准备，一旦开始砌筑，就要一气呵成，不可中途停顿。

砌筑拱圈时，拱架随着荷载的增加而产生变形，合理的砌筑方法将使供架受力均匀，变形也均匀。根据跨径大小，拱圈砌筑方法有连续砌筑法、分段砌筑法、分环砌筑法、多孔桥砌筑法。

第五章　给排水工程

第一节　给排水概述

现代土木工程主要由建筑与结构、设备（包括水、暖、电、气、通信、信息）和装饰三大部分组成。给水排水是土木工程中必不可少的一个组成子项。因此，在规划、设计和施工中必须强调自身的特点，同时又要注意它与其他专业之间的联系和协调，使主体建筑与结构能充分发挥应有的作用，为生活、生产等提供便利。

通过大量科学技术人员的努力，我国给排水工程在规划、设计、施工、管理、维护等方面都有了大量的经验积累和技术水平提高。在技术方面，以高层建筑给排水为代表的高、难、新技术得以迅速发展，如自动喷水灭火系统、气体灭火装置、建筑给水加压设备、新型排水通气系统、游泳池水处理、水景工程、居住小区给排水、建筑中水、大型屋面雨水排放等方面的理论与技术都有新的突破和发展；地下管道探伤、水泵隔振、防止水击和复合管材、塑料管等新的材料和设备也得到了快速的开发与应用。

给排水工程包括室外给排水和室内给排（建筑给排水）。

室外给水工程是为满足城乡居民及工业生产等用水需要而建造的工程设施。它的任务是自水源取水，并将其净化到所要求的水质标准后，经输配水系统送往用户，包括水源、取水工程、净水工程、输配水工程四部分。

室内给水工程的任务是按水量、水压供应不同类型建筑物及小区的用水。根据建筑物内用水用途可分为生活给水系统、生产给水系统和消防给水系统。

水经过室内给水系统后，水满足了各种生产、生活及消防需要后成为污水废水。室内排水工程的任务就是把建筑物内的污水废水和屋面雨、雪水收集起来，有组织地、及时畅通地排至室外排水管网、处理构筑物或水体，为人们提供良好的生活、生产、工作和学习环境，并为室外行水的处理和综合利用提供便利条件。而室外排水工程的任务是收集各种污水（包括室内排放的各种污水），并及时地将其输送至适当地点，最后经妥善处理后另排放至水体或再利用，包括排水管网、污水处理厂、排水口设置等。

随着我国城市用水量的增加，城市的水资源紧缺问题越来越严重，城市的一部分用水（绿化、洗车、冲厕）水源就需要靠污废水来替代，所以在有的给排水工程中又增加了一个中水系统。中水系统提高了城市用水的重复率和循环率，提高了水源的有效利用，是我国目前缓解一些水资源紧缺城市用水问题的较有效途径。

第二节　室外给排水工程

一、室外给水工程

室外给水工程通常由取水工程、净水工程和输配水工程3部分组成。室外给水的主要任务是保证各用水类型足够的水量、合格的水质和正常的水压。

室内给水系统按水源可分为地面水和地下水给水系统；按供水方式可分为众力供水、压力（水泵加压）供水和混合供水系统。

（一）取水工程

取水工程主要由取水构筑物和一级泵站构成。取水构筑物用以从地表水源或地下水源取得的原水，并通过一级泵站加压后输往水厂。

地下水由于地下水类型、埋藏深度、含水层性质等各不相同，开采和取集地下水的方法和取水构筑物型式也各不相同。取水构筑物有管井、大口井、辐射井、复合井及渗渠等，其中以管井和大口井最为常见。管井由其井壁和含水层中进水部分均为管状结构而得名。管井施工方便，适应性强，能用于各种岩性、埋深、含水层厚度和多层次含水层的取水工程。因而，管井是地下水取水构筑物中应用最广泛的一种形式。

大口井与管井一样，也是一种垂直建造的取水井，由于井径较大而得名。由于施工条件限制，我国大口井多用于开采埋深小于12米，厚度在5～20米的含水层。它主要由井筒、井口及进水部分组成。

地表水水源多数是江河。江河取水构筑物的型式选择时，应根据取水量和水质要求，结合河床地形、河床冲淤、水位变幅、冰冻和航运等情况以及施工条件，在保证取水安全可靠的前提下，通过技术经济比较确定。各种型式取水构筑物的构造略有不同，如岸边式取水构筑物主要由进水间、格栅和格网及水泵房组成。

（二）净水工程

运用现有的技术，废水可以被处理到合乎生活用水或生产用水需要的各种标准，但在经济上不一定核算。而天然水源的水质与用户对水质的要求总存在着不同程度的差距。净水工程的任务就是通过必要的处理方法改善水质使之符合生活饮用或工业使用所要求的水质标准。处理方法应根据水源水质和用户对水质的要求确定。在水处理中，某一种处理方法除了取得某一特定的处理效果外，有的往往也直接或间接地兼具其他处理效果，如过滤工艺除了可去除水中细小的颗粒物提高浊度外，还可去除水中一部分微生物细菌。

当以地面水作为生活饮用水时，处理方法包括混凝、沉淀、过滤和消毒。当以深层地下水作为饮用水水源时，可只需采用消毒处理即能达到水质的要求。

二、输配水工程

泵站、输水管渠、管网和调节构筑物（水塔和水池）总称为输配水系统，从给水整体来说，它是投资最大的子系统。对输配水系统的总要求是：供给用户所需的水量，保证配水管网足够的水压，保证不间断给水。其中输水管渠指从水源到城镇水厂或从城镇水厂到管网的管线或渠道，在某些远距离输水工程中，投资可占到整个室外给水系统的70%～80%。

（一）管网

管网是给水系统的主要组成部分。给水管网有各种各样的要求和布置，但不外乎两种基本形式：枝状网和环状网。管网的干管和配水管的布置形似树枝，干线向供水区延伸，管线的管径随用水量的减少而逐渐缩小，这种管网的管线长度最短，构造简单，供水直接，投资最省，但当某处管线发生故障时，其下游管线将会断水，供水可靠性较差。树枝管线末端水流停滞，可能影响水质。一般在小城市中供水要求又不太严格时，可以采用树枝式管网。或在建设初期，可先采用树枝管网形式，以后再按发展规划，逐步形成环网。

管线间连接成环网，每条管均可由两个方向来水，如果一个方向发生故障，还可由另一方向供水，因此供水较为安全可靠。在较大城市或供水要求较高不能断水的地区，均应采用环式管网。环式管网还有降低水头损失，节省能量、缩小管径以及减小水锤威胁等优点，有利供水安全。但环式管网的管线长，需用较多材料增大建设投资。

在实际工程中常用树枝式与环状式混合布局，根据具体情况，在主要供水区内用环网，而在次要或边区用树枝式管网。总之管网的布线，既要保证供水安全又要尽量缩短管线。

（二）给水泵站

给水泵站按其在给水系统中的作用可分为：

一级泵站：作用是由水源地把水输送至净水构筑物或无须净化时直接由水源地把水输送至配水管网或水塔等调节用水的构筑物。一级泵站可以与取水构筑物合并在一起称为合建式取水构筑物，也可以单独建设，不建在一起的称为分建式取水构筑物。

二级泵站：其作用是把净水厂已经净化了的水输送到配水管网供用户使用。

给水泵站的全部投资在整个给水系统的投资中所占比重很小，但泵站的运行费用所占比重则很大，在设计给水泵站时首要的问题是提高泵站效率以降低动力费用。给水泵站中水泵的流量、扬程、功率及数量的确定，应该根据供水量及其所需水压的变化情况来综合考虑，以满足供水安全、可靠，水泵工作效率高、运行电费省以及维修管理方便和节省基建投资的要求，同时还要考虑发展的需要。

（三）调节构筑物

调节构筑物用来调节管供水量与用水量之间的不平衡状况。因供水量在目前的技术状况下，在某段时间里是个固定的量，而用户用水的情况随时都在变化，这就出现了供需之间的矛盾。水塔或高位水池能够把用水低峰时管网中多余的水暂时储存起来，而在用水高峰时再送入管网。这就可以保证管网压力的基本稳定，同时也使水泵能在高效率范围内运行。其中，水塔还能起到稳定管网水压的作用。

清水池与二级泵站可以直接对给水系统起调节作用，也可对一、二级泵站的供水与送水起调节作用。所以在设计阶段，通过各种手段使供水量应接近于送水量，或送水量均等于用水量，这样就可以减少调节容量而节省调节构筑物的基础投资和运行能耗。

城市给水系统的规划是城市规划的一个组成部分，它与城市总体规划和其他单项工程规划之间有着密切联系，因此，在进行给水系统规划时，应考虑与总体规划及其他各单项工程规划之间的密切配合和协调一致。

三、室外排水工程

城市排水管网系统是收集和排放城市产生的生活污水、工业废水和雨、雪降水的公用设施系统，包括地下管道、暗渠与地表的明渠以及城市的内河及防洪设施等。

（一）排水系统的体制

城市和工业企业的生活污水、工业废水和降水的收集与排除方式称为排水系统的体制。排水系统的体制包括分流制与合流制。合流制是将生活污水、工业废水与降水混合在同一套管网系统内排除的排水系统。分流制将生活污水和工业废水用一套或一套以上的管网系统，而雨水用另一套管网系统排除的排水系统。

合流制排水管网系统是将生活污水、工业废水和雨水混合在同一个管渠系统内排放的系统，它有直接排入水体的旧合流制、截流式合流制和全处式式合流制三种形式。将城市的混合污水不经任何处理，直接就近排入水体的排水方式称为旧合流制或直排式合流制，国内外老城区的合流制排水系统均属此类。

由于污水对环境造成的污染越来越严重，必须对污水进行适当处理才能减轻城市对环境造成的污染和破坏，为此产生了截流式合流制，截流式合流制就是在旧合流制基础上，修建沿河截流干管，在城市下游建污水处理厂，并在适当位置上设置溢流井，这种系统可以保证晴天的污水全部进入污水处理厂处理，雨天一部分污水得到处理。在降雨量较小或对水体水质要求较高地区，可以采用全处式式合流制，将生活污水、工业废水和降水全部送到污水处理厂处理后再排放，这种方式对环境水质的影响最小，但对污水处理厂的要求较高，并且投资较大。

　　合理地选择排水系统的体制是城市和工业企业排水系统规划设计的重要问题。它不仅从根本上影响排水系统的设计、施工与维护管理，而且对城市和工业企业的规划和环境保护有重大影响，同时也影响排水系统的工程总投资及运行与维护管理费用，通常应从满足环境保护要求的基础上，根据当地条件，通过技术经济比较来确定排水系统的体制。

　　由于城市排水对下游水体造成的污染和破坏与排水体制有关。为了更好地保护环境、一般新建的排水系统均应考虑采用分流制。只有在附近有水量充沛的河流或近海而发展又受到限制的小城镇地区，或街道较窄、地下设施较多、修建污水和雨水两条管线有困难的地区，以及雨水稀少和雨、污水要求全部处理的地区才考虑选用合流制排水系统。

　　在城市中各区域的自然条件以及修建条件有很大差别，可以因地制宜地在各区域选用不同的排水体制，但应注意不同排水体制管网之间的连接问题。

（二）城市污水管网

　　城市污水管网包括收集和输送城市生活污水和工业废水的管道系统，包括室内污水管道系统和设备、室外污水管道系统及附局构筑物、污水提升泵站及压力管道、排入水体的出水口等。

（三）工业废水排水系统

　　工业废水排水系统由车间内部的管道系统和设备、厂区管道系统及附属构筑物、必要的污水处理系统、污水泵站及压力管道或接入城市排水系统的管网组成。工业废水的水质十分复杂，应根据水质、处理和回收利用等条件分质收集、处理和排放，并应注意水质对管材的影响。

（四）雨水排水系统

　　排除降雨径流和降雪径流的管渠系统称为雨水排水系统。雨水排水系统由房屋的雨水收集和排放系统、道路排水系统、街坊或小区的雨水收集与管道系统、街道雨水管渠系统、出水口及排洪沟等组成。

（五）城市排水工程规划与城市建设的关系

　　城市排水工程规划目标的实现和提高，城市排水设施普及率、污水处理达标排放率等都不是一个短期能解决的问题，需要几个规划期才能完成。因此，城市排水工程规划具有较长期的时效，以满足城市不同发展阶段的需要，所以城市排水工程的规划期限应与城市总体规划期限相一致，城市一般为 20 年，建制镇一般为 15 ～ 20 年。

　　排水工程近期建设规划应以规划目标为指导，并有一定的超前性。对近期建设目标、发展布局以及城市近期需要建设项目的实施做出统筹安排，而且还要考虑城市远景发展的需要。城市排水出口与污水收纳体的确定都不应影响下游城市或远景规划城市的建设和发展、排水系统的布局也应具有弹性，为城市远景发展留有余地。

在城市总体规划时应根据城市的资源、经济和自然条件以及科技水平，优化产业结构和工业结构，并在用地规划时给以合理布局，尽可能减少污染源。在排水工程规划中应对城市所有雨、污水系统进行全面规划，对排水设施进行合理布局，对污水、污泥的处置应执行"综合利用，化害为利，造福人民"的原则。

城市排水工程规划与城市给水工程规划之间关系紧密，排水工程规划的污水量、污水处理程度和受纳水体及污水出口应与给水工程规划的用水量、回用再生水的水质、水量和水源地及其卫生防护区相协调；与城市水系规划、城市防洪规划相关．应与规划水系的功能和防洪设计水位相协调；城市排水工程灌渠多沿城市道路敷设．应与城市规划道路的布局和宽度相协调；城市排水工程规划中排水管渠的布置和泵站、污水处理厂位置的确定应与城市竖向规划相协调。

第三节　建筑给排水工程

一、建筑给水系统

建筑给水系统的任务，就是经济合理地将水由城市给水管网（或自备水源）输送到建筑物内部的各种卫生器具、用水龙头、生产装置和消防设备，并满足备用水点对水质、水量、水压的要求。

建筑给水系统按用途一般分为生活给水、生产给水和消防给水三类：

生活给水系统：为民用、公共建筑和工业企业建筑内的饮用、烹调、盥洗、洗涤、沐浴等生活方面用水所设的给水系统称为生活给水系统。生活给水系统除满足所需的水量、水压要求外，其水质必须严格符合国家规定的饮用水水质标准。

生产给水系统：为工业企业生产方面用水所设的给水系统称为生产给水系统。例如冷却用水、原料和产品的洗涤、锅炉的软化给水及某些工业原料的用水等几个方面。生产用水对水质、水量、水压的要求因生产工艺及产品不同而异。

消防给水系统：为建筑物扑救火灾而设置的给水系统称为消防给水系统。消防给水系统又划分为消火栓灭火系统和自动喷水灭火系统。消防用水对水质要求不高，但必须符合建筑防火规范要求，保证有足够的水量和水压。

在一幢建筑内，可以单独设置以上三种给水系统，也可以按水质、水压、水量和安全方面的需要，结合室外给水系统的情况，组成不同的共用给水系统。如生活、消防共用给水系统；生活、生产共用给水系统；生产、消防共用给水系统；生活、生产、消防共用给水系统等。

建筑给水系统，一般由以下各部分组成：

第一，引入管。内给水管网之间的联络管段，也称进户管、入户管，是室外给水管网与室内结水管网之间的联络管段，布置时力求简短，其位置，一般由建筑物用水量最大处接入，同时要考虑便于水表的安装与维修，与其他地下管线之间的净距离应满足安装操作的需要。

第二，水表节点。水表节点是安装在引入管上的水表及其前后设置的阀门和泄水装置的总称。需单独计量的建筑物，应从引入管上装设水表。水表节点组成有水表前后没的阀门、水表后设的止回阀和放水阀、绕水表设的旁通管。

第三，给水管网。给水管网包括建筑内水平干管、立管和横支管等。

水平干管按照水平配水干管的敷设位置，可以设计成下行上给、上行下给和环状式三种形式。下行上给式的水平干管通常布置在建筑底层走廊内、走廊地下或地下室天花板下。上行下给式的水平干管通常布置在最高层的顶棚下面或吊顶内。

环状式的水平干管或配水立管互相连成环，当系统中某一管段发生故障对，可用阀门切断事故管段而不中断供水。

立管宜靠近用水设备，并沿墙住向上层延伸，保持短直，避免多次弯曲。明设的给水立管穿楼板时，应采取防水措施。美观要求较高的建筑物，立管可在管井内敷设。管井应每层设外开检修门。需进入维修管道的管井，其维修人员的工作通道净宽度不宜小于 0.6 米。支管从立管接出，直接接到用水设备。需要泄空的给水横支管宜有 0.002 ~ 0.005 的坡度坡向泄水装置。

室内给水管道不宜穿越伸缩缝、沉降缝、变形缝，如必须穿越时，应设置补偿管道伸缩的装置。

根据建筑物的性质及要求，给水管道的敷设分为明装和暗装两种形式。

无论是明装管道还是暗装管道，除镀锌钢管、给水塑料管外，都必须做防腐处理。管道防腐最常用的方法是刷油。当通过管道内的水有腐蚀性时，应采用耐腐蚀管材或在管道内壁采取防腐措施。

在寒冷地区，对于敷设在冬季不采暖房间的管道以及安装在受室外冷空气影响的门厅、过道处的管道应考虑保温、防冻措施。常用的做法是，在管道安装完毕，经水压试验和管道外表面除锈并刷防腐漆后，管道外包棉毡（如岩棉、超细玻璃棉、玻璃纤维和矿渣棉毡等）做保温层，或用保温瓦（泡沫混凝土、硅藻土、水泥蛭石、泡沫塑料和水泥膨胀珍珠岩等制成）做保温层，外包玻璃丝布保护层，表面刷调和漆。

第四，配水装置与附件。即配水龙头、消火栓、喷头与各类阀门（控制阀、减压阀、止回阀等）。

第五，增压和贮水设备。当室外给水管网的水量、水压不能满足建筑用水要求，或建筑内对供水可靠性、水压稳定性有较高要求时，需要设置各种附属设备，如水箱、水泵、气压给水装置、变频调速给水装置、水池等增压和贮水设备。

水泵的选择应既满足给水系统所需的总水压与水量的要求，又能在最佳工况点（水泵特性曲线效率最高段）工作，同时还能满足输送介质的特性、温度等要求。水泵选择的主要依据是给水系统所需要的水量和水压。

当室内用水量不均匀时，可采用变额调速水泵，这种水泵的构造与恒速水泵一样也是离心泵，不同的是配有变速配电装置，整个系统由电机、水泵、传感器、控制器及变频调速器等组成，其转速可以随时调节。变频调速泵根据用水量变化的需要，使水泵在有效范围内运行，达到节省电能的目的。

水泵在工作时产生振动发出噪声，会通过管道系统传播，影响人们的工作和生活。因此，水泵房常设在建筑的底层或地下室，远离要求防震和安静的房间；应在水泵吸水管和压水管上设隔音装置（如软接头），水泵下面设减振装置，使水泵与建筑结构部分断开。

给水局部处理设施。当有些建筑对给水水质要求很高，超出我国现行生活饮用水卫生标准时，或其他原因造成水质不能满足要求时，就需要设置一些设备、构筑物进行给水深度处理，如二次净化处理。

二、建筑给水系统所需水压的确定及给水方式

在建筑给水系统设计开始，首先要得到建筑物所在地区的最低供水压力，并将其与建筑给水系统所需的压力进行比较，才能确定建筑物的供水方式。建筑给水系统所需压力必须保证将需要的水量输送到建筑物内最高、最远配水点（最不利配水点），并保证有一定的流出压力。

为了在初步设计阶段能估算出室内给水管网所需的压力，对于居住建筑生活给水管网可按建筑物层数估算从地面算起的最小保证压力，一般一层为 10 米，二层为 12 米，三层及三层以上每增加一层，增加 4 米。

计算出的建筑给水系统所需压力 H 与室外给水管网压力 H0 进行比较。当室外给水管网压力 H0 略大于建筑所需压力 H 时，说明设计方案可行。当室外给水管网压力 H0 略小于建筑所需压力 H 时，可适当放大部分管段的管径，减小管道系统的压力损失，以达到室外管网给水压力满足室内给水系统所需压力。当 H0 大于 H 许多时，可将管网中部分管段的管径调小一些，以节约能源和投资。当 H 大于 H0 许多时，应在给水系统中设置增压装置。

常用的室内给水方式有：

第一，直接给水方式。这种给水方式适用于室外管网水量和水压充足，能够全天保证室内用水要求的地区。室内给水管道系统直接与室外供水管网相连，利用室外管网压力直接向室内结水系统供水。

这种给水方式的优点是给水系统简单，投资少，安装维修方便，可充分利用室外管网水压，节约能源。缺点是系统内部无扩备水量，室外管网一旦停水，室内系统立即断水。

第二，设水箱的给水方式。这种给水方式适用于室外管网水压周期性不足，一般是一

天内大部分时间能满足要求，只在用水高峰时刻，由于用水且增加，室外管网水压降低而不能保证建筑的上层用水，并且允许设置水箱的建筑物。当室外管网压力大于室内管网所需压力时，则由室外管网直接向室内管网供水，并向水箱充水，以贮备一定水量。当室外管网压力不足，不能满足室内管网所需压力时，则由水箱向室内系统补充供水。

这种给水方式的优点是系统比较简单，投资较省，充分利用室外管网的压力供水，节省电耗。同时，系统具有一定的贮备水量，供水的安全可靠性较好。缺点是系统设置了高位水箱，增加了建筑物的结构荷载，并给建筑设计的立面处理带来一定难度，若管理不当，水箱的水质易受到污染。

第三，设水泵的给水方式。这种给水方式适用于室外管网水压经常性不足的生产车间、住宅楼或者居住小区集中加压供水系统。当室外管网压力不能满足室内管网所需压力时，利用水泵进行加压后向室内给水系统供水，当建筑物内用水量较均匀时，可采用恒速水泵供水；当建筑物内用水不均匀时，宜采用自动变频调速水泵供水，以提高水泵的运行效率，达到节能的目的。

这种给水方式避免了以上设水箱的缺点，但由于市政给水管理部门大多明确规定不允许生活用水水泵直接从室外管网吸水，而必须设置断流水池。断流水池可以兼作贮水池使用，从而增加了供水的安全性。

第四，设水池、水泵和水箱的给水方式。这种给水方式适用于当空外给水管网水压经常性或周期性不足，又不允许水泵直接从室外管网吸水并且室内用水不均匀。利用水泵从贮水池吸水，经加压后送到高位水箱或直接送给系统用户使用。当水泵供水量大于系统用水量时，多余的水充入水箱贮存；当水泵供水量小于系统用水量时，则由水箱出水，向系统补充供水，以满足室内用水要求。

这种给水方式由水泵和水箱联合工作，水泵及时向水箱充水，可以减小水箱容积。同时在水箱的调节下，水泵的工作稳定，能经常处在高效率下工作，节省电耗。停水、停电时可延时供水，供水可靠，供水压力较稳定，缺点是系统投资较大，且水泵工作时会带来一定的噪声干扰。

第五，设气压给水装置的给水方式。这种给水方式适用于室外管网水压经常不足，不宜设置高位水箱或水塔的建筑（如隐蔽的国防工程、地震区建筑、建筑艺术要求较高的建筑等），这种给水方式的优点是设备可设在建筑物的任何高度上，安装方便，具有较大的灵活性，水质不易受污染，投资省，建设周期短，便于实现自动化等。缺点是给水压力波动较大，管理及运行费用较高，且调节能力小，但对于压力要求稳定的用户不适宜，适宜于临时供水。

第四节　建筑消防给水工程

按我国目前消防登高设备的工作高度和消防车的供水能力分为：低层建筑消防给水系统和高层建筑消防给水系统；按消防给水系统的救火方式分为：消火栓系统和自动喷水灭火消防给水系统等；按消防给水压力分为：高压、临时高压和低压消防给水系统；按消防给水系统的供水范围分为：独立消防给水系统和区域集中消防给水系统。

消火栓给水系统由水枪喷水灭火，系统简单，工程造价低，是我国目前各类建筑普遍采用的消防给水系统。自动喷水灭火消防给水系统由喷头喷水灭火，系统自动喷水并发出报警信号，灭火、控火成功率高，是当今世界上广泛采用的固定灭火设施，但因工程造价高，目前我国主要用于建筑内消防要求高、火灾危险性大的场所。

一、室内消火栓给水系统

室内消火栓给水系统由水枪、水龙带、消火栓、消防水喉、消防管道、消防水池、水箱、增压设备和水源等组成。当室外给水管网的水压不能满足室内消防要求时，应当设置消防水泵和消防水箱。

（一）水枪、水龙带、消火栓

水枪是一种增加水流速度、射程和改变水流形状和射水的灭火工具，室内一般采用直流式水枪。水枪的喷嘴直径分别为 13 毫米、16 毫米、19 毫米，水龙带接口口径有 50 毫米和 65 毫米两种。

水龙带是连接消火栓与水枪的输水管线，材料有棉织、麻织和化纤等。水龙带长度有 15 米、20 米、25 米或 30 米四种。长度确定要根据水力计算后选定。

设置消防水泵的系统，其消火栓箱应设启动水泵的消防按钮，并应有保护按钮设施。

消火栓箱有双开门和单开门，又有明装、半明装和暗装三种形式，在同一建筑内，应采用同一规格的消火栓、水龙带和水枪，以便于维修、保养。

（二）消防水喉

这是一种重要的辅助灭火设备。按其设置条件有自救式小口径消火栓和消防软管卷盘两类。可与普通消火栓设在同一消防箱内，也可单独设置。该设备操作方便，便于非专职消防人员使用，对及时控制初起火灾有特殊作用。自救式小口径消火栓适用于有空调系统的旅馆和办公楼，消防软管卷盘适用于大型剧院（超过 1500 座位）、会堂闷顶内装设，因用水量较少，且消防人员不使用该设备，故其用水量可不计入消防用水总量。

（三）屋顶消火栓

为了检查消火栓给水系统上是否能正常运行及使本建筑物免受邻近建筑火灾的波及，在室内设有消火栓给水系统的建筑屋顶应设一个消火栓。可能冻结的地区，屋顶消火栓应设在水箱间或采取防冻措施。

（四）水泵接合器

水泵接合器一端由室内消火栓给水管网底层引至室外，另一端进口可供消防车或移动水泵加压向室内管网供水。当室内消防泵发生故障或发生大火，室内消防水量不足时，室外消防车可通过水泵接合器向室内消防管网供水，所以，消火栓给水系统和自动喷水灭火系统均应设水泵接合器。消防给水系统竖向分区供水时，在消防车供水压力范围内的各区，应分别设水泵接合器，只有采用串联结水方式时，可在下区设水泵接合器。

水泵接合器有地上式、地下式和墙壁式三种，可根据当地气温等条件选用。设置数量应根据每个水泵接合器的出水量 10 ～ 15L/s 和全部室内消防用水量由水泵接合器供给的原则计算确定。

接合器的接口为双接口，每个接口直径为 65 毫米及 80 毫米两种，它与室内管网的连接管直径不应小于 100 毫米，并应设有阀门、止回阀和安全阀。接合器周围 15 ～ 40 米内应设室外消火栓、消防水池或有灯靠的天然水源，并应设在室外消防车通行和使用的地方。

（五）减压设施

室内消火栓处的静水压力不应超过 80 米水柱，如超过时宜采用分区给水系统或在消防管网上设置减压阀。消火栓栓口处的出水压力超过 50 米水柱时，应在消火栓栓口前设减压节流孔板。设置减压设施的目的在于保证消防贮水的正常使用和便于消防队员掌握好水枪。若出流量过大，将会迅速用完消防贮水；若系统下部消火栓口压力增大，灭火时水枪反作用力随之增大，当水枪反作用力超过 15 千克时，消防队员就难以学握水枪对准着火点、影响火火效果。

（六）消防水箱

消防水箱的设置对扑救初期火灾起着重要作用，水箱应设置在建筑物一定的高度位置，采用重力流向管网供水，经常保持消防给水管网中有一定压力。重要的建筑和高度超过 50 米的高层建筑物，宜设置两个并联水箱，以备检修或清洗时仍能保证火灾初期消防用水。消防水箱宜与生活或生产用水高位水箱分开设置，当二者合用时应保持消防水箱的贮水经常流动，防止水质变坏，同时必须采取消防贮水量不被动用的技术措施。

消防水箱设置在建筑物的最高部位；建筑高度不超过 100 米的高层建筑，水箱高度应保证建筑物最不利消火栓，静水压力不小于 0.07MPa 建筑高度超过 100 米的高层建筑，水箱高度应保证建筑物最不利消火栓静水压力不小于 0.15MPa。当高位水箱不能满足上述静水压力时，应设增压设施。

（七）消防水泵

消防水泵宜与其他用途的水泵一起布置在同一水泵房内，水泵房一般设置在建筑底层。水泵房应有直通安全出口或直通室外的通道，与消防控制室应有直接的通信联络设备。泵房出水管应有两条或两条以上与室内管网相连接。每台消防水泵应设有独立的吸水管，分区供水的室内消防给水系统，每区的进水管亦不应少于两条。在水泵的出水管上应装设试验与检查用的出水阀门。水泵安装应采用强入式。消防水泵房应没有和主要泵性能相同的备用泵，且应有两个独立的电源，若不能保证两个独立的电源，应备有发电设备。

为了在起火后很快提供所需的水量和水压，必须设置按钮、水流指示器等远距离启动消防水泵的设备。在每个消火栓处应设远距离启动消防水泵的按钮，以便在使用消火栓灭火的同时，启动消防水泵。水流指示器可安装在水箱底下的消防出水管上，当动用室内消火栓或自动消防系统的喷头喷水时，由于水的流动，水流指示器发出火信号并自动启动消防水泵。

（八）消防水池

当生产和生活用水量达到最大时，市政给水管道、进水管或天然水源不能满足室内外消防用水量；市政给水管网为枝状或只有一条进水管，且室内外消防用水量之和大于 25L/s 时，应设消防水池。消防水他的容量应满足在火灾延续时间内，室内外消防用水总量的要求。

二、室内消火栓给水系统的给水方式和布置

根据建筑物的高度，室外给水管网的水压和流量，以及室内消防管道对水压和水量的要求，室内消火栓灭火系统一般有两种给水方式：室外给水管网直接供水的给水系统和设水箱的室内消火栓给水系统。

设水箱的室内消火栓给水系统，这种方式适用在水压变化较大的城市或居住区，当生活和生产用水量达到最大时，室外管网不能满足室内最不利点消火栓的压力和流量，由水箱出水满足消防要求。当生活和生产用水量较小时，室外管网压力大，室内消火栓给水系统能保证各消火栓的供水并能向高位水箱补水，因此，常设水箱调节生活、生产用水量，同时水箱中储存 10min 的消防用水量。

室外管网压力经常不能满足室内消火栓给水系统的水量和水压要求时，宜设水泵和水箱。消防用水与生活、生产用水合并的室内消火栓给水系统，其消防泵应保证供应生活、生产、消防用水的最大秒流量，并应满足室内管网最不利点消火栓的水压。水箱应贮存10min 的消防用水量。

（一）室内消火栓布置

设置消火栓给水系统的建筑各层均设消火栓，并保证有两支水枪的充实水柱同时到达室内任何部位。只有建筑高度小于或等于 24 米，且体积小于或等于 5000 平方米的库房，可采用一支水枪的充实水柱到达任何部位。

充实水柱是指从消防水枪射出的消防射流中最有效的一段射流长度，它占全部消防射流量的 75% ~ 90%，在直径为 26 ~ 38 毫米的圆断面内通过，并保持紧密状态，具有扑灭火灾的能力的。

消火栓的保护半径：

$R = 0.9L + Hmcos45°$ （m）

式中，L——水龙带长度（m）；

0.9——水龙带转弯曲折的折减系数；

Hm——充实水拄长度（m）。

消火栓应设在明显易取用地点，如耐火的楼梯间、走廊、大厅和车间出入口等。消防电梯前室应设消火栓，以便消防人员救火打开通道和淋水降温减少辐射热的影响。同一建筑内采用统一规格的消火栓、水枪和水带，每根水带的长度不应超过 25 米。消火栓口离安装处地面高度为 1.1 米，其出口宜向下或与设置消火栓的墙面成 90° 角。

（二）室内消防管道布置

高层建筑消火栓给水系统应独立设置，其管网要求布置成环状，使每个消火栓得到双向供水。引入管不应少于两条。一般建筑室内消火栓超过 10 个，室外消防用水量大于 15L/s 时，引入管也不应少于两条，并应将室内管道连成环状或招引入管与室外管道连成环状。但 7 层至 9 层的单元式住宅和不超过 9 层的通病式住宅，设置环管有一定困难，允许消防给水管枝状布置和采用一条引入管。

消防阀门平时应开启，并有明显的启闭标志。

室内消火栓灭火系统与自动喷水系统，宜分别设置。若有困难，则应该在报警阀前分开。

（三）管网的布置和敷设

供水干管应布置成环状，进水管不少于两条。环状管网供水干管，应设分隔阀门。当某一管段损坏或检修时，分隔阀所关闭的报警装置不得多于三个，分隔阀门应没在便于管理、维修和容易接近的地方。在报警阀前的供水管上，应设置阀门，其后面的配水管上不得设置阀门和连接其他用水设备。自动喷水灭火系统报警闻以后的管道，应采用镀锌钢管或无缝钢管。湿式系统的管道，可用丝扣连接或焊接。

管道上吊架和支架的位置，以不妨碍喷头喷水效果为原则。

开式自动喷水灭火系统包括雨淋灭火系统和消防水幕系统水喷雾灭火系统。

三、自动喷水灭火系统

自动喷水灭火系统是一种在发生火灾时，能自动喷水灭火并同时发出火警信号的灭火系统。这种灭火系统具有很高的灵敏度和灭火成功率，是扑灭建筑初期火灾非常有效的一种灭火设备。在经济发达国家的消防规范中，几乎要求所有应该设置灭火设备的建筑都采用自动喷水灭火系统，以保证生命财产安全。

自动喷水系统按喷头开闭形式，分为闭式喷水系统和开式喷水系统。闭式喷水系统可分为湿式自动喷水灭火系统、干式自动喷水灭火系统、干湿式自动喷水灭火系统、预作用自动喷水灭火系统、重复启闭预作用灭火系统、闭式自动喷水—泡沫联用系统等。

开式自动喷水系统可分为雨淋灭火系统、水幕系统、水喷雾系统等。

闭式自动喷水灭火系统主要有以下四种类型：

一是湿式自动喷水灭火系统。湿式自动喷水灭火系统是世界上使用最早、应用最广泛、灭火速度快、控火率较高，系统比较简单的一种自动喷水灭火系统。系统管网始终充满水，该系统适用于室内温度为4℃～70℃的建筑物、构筑物。由于该系统在报警阀的前后管道内始终充满着压力水，故称湿式喷水灭火系统或湿管系统。

二是干式喷水灭火系统。该系统平时喷水管网充满有压的气体，只是在报警阀前的管道中经常充满有压的水。干式喷水灭火系统适用于环境在4℃以下或70℃以上而不宜采用湿式喷水灭火系统的地方，其喷头应向上安装（干式悬吊型喷头除外）。

三是干湿式自动喷水灭火系统。干湿式喷水灭火系统，一般由闭式喷头、管道系统、充气双重作用阀、报警装置、供水设备、探测器和控制系统等组成，这种系统具有湿式和干式喷水灭火系统的性能，安装在冬季采暖期不长的建筑物内，寒冷季节为干式系统，温暖季节为湿式系统，系统形式基本与干式系统相同，主要区别是报警阀采用的是干湿式报警阀。

四是预作用自动喷水灭火系统。预作用自动喷水系统，喷水网中平时不充水，而充以有压或无压的气体，发生火灾时，由火灾探测器接到信号后，自动启动预作用阀门而向配水管网冲水。当起火房间内温度继续升高，闭式喷头的闭锁装置脱落，喷头即自动喷水灭火。预作用系统一般适用于平时不允许有水渍损失的高级重要的建筑物内或干式喷水灭火系统适用的场所。

第五节　建筑排水工程

一、建筑排水系统的分类与组成

建筑内部排水系统是将人们在日常生活中或生产中使用过的水及时收集、顺畅地输送并排出建筑物的系统。根据排水的来源和水受污染情况的不同，一般可分为三类：生活排水系统、工业废水排水系统、雨水排水系统。

排水系统的基本要求是迅速通畅地排除建筑内部的污水和废水，并能有效防止排水管道中的有毒有害气体进入室内。建筑排水系统主要由下列部分组成：

（一）污水和废水收集器具

污水和废水收集器具是排水系统的起点，它往往是用水器具，包括卫生器具、生产设备上的受水器等，如脸盆是卫生器具，同时也是排水系统的污水废水收集器。

（二）水封装置

水封装置是设置在污水、废水收集器具的排水口下方处，或器具本身构造设置有水封装置。其作用是来阻挡排水管道中的臭气和其他有害、易燃气体及虫类进入室内造成危害。

安设在器具排水口下方的水封装置是管式存水弯，一般有 P 形和 S 形。水封高度与管内气压变化、水量损失、水中杂质的含量和比重有关，不能太大，也不能太小。若水封高度太大，污水中固体杂质容易沉积，因此水封高度一般在 50 ～ 100 毫米之间。水封底部应设清通口，以利于清通。

（三）排水管道

排水管道可分为以下几种：一是器具排水管。连接卫生器具与后续管道排水横支管的短管。二是排水横支管。汇集各器具排水管的来水，并作水平方向输送至排水立管的管道。排水管应有一定坡度。三是排水立管。收集各排水横管支管的来水，并作垂直方向将水排泄至排出管。四是排出管。收集排水立管的污水和废水，并从水平方向排至室外污水检查进的管段。

排水管道所排泄的水，一般是使用后受污染的水，含有各种悬浮物、块状物，容易引起管道堵塞。

排水管道内的流水是不均匀的，在仅设伸顶通气管的各层建筑内，变化的水流引起管道内气压急剧变化，会产生较大的噪声，影响房间的使用效果。

排水管一般采用建筑排水塑料管或柔性接口排水铸铁管，不能抵御建筑结构的较大变形或外力撞击、高温等影响。在管道内温度比管外温度低较多时，管壁外侧会出现冷凝水。这些在管道布置时应加以注意。

排水管道布置应满足使用要求，且经济美观，维修方便。应力求简短，拐弯最少，有利于排水，避免堵塞，不出现跑冒滴漏，并使管道不易受到破坏，还要使建设投资和日常管理维护费用最低，另外还要考虑布置美观、方便使用和维修等。

排水横支管一般沿墙布设，注意管道不得穿越建筑大梁，也不挡窗户。横支管是重力流，要求管道有一定坡度通向立管。

排水立管一般设在墙角处或沿培、沿柱垂直布置，宜采用靠近排水量最大的排水点，如采用分流制排水系统的住宅建筑的卫生间，污水立管应设在大便器附近，而废水立管则应设在浴盆附近。

随着社会的发展和人们生活水平的提高，人们对住宅的要求也越来越高，新规范规定住宅卫生间的卫生器具排水管不宜穿越楼板进入他户。这一规定适应了我国近年来对住宅商品化的发展趋势和人们法律意识的提高，由于住宅是私人空间，所以有拒绝他人进入的权利，为了避免下排水式的卫生器具一旦堵塞或渗漏，清通或修理时对下层住户的影响，可采用同层排水的方式。同层排水方式要求采用后排水式的卫生洁具，在本层将污废水排至立管，并作好地漏的设置。

（四）通气管

建筑内部排水管内是水气两相流，管内水依靠重力作用流向室外。设置排气管就是能向排水管内补充空气，使水流畅通，减少排水管内的气压变化幅度，防止卫生器具水封被破坏，并能将管内臭气排到大气中去。

一般楼层不高，卫生器具不多的建筑物，可仅设置伸顶通气管，为防止异物落入立管，通气管顶端应装设网罩或伞形通气帽。

对于层数较多或卫生器具较多的建筑物，必须设置专用通气管。

通气管管径一般应比相应排水管管径小 1 ~ 2 级。当通气立管长度大于 50 米时管径应与排水立管相同，伸顶通气管管径宜与排水立管相同。

（五）清通部件

为了疏通排水管道，在室内排水系统中，一般均需设置如下三种清通部件：检查口、清扫口、检查井。

检查并一般是设在埋地排水管道的转弯、变径、坡度改变的两条及两条以上管道交汇处。生活污水排水管道，在建筑物内不宜设检查井。对于不散发有害气体或大量蒸汽的工业废水排水管道，可在建筑物内设检查井。

（六）地漏的设置

每个卫生间均应设置 1 个 50 毫米规格的地漏，其位置在易溅水的器具附近地面的最低处。食堂、厨房和公共浴室等排水宜设置网框式地漏。要求地面坡度坡向地漏，地漏算子面应低于地面标高 5 ~ 10 毫米。

（七）提升设备

建筑物的地下室、人防建筑工程等地下建筑物内的污水、废水不能以重力流排入室外检查井时，应利用集水池、污水泵设施把污废水集流，提升后排放。

如果地下室很大，使用功能多，且已采用分流制排水系统，则提升设施也应采用相应的设施，将污水、废水分别集流，分别提升后排向不同的地方，生活污水排向化粪他，生活废水排向室外排水系统检查井或回收利用。

污水泵优先选用潜水泵或液下污水泵，水泵应尽量设计成自撞式。

（八）污水局部处理构筑物

有些污水、废水达不到城市排水管网的排放标准，应在这些污水、废水排放前作一些处理。对于很多没有污水处理厂的城镇，建筑污水处理对改善城镇卫生状况就更重要，如隔油池和化粪池。

二、高层建筑排水系统

随着经济的发展和科技的进步，人们对高层建筑的需求也越来越多。所谓高层建筑，建筑防火规范中将 10 层与 10 层以上的居住建筑及高度超过 24 米的公共建筑列入高层建筑的范围，因此建筑、结构、建筑设备等专业就以此作为高层建筑的起始高度。

高层建筑的特点是：楼层数多，建筑物总高度大，每栋建筑的建筑面积大。使用功能多，在建筑内工作、生活的人数多，由于用房远离地面，要求提供有比一般低层建筑更完善的工作和生活保障设施，创造卫生、舒适和安全的人造环境。因此，高层建筑中设备多、标准高、管线多，且建筑、结构、设备在布置中的矛盾也多，设计时必须密切配合，协调工作。为使众多的管道整齐有序敷设，建筑和结构设计布置除满足正常使用空间要求之外，还必须根据结构、设备需要合理安排建筑设备、管道布置所需空间。

一般在高层建筑内的用水房间夯设置管道井，供垂直走向管道穿行。每隔一定的楼层设置设备层，可在设备层中布置设备和水平方向的管道。当然，也可以不在管道井中敷设排水管道。对不在管道井中穿行的管道，如果在装饰要求较高的建筑，可以在管道外加包装。

高层建筑排水设施的特点是其服务人数多、使用频繁、负荷大，特别是排水管道，每一条立管负担的排水量大，流速高。因此要求排水设施必须可靠、安全，并尽可能少占空间。如采用强度高、耐久性好的金属管道或塑料管道，相配的弯头等配件等。

高层建筑排水系统从排水体制来划分，可以分为合流制排水系统与分流制排水系统。根据我国环保事业的开展和排水工程技术的发展要求，高层建筑宜采用分流制排水系统。即生活污水经化粪他处理后再排入市政排水管道，而生活废水单独排放。

缺水区也可将生活废水收集后经中水系统处理后，再用作厕所冲洗水和浇洒用水。

高层建筑排水系统从通用方式来划分，可以分为：伸顶通气管的排水系统，这种通风方式在高层建筑中一般不用；设专用通气管的排水系统；设器具通气管的排水系统；特殊单立管排水系统，这种排水系统，仅需设置伸顶通气管即可改善排水能力；不透气的生活排水系统，高层建筑低层单独设置的排水系统，地下室采用抽升排水系统。

高层建筑的排水立管，沿途接纳的排水器具，这些排水设备同时排水的概率大。这样，立管中的水流量大，容器形成的往塞流，造成立管的下部气压急剧变化，从而破坏卫生器具的水封，这是高层建筑中排水系统应着重注意的问题。高层建筑常用的排水管通气系统是特殊单立管排水系统，主要包括苏维托立管系统和旋流单立管排水系统。

苏维托立管系统有两种特殊管件：一是混合器；二是跑气器。混合器设在楼层排水横支管与立管相连接的地方，跑气管设在立管的底部。混合器内特殊构造有：上部是一个乙字弯，中部对着横支管接入口处有一有缝隙的隔板，下部为混合区。乙字弯的作用是降低上游立管来水的水流速度，隔板的作用是使立管水流与横支管水流在各自的隔间内流动，避免了两种水流的冲击和干扰，同时隔板上部的空隙可流通空气，起着平衡管内压力，防止压力变化太大而破坏卫生器具的水封的作用。最后水流经混合区排向下游立管。跑气器的分离室有一个凸块。当立管中水流由上向下流来时，水流在凸块处撞击后，水中的气水在分离室被分离。分离出来的气体从跑气口跑出，被导入排出管排走。苏维托系统改善了排水立管中的水流状态，降低了管内空气压力被动，保护了用水器具的水封不被破坏。这种系统适用于一般高层住宅，具有节省材料和投资的优点。

旋流单立管排水系统，也是由两种管件起作用：一是安于横支管与立管相接处的旋流器；二是立管底部与排出管相接处的大曲率导向弯头。旋流器由主室和侧室组成。主侧室之间有一例壁，用以消除立管流水下落时对横支管的负压吸引。立管下端装有满流叶片，能将水流整理成沿立管纵轴族流状态向下流动，这有利于保持立管内的空气芯，维持立管中的气压稳定，能有效地控制排水噪声。大曲率导向弯头是在弯头凸岸设有一导向叶片，叶片迫使水流贴向凹岸一边流动，减缓了水流对弯头的撞击，消除部分水流能量，避免立管底部气压变化太大，理顺了水流。

高层建筑的使用功能较多，装饰要求较高，管道多且管径大。为了使排水管道的布置简洁，管道走向明确，满足使用和装饰要求，并便于安装和检修，常将排水立管和给水管道设在管道井中。一般管道井应设置在用水房间旁边，以使排水横支管最短。管道井垂直贯穿各层，以使立管段能垂直布设。这就是高层建筑的建筑设计常采用"标准属"的主要原因。标准属即这些楼层内房间的布置在平面轴线上是一致的。这主要指卫生间和厨房、上下楼层都在同一位置，这就便于设置管道井。管道井内应有足够的面积，保证管道安装间距和检修用的空间。为了方便检修，要求管井中在各层楼层标高处设置于台，并且每层有门通向公共走道。有的立管也可直接设在用水房间内而不设管道井，对装饰要求较高的建筑，可采用外包装的方式将其包装起来，但要在闸门、检查口处设置检修窗或检修门。

高层建筑中，即使其使用要求单一，但由于楼层太多，往往其结构布置和构件尺寸会因层高不同而有变化，这就使排水管道井受其影响而使管道井平面位置有局部变化。另外，当高层建筑中上下两区的房屋使用功能不一样时，若要求上下用水房间布置在同一位置上，会有困难。管道井不能穿过下层房间。最好的办法是在两区交界处增设一层设备层。立管通过设备层时作水平布置，再进入下面区域的管道井。设备层不仅有排水管道布设，还有给水管道和相关设备布设等。由于排水管道内水流是重力流，宜优先考虑排水管设置位置，并协调其他设备位置布设。设备层的层高可稍微低些，但要有通风、排水和照明。

第六节 管 材

管道是建筑设备中用到的最常见的材料，包括管子、管件和附件。管子用于输送各类介质，管件又称管道配件，用于管材的连接、分支（或汇合）和改向的配件。各种不同管材有相应的管道配件，有螺纹接头（多用于塑料管、钢管）、法兰接头、承插接头（多用于铸铁管、塑料管）等几种形式。

一、管材的通用标准及管材分类

（一）管子与管路附件的公称直径

公称直径也称公称通径，是为了使管子、附件、阀门等相互连接而规定的标准直径，公称直径是指管子的内径，但非实际的内径，因为具有同一规格公称直径的管件的外径相等。公称直径用字母 DN 表示，其后注明公称直径数值（mm）《管子与管路附件的公称直径》(GBl047-70) 中，常用公称直径共有 DN15、20、25、32、40、50、65、80、100、125、150、175、200、300、400、500、600 等十八种规格。

（二）公称压力、试验压力、工作压力

在工程上把某种材料在基准温度时所承受的最大工作压力称为公称压力。公称压力用符号 PN 表示，其后注明公称压力值（MPa）。《管子与管路附件的公称压力标准》(GD1048-70) 中，管道工程常用的公称压力标准有 PN0.25、0.40、0.60、1.0、1.6、2.5、4.0、6.4、10、16、20、32 等十二个级别。

管子与管路附件在出厂前必须对制品进行压力试验，以检验其强度，试验时的压力称为试验压力，用符号 Ps 表示，其后注明试验压力数值（MPa）。

介质在工作温度下的操作压力称为工作压力，用字母 F 表示，介质最高工作温度除以10 所得整数，可标注在 P 的右下角。例如介质最高温度为 200℃，工作压力为 2.0MPa 用 P202.0 表示。

二、常用管材和管件

管道工程所用的管材可分为金属管材和非金属管材两种。金属管又分为钢管、铸铁管和铜管等，非金属管有钢筋混凝土管、石棉水泥管、塑料管和陶土管等。

（一）钢管

常用钢管分为焊接钢管和无缝钢管。钢管具有强度高、承受流体的压力大、抗震性能好，重量比铸铁管轻、接头少、内外表面光滑、容易加工和安装等优点，但抗腐蚀性能差，造价较高。

钢管可用于排水，作为卫生器具及卫生设备（非腐蚀性的）排水文管，以及用于微酸性生产排水和高度大于 30 米的生活污水立管，有时在机器设备震动较大的地方也采用钢管。镀锌钢管由于在管道内外镀锌，使其耐腐蚀性能强，但对水质仍然有影响。因此，现在冷浸镀锌管已被淘汰，热浸镀锌管也限制场合使用。根据国家有关规定，建筑生活给水管道禁止使用镀锌钢管，现在这种管材主要用于自动喷水消防管道以及室内燃气管道。

钢管连接方法有螺纹连接、法兰连接和焊接三种。

法兰有铸铁和钢制的两类，在建筑内部给水工程中，以钢制圆形平焊法兰应用最为广泛。法兰连接具有强度高、严密性好和拆装方便等优点。在连接时，盘间应垫以垫片，以达到密封的目的，建筑内部给水工程中常用橡胶板或石棉橡胶板作法兰垫片，一副法兰只能垫一个垫片。

钢管焊接的方法一般有电弧焊和气焊两种。焊接具有强度高、严密性好、节省管材和管件、安装方便、易于管理等优点，缺点是不能拆卸。管径大于 32 毫米的钢管宜用电焊连接，管径小于或等于 32 毫米时可用气焊连接，镀锌钢管不得采用焊接。

（二）铸铁管

铸铁管多用于给水、排水和煤气管道工程，按铸铁管所用材质不同可分为：灰口铸铁管、球墨铸铁管、高硅铸铁管；按其工作压力的不同可分为低压管、中压管、高压管。铸铁管具有耐腐蚀性能强、使用寿命长、价格低等优点，适于埋地敷设。其缺点是性脆、重量大、长度小。当给水管管径大于 150 毫米，或生活给水管理地敷设管径大于 75 毫米时，宜采用铸铁管。

铸铁管的连接多用承插方式连接，连接阀门等处也用法兰盘连接，承插接口有柔性接口和刚性接口两类，柔性接口采用橡胶圈接口，刚性接口采用石棉水泥、膨胀性填料接口，重要场合可用铅接口。铸铁管的管道配件有弯头、子通、四通、大小头、双承短管等。

（三）塑料管

塑料管道是我国"十五"期间重点推广应用的化学建材之一，预计到 2010 年，塑料管道将在全国管道市场占有率可达到 50%，我国新建住宅室内排水管道 80% 采用塑料管，基本淘汰排水铸铁管；室内给水管、采暖管采用塑料管的比例分别为 30% 和 20%；城镇燃气管道中塑料管的使用量达到 20%，市政结排水塑料管道分别可达 50% 和 15%。

塑料管以合成树脂为主要成分，加入填充剂、稳定剂、增塑剂等填料制成。塑料按树脂的不同性质可分为热固性塑料和热塑性塑料，大部分塑料管均为热塑性塑料，这类塑料加热后软化后具有良好的可塑性，并可多次反复加热成型，各类塑料管系挤压机挤压成型而得。

热塑性塑料管材密度小，易于运输和安装，管材质较轻，约为钢管的 1/8 ~ 1/5，故便于搬运、装卸、施工，可节省大量的施工费用；耐化学腐蚀性优良，塑料对酸、碱、盐均具有良好的耐蚀性能，故适用于化工、电镀、制药等工艺管道；具有良好的抗外压、抗冲击性能；塑料管内壁相对光滑，对介质的流动阻力极小，其粗糙系数仅为 0.009，因此可减少泵的动力及管壁结垢等现象，同时，塑料管对输送的介质不会造成污染，可避免传统镀锌管黄水弊端。

常用塑料管有聚氯乙烯管（UPVC 管）、聚丙烯管（PP-R）、聚乙烯管（PE）等。

（四）钢管

铜管具有极强的耐腐蚀性、传热性、韧性好、经久耐用、管壁光滑、水力条件好、水质卫生、质量轻等优点，但价格较高。主要用于制氧、空调、高纯水设备、制药管道，适用于中高档高层建筑中的给水、热水管道。

铜管的连接方法有螺纹卡套压接、焊接（有内置锡环焊接配件、内置银合金环焊接配件、加添焊药焊接配件）等，相关配件厂家都有配套生产。

（五）复合管材

常用的复合材料管道有钢塑复合管道、不锈钢塑料复合管道、铝塑复合管道等。

管材的选用，应根据水质要求及建筑物使用要求等因素确定。生活给水应选用有利于水质保护和连接方便的管材。一般可选用塑料管、铝（钢）塑复合管、钢管等。消防与生活共用的给水系统中，消防给水管材应与生活给水管材相同。自动喷水灭火系统的消防给水管可采用热浸镀锌钢管、塑料管、塑料复合管、铜管等管材。埋地给水管道一胶可采用塑料管或有衬里的球墨铸铁管等。

第六章 消防、防洪、防灾工程

第一节 消防工程

一、城市火灾分类及火灾特点

（一）火灾的特征

火是一种快速的氧化反应过程，具有燃烧的现象和特点，往往伴随着发热、发光、火焰、发光的气团以及燃烧爆炸的噪声等。火所提供的能量，不仅改善了人类基本的饮食和居住条件，而且极大地促进了社会生产力的发展，对人类文明的进步起到了非常重要的作用。

火灾是火在时间和空间上失去控制而导致蔓延的一种灾害性燃烧现象，会对自然和社会造成一定程度的损害。火灾科学的研究表明，火火的发生和发展具有双重性，即火灾既具有确定性，又具有随机性。火灾的确定性是指在某特定的场合下发生火灾，火灾基本上按着确定的过程发展，火源的燃烧蔓延、火势的发展、火焰烟气的流动传播将遵循确定的流体流动、传热传质以及物质守恒等规律。火灾的随机性主要指火灾发生的时间和地点是不确定的，是受多种因素影响而随机发生的。

火灾从发生、发展到最终造成重大灾害性事故大致可分为四个阶段：初起期、成长期、最盛期和衰减期。一旦火灾发展到最盛期，火灾所产生的浓烟、热辐射以及有毒有害物质（CO、CO_2、碳氢化合物、氮氧化物等）不仅会严重威胁人的生命安全，造成巨大的财产损失，而且还会对环境和生态系统造成不同程度的破坏。火灾造成的直接损失约为地震的 5 倍，仅次于干旱和洪涝，而气发生的频率则高居各种灾害之首。火灾造成的直接和间接经济损失、人员伤亡损失、灭火消防费用、保险管理费用以及投入的消防工程费用统称为火灾代价。世界火灾统计中心以及欧洲共同体研究的结果表明，世界上许多发达国家每年火灾造成的直接经济损失占国民经济总产值的 2% 以上，相当于人均每年 20 英镑，而整个火灾代价约占国民生产总值的 1%，人员死亡率为 2/100000。

（二）我国城市火灾的特点

近些年来，随着经济的飞速发展，我国城市火灾损失亦呈上升趋势，并具有如下突出特点：

第一，分析火灾发生原因与损火的关系表明：主要是电器火灾、违反安全规定和生活用火不慎所造成，这三种原因造成的火灾损火占火灾总损火的70%。

第二，石油产品、液化石油气引起的事故增多。由于化工生产不断发展，各种氧化剂引起的火灾日益增多，压缩气体、高压、超高压气体的应用又将构成新的危险。

第三，统计资料表明，特大火灾中有54%发生在公共活动场所，如商场、歌舞厅、宾馆、饭店、集贸市场等，这是由于这些场所可燃物集中，现代化电器设备激增，建筑物防灾抗灾能力较弱，消防设施不足，消防水源严重缺乏，加上人们在主观上防火安全知识缺乏、意识淡薄、消防管理制度不健全等因素所致。

第四，城市高层建筑增多，加大了火灾的危险性，扑救困难，一旦起火很容易造成人员大量伤亡，财产大量损失。高分子聚合材料在建筑物内大量应用，不仅易于起火燃烧，而且在燃烧时还要产生浓烟和毒气，影响人员疏散，并危及人的生命。路上的车辆拥挤，消防车通行困难，不能及时赶到火场。

第五，原有地下防空设施被改变使用性质，建成地下商场、仓库、车间、旅馆等，在防火安全方面遇到了新问题。个人承包经营户、私营企业火灾明显增多。

第六，火灾极易造成重大的伤亡事故和经济损失，有时火灾与爆炸同时发生，损失更为惨重。大的火灾造成的不良后果对环境、社会造成较大的影响。

第七，确认火灾发生的具体原因往往比较困难，主要出为火源众多、对燃物广泛、用火环境多样化，灾后事故调查、取证和鉴定困难等。建筑结构的复杂性和多种可燃物的混杂也给灭火和调查分析带来很多困难。火灾事故往往是在人们意想不到的时候突然发生，虽然存在有事故的征兆，但一方面由于目前对火灾事故的监测、报警等手段的可靠性、实用件和广泛性尚不理想；另一方面是因为至今还有相当多的人员对火灾事故的规律及其征兆了解和掌握得不够。

第八，老城市存有大量易燃的简易建筑，生产与生活区混杂，防火分隔和防火间距不够，消防通道不畅，消防基础设施落后（如消防站布局不合理、水源不足、消防设备缺乏和消防通信不完善等）。

（三）火灾类别

火灾的类型不同，其特点也有所不同。国家标准《火灾分类》（GB/T 4968-1987）根据物质燃烧特征，将火灾划分为以下4种类型：

A类火灾：指固体物质火灾。这种物质往往含有机物质，一般在燃烧时能产生灼热的灰烬，如木材、棉、毛、麻、纸张火灾等。

B类火灾：指液体火灾和可熔化的固体物质火灾，如汽油、煤油、柴油、原油、甲醇、乙醇、沥青、石蜡火灾等。

C 类火灾：指气体火灾，如煤气、天然气、甲烷、乙烷、丙烷、氢气火灾等。

D 类火灾；指金属火灾，如钾、钠、镁、钛、锆、锂、铝镁合金火灾等。

此外，在建筑灭火器配置设计中还专门提出 E 类火灾，指电器、计算机、发电机、变压器、配电盘等电气设备或仪表及其电线电缆在燃烧时仍带电的火灾。一般说这类火灾与 A 类或 B 类火灾共存。

根据火灾发生的场所不同，可分为建筑火火、森林火灾、交通工具火灾等。其中，根据建筑功能的不同特点，建筑火灾包括民用建筑火灾、公共建筑火灾、工厂仓库火灾等。根据建筑结构的不同特点，建筑火灾可分为高层建筑火灾、地下建筑火灾等。

（四）火灾分级

根据 1996 年国家发布的"火灾统计管理规定"，我国将火灾分为特大火灾、重大火灾和一般火灾三级，如表 6-1，只要达到其中一项就认为达到该级火灾。

表 6-1 火灾等级的划分标准

火灾等级	死亡人数	重伤人数	死亡重伤总人数	受灾户数	直接财产损失（万元）
特大火灾	≥10	≥20	≥20	≥50	≥100
重大火灾	≥3	≥10	≥10	≥30	≥30
一般火灾	＜3	＜10	＜10	＜10	＜30

二、消防技术的发展

（一）消防技术的发展现状

人类从很早起就开始重视对火灾形成和发展的规律以及火灾防治技术的研究和开发，积累了大量火灾防治的宝贵经验，创造出了许多行之有效的消防技术和措施。主要包括建立各种形式的消防队伍和安全管理机构，研制和开发防、灭火的技术和装备，研究火灾形成和发展的规律，制定一系列的防火与安全用火的法律和法规等。据记载，我国早在周代就设置了分别掌管乡村、城镇和宫内等事宜的火官，以后各朝代均立类似的官员。宋朝开始建立了专司救火的"防隅军""潜火军"以及民间的消防组织"水会"。我国在清朝末年开始引入西方的消防体制，建立了新型公安消防部队。经过多年的努力，这支队伍的知识化、专业化和正规化水平都有了很大的提高，装备了较为先进的防灭、运输、通情、管理等设备。

在消防技术设施和装备方面，据记载，我国唐代人开始用油布缝制的水袋来运水灭火，宋代人成功地用竹制唧筒喷水灭火，尽管其射程和喷水量有限，但与靠近火焰泼水或向火中投掷水袋等灭火方式相比，是一个很大的进步。18 世纪，西方国家制造出了以内燃机为动力的消防车、消防艇及消防泵等，这表明人类的灭火水平又跃上了一个新的台阶。19世纪中叶，西方国家的工程师就发明了早期的自动喷水灭火装置和火灾自动报警装置。20世纪50年代以后，各类性能先进的火灾自动报警和自动灭火系统、防排烟设备、灭火剂、防火建筑材料和构件等消防技术产品被大量开发出来，并在实际工程中得到广泛应用。

我国在消防工程研究领域的腾飞自1990年12月第二次全国消防科技工作会议开始。会议针对国内高层建筑的发展状况，确定了"八五"期间我国消防科技的重点主攻方向为"高层建筑的火灾预防与控制技术"。通过五年的攻关研究，开发成功一系列具有较高技术水平的高层建筑防火、自动报警、自动灭火设备和适合消防部队扑救高层建筑火灾的特种消防技术装置。此外，还开展了大量的基础研究和相应用基础研究。例如：运用模拟方法进行了室内家具组件火灾特性和实验技术的研究以及地下民用建筑火灾烟气流动特性的研究；运用激光全息和电子测重技术成功地解决了大水粒三维空间分布与侧重的关键技术，开展了消防装置喷雾水杯流场特性试验的研究；开展了高层建筑楼梯间送风排烟技术的研究、粉尘爆炸及泄压的研究、承重柱和梁板耐火性能试验装置的研制等；这些基础研究及其成果，为我国消防领域有关技术法规的制定和实施，提供了科学的依据和技术手段。

"九五"期间，针对地下建筑和大空间建筑的火火预防与扑救技术，以国家科技攻关项目为龙头，公安部的4个部属专业消防研究所、中国科学技术大学火灾科学国家重点实验室、中国建筑科学研究院建筑防火研究所等单价开展了多层次、多学科交叉的联合攻关研究；在探索地下建筑与大空间建筑的火灾规律、开发高新科技的火火探测报警、自动灭火、防排烟设备和消防部队灭火救援装备等方面，取得了一批重要科研成果，并且建成了大空间火灾试验馆、高层建筑火灾试验塔、固定灭火系统综合试验馆等一批具有国际水平的试验装置，其中，典型感烟火灾探测器和火灾报警控制器的标准及其检测设备、民用住宅耐火性能的评价研究、消防装备喷雾水粒子流场特征试验方法、高层建筑楼梯件正压送风机械排烟技术的研究等20多项成果获得国家级科技成果奖励。

近几年，科学技术的发展和火灾的严重危害，促使国际消防界开始深入思考如何从规范和法规的完善出发，真正达到主动防火的目的。现在广泛采用的传统的"指令式规范"只是强制规定防火设计必须满足的各项设计参数指标，如建筑设施的结构要求、耐火要求、机械系统、电气系统、消防系统等。其缺点是使建筑设计千篇一律，一定程度上阻碍了新材料、新产品、新工艺和创新技术的采用，很难满足技术进步的要求。"指令式规范"对具体建筑物要达到的总的安全目标不予要求，也不进行评估。而且对于工程师来说，只单纯地计算消防系统的某一独立部分是不够的，应该把整个建筑物作为一个整体来考虑，把每一部分的消防措施放到一个大系统中去分析。

国际上在20世纪80年代初提出了建立"以性能为基础"的防火规范的概念。英国于1985年先成了建筑规范，包括防火规范的性能化修改，新规范规定"必须建造一座安全的建筑"。澳大利亚于1996年颁布了《澳大利亚性能化建筑设计规范》（BCA96），并于1997年陆续被各州政府采用。新西兰1992年发布了性能化的《新西兰建筑规范》，

1993～1998 年开展了"消防安全性能评估方法"的研究，制定了性能化建筑消防安全框架，包括了防止火灾的发生、安全疏散措施、防止倒塌、消防基础设施和通道要求以及防止火灾相互蔓延五部分。美国已完成性能目标和基本完成性能级别的确定，并于 2001 年发布了国家级的建筑性能规范和防火性能规范。我国现行的消防法律体系以《中华人民共和国消防法》为基础，以消防行政法系列和消防技术法规系列构成庞大的支撑体系。就消防技术法规而言，迄今为止我国已发布了相关法规 22 本，制订各类消防国家标准和行业标准 200 多项，建成了 4 个国家级的消防产品质量监督检验中心，建立了一套比较完整的消防产品质量监督管理制度。

由于受到制订周期长、学科发展水平不高、建筑形式和功能多样化、管理智能化等因素的影响，现行技术规范越来越难以适应科技日新月异的发展和我国建造业高速发展的形势。我国从 1996 年开始也开展了"性能化防火设计规范"的研究工作，并将其列入了国家"十五"科技攻关项目计划。

"十五"期间，性能化防火设计、细水雾灭火技术、火灾应急疏散和救援、火灾多参数智能探测等领域的研究和新技术开发取得了一系列可喜的成果，并将在国家"十一五"科技攻关项目计划中得到进一步的深入研究。

（二）消防技术的发展趋势与前景

作为一门新兴的学科，消防工程的研究领域正在不断拓展，研究成果不断增加。从目前的发展趋势来看，消防工程学科领域今后的研究和发展主要体现在以下几个方面：

1. 消防设计观念的更新

消防安全工程学的发展为消防科研提出了一批新的研究课题，如：火灾发生和发展的规律及其计算机模化、燃烧产生与传播、火灾烟气流动特性及其计算机模化、防火系统与技术、火灾中人的行为与疏散模型、建筑物的火灾危害评估与火灾风险评估以及为消防安全提供基础数据的火灾统计与分析研究等。可以预见，这些课题的研究将对发展性能化设计、建立科学合理的消防技术标准和设计规范体系乃至带动整个消防科技领域的发展具有十分重要的意义。

2. 计算机火灾模化技术的开发与应用

计算机火灾模化技术的开发应用，使人们可以通过工程计算机和计算机模拟的方法，对不同空间、环境条件下火灾的发展和蔓延进行模拟和预测，并列建筑构件、材料组件以及消防设备的火灾特性进行计算和确定，为火灾调查提供科学依据。目前，国外已开发出一些具有实用价值的计算机火灾模型，并在一定范围得到应用。中国科学技术大学火灾科学国家重点实验室提出了场、区、网火灾模型，对火灾模化技术的发展做出了很大的贡献。通过一系统大空间建筑火灾实验，场区网模化技术的发展将得到进一步的验证。

3. 火灾自动探测报警技术的创新

今后的工作将主要集中在以下几个方面，其一是开发具有特殊性能的火灾自动监测报警系统和自动灭火系统，使其具有高灵敏、高可靠性、早期报警、快速响应，并能适用于高大、洁净或干扰因素较多等特殊空间和环境；其二是积极运用相关专业领域的高新技术和理论，如激光微粒计数技术、红外分光光谱技术、人工智能和神经网络控制理论等，开发研究高性能、高质量的新产品；三是特别注重工程应用技术的研究，以拓展其应用范围。此外，更重要的是，人们越来越认识到，火灾基础理论研究，特别是火灾早期的声、光、热等信息特征及其与环境因素的关系等方面的基础理论研究，对于开发研制多参数、智能型、复合型火灾探测预警系统具有非常重要的意义。

4. 新型灭火剂和服燃剂的开发与应用

由于哈龙灭火剂对臭氧层的破坏，国内外兴起了哈龙替代灭火剂的研究开发热潮。目前，已开发出一些比较成熟的产品，如七氟丙烷（FM200）和混合气体，但这些产品都存在不足之处。目前，国际上尚未研制出一种既满足环保要求，又在灭火效能、安全性和成本等方面均超过哈龙的新灭火剂；也未能研制出可以装到已使用的哈龙1310系统里直接替代哈龙灭火剂的新灭火剂。因此，开发新型哈龙替代灭火剂的工作是目前和今后几年世界瞩目的研究课题。

5. 消防队伍装备的专业化、系统化和智能化

经济和社会的发展不断地给消防部门提出新的任务。目前，各国消防部门所面临的共同难题为：各种复杂的火灾和特种灾害条件下的救援行动、特大恶性火灾的扑救、化学灾害事故的处置，并使之系统化。同时，随着自动控制和人工智能技术的发展，消防装备的智能化程度也越来越高。各种智能化的灭火救援奖备和消防机器人将成为21世纪消防装备领域研究开发的重要任务。

6. 消防管理技术的信息化和网络化

计算机信息和网络技术在消防管理工作中的成用领域十分广阔，包括防火监督管理、通信调度指挥、消防训练与培训、灭火救援辅助决策、火灾统计、消防安全知识普及教育、消防队伍后勤管理、人事管理以及日常办公自动化等。消防管理技术的信息化和网络化已成为各国消防部门所共同关注的热点，信息化和网络化的管理模式与资源共享是消防管理技术的必然发展趋势。

三、城市消防的防治措施

（一）城市火灾扑救

火灾一旦发生，及早发现、及时扑救是降低火灾损失的最有效方法。灭火策略主要包括：除掉可燃物；隔绝氧气；冷却到燃点以下从而使反应终止。但是在火灾的情况下，完全去掉可燃物或长期隔绝氧气几乎是不可能的，因此灭火的原则就是把温度降到燃点以下。火灾反应初期，因为反应量少，产生的热量少，容易控制和扑灭，故初期火灾是最理想的。

　　灭火活动首先是人为控制火势，其次是使燃烧反应停止。同一灭火手段，灭火的机理和效果也往往不同。例如，单纯浇水灭火时，水蒸发产生冷却作用；蒸发的水蒸气起到隔绝空气或减少氧气浓度的作用；附着在可燃物表面的水有隔热作用等。这些作用相辅相成，提高了灭火的效果。另外，有的灭火剂又具有抑制火灾反应的催化作用。

　　为能迅速地扑灭火火，必须按照现代的防火技术水平、生产工艺过程的特点、着火物的性质、火灾物质的性质及取用是否便利等原则来选择灭火剂和火火器；否则其灭火效果甚至会适得其反。目前常用的灭火物质有水、灭火泡沫、惰性气体、不燃性挥发液、化学干粉、固态物质等。我国目前生产的灭火器主要有泡沫灭火器、二氧化碳灭火器、卤代烷灭火器、四氯化碳灭火器、1211（二氟一氯一溴甲烷）灭火器、干粉灭火器，清水灭火器等。

　　灭火时，最有效的灭火剂是水，作为化学灭火剂的各种泡沫也是把灭火剂与水混合加压送出。因此，消防泵是消防设备中重要的设备之一。消防用泵主要是离心泵，一般安装在水源点或消防栓附近。此外还有带消防泵的消防车。消防车一般有普通消防车、云梯车（空中作业车）和化学消防车、防爆式化学消防车等。防爆式化学消防车多用于石油火灾扑救。

（二）城市火灾的安全疏散

　　安全疏散设计就是指根据建筑的特性设定最危险的火灾条件，针对火灾和烟气传播特性的预测，通过来取一系列防火措施，进行适当的安全疏散设施的设置、设计，以提供合理的疏散方法和其他安全防护方法，保证建筑中的所行人员通过专门的设施和路线，在可利用的安全疏散时间内，全部安全疏散到安全避难场所，或提供其他方法以保证人员具有足够的安全度。显然，建筑消防的绝对安全是不能实现的，但通过合理的疏散设计，可以最大程度地减少火灾给人员生命安全带来的威胁，提高火灾人员的安全性。

　　安全疏散设计的原则及要求：安全疏散设计是以建筑内的人应该能够脱离火灾危险并独立地步行到安全地带为原则的；安全疏散方法应保证在任何时间、任何位置的人都能自由、无阻碍地疏散。

四、城市火灾的消防对策

（一）城市防火策略

　　"预防为主，防消结合"的消防工作方针，是我国人民长期同火灾做斗争的经验总结，是指导消防工作的唯一正确方针。这个方针科学地概括了消防工作中防与消的辩证统一关系。"预防为主"就是要把预防火灾发生放在首位，作为主要任务和工作重点，做到防患于未然；"防消结合"就是在做纤防火工作的同时，充分做好灭火准备，保证及时有效地扑灭火灾。防与消相辅相成，互相促进，二者不可割裂。在积极搞好城市防火规划的同时还要做好灭火设施的规划建设，而且要与长远的消防建设规划结合起来。

　　一般来说，防火的要点是根据对火灾发展过程特点的分析，采取如下基本措施：严格控制火源；监视酝酿期特征；采用耐火材料；阻止火焰的蔓延；限制火灾可能发展的规模；组织训练消防队伍；配备相应的消防器材。

（二）地震引发火灾的消防对策

地震火灾是地震的重要次生灾害之一。地震诱发火灾的因素是多方面的，不同于平时的城市火灾。地震火灾的特点有：地震发生时往往多处同时发生火灾；由于扑救不及时形成大面积燃烧；建筑物倒塌导致抢救遇难人员的任务繁重；往往伴随泄漏有毒气体；消防站、消防设施和消防装备可能遭受破坏，消防人员受到地震火害的伤害；余震给救人和灭火造成严重威胁。

1. 震前消防对策

广泛开展地震和地震消防知识的宣传教育；建设震前火灾预防措施；制定扑救地震火灾的方案；建造抗震消防站；建立地震时期的消防指挥体系。

2. 震时消防对策

对于供电设施、易燃易爆和危险品的抢救必须慎重，防止由于不当抢救导致火灾；迅速掌握火灾情况，提出灭火力量的需求；迅速掌握消防力量的破坏和伤亡情况；正确调配灭火力量、组织群众灭火；积极抢救遇难人员。

3. 震后消防对策

抢修桥梁道路，维护交通秩序，保障消防车出动交通畅通；抢修供水设施；抢修通信设备；搞好震后防火工作和宣传。

（三）大风天气引发火灾的消防对策

城市大面积火灾和强风有密切的关系，大风是造成火势迅速蔓延的重要因素。

大风天气火灾的特点：火灾蔓延迅速，容易形成大面积火灾；飞火多，飘落远，容易形成新的火点；大风天气给灭火带来困难。

大风天气防火措施：开展大风天气防火的宣传教育；有计划地对火灾隐患进行整改，加强消防设施建设；加强大风天气的防火预报工作；突出重点，搞好大风天气防火安全检查；

大风天气灭火工作：大风天气灭火，设立多道防线、必须有力控制火势蔓延；在火势控制作后，采取正面进攻、两侧夹击和分割包围等策略灭火；集中力量保护重要部位。

五、消防设备与措施

（一）高层建筑的总平面布置

观众厅、会议厅、多功能厅等人员密集场所，应设在首层或二、三层。当人员密集公共场所必须设在其他楼层时，应符合下列规定：一个厅、室的建筑面积不宜超过 400m²；一个厅、室的安全出口不应少于两个；当高层建筑内设托儿所、幼儿园时，应设置在建筑的首层或二、三层，并宜设置单独的出入口。

高层建筑的锅炉房宜离开高层建筑并单独设置。如受条件限制，锅炉不能与高层建筑分开布置时，只允许设在高层建筑的裙房内，但必须满足下列要求：锅炉的总蒸发量不应超过 6t/h，且单台锅炉蒸发量不超过 2t/h；不应布置在人员密集场所的上一层、下一层或贴邻，并采用无门窗洞口的耐火极限不低于 2h 的隔墙和 1.5h 的楼板与其他部分隔开，必须开门时，应设甲级防火门；应布置在首层或地下一层靠外墙部位，并应设置直接对外的安全出口。外墙开口部位的上方，应设置宽度不小于 1 米的不燃防火挑檐。

油浸电力变压器室和设有充油电气设置的配置室，不宜布置在高层民用建筑裙房内。如必须将可燃油油浸变压器等电气设备布置在高层建筑内时，应符合下列防火要求：可燃油油浸电力变压器的总容量不宜超过 1260kvA，单台容量不应超过 630kvA；变压器下方应设有储存变压器全部油量的事故储油设施；变压器室、多油开关室、高压电容器室，应设置防止油品流散的设施。

建筑上的其他防火要求与锅炉房相同，即应布置在自层或地下一层靠外墙部分，并应设置直接对外的安全出口。外墙开口部分的上方，应设置宽度不小于 1 米的不燃防火挑檐。

消防控制室宜设在高层建筑的首层或地下一层，且采用耐火极限不低于 2h 的隔墙和 1.5h 的楼板与其他部分隔开，并应设置室外的安全出口。

（二）工业企业的总平面布置

工厂、仓库的平面布置要根据建筑的火灾危险性、地形、周围环境以及长年主导风向等，进行合理布置，一般应满足以下要求：

1. 合理分区

规模较大的工厂、仓库，要根据实际需要，合理划分生产区、储存区（包括露天储存区）、地产辅助设施区和行政办公、生活福利区等。同一生产企业，若有火灾危险性大和火灾危险性小的生产建筑，则应尽量将火灾危险件相同或相近的建筑集中布置，以利采取防火防爆措施，便于安全管理，并应满足以下基本要求。

第一，厂区或库区围墙与厂区内建筑物的距离不宜小于 5 米，并应满足围墙两侧建筑物之间的防火间距要求；液氧储罐周围 5 米范围内不应有可燃物。变压所、配电所不应设在有爆炸危险的甲、乙类厂房内或贴邻建造。乙类厂房的配电所必须在防火墙上开窗时，应设不燃烧体密封固定窗。

第二，甲、乙类物品库房不应设置在建筑物的地下或半地下室内。

第三，厂房内设置甲、乙类物品的中间库房时，其储存量不宜超过一昼夜的需要量。中间仓库应靠外墙布置，并应采用耐火极限不低于 3h 的不燃烧体墙和 1.5h 的不燃烧体楼板与其他部分隔开。

第四，打爆炸危险的甲、乙类厂房内不应设置办公室、休息室。如必须贴邻本厂房设置时，应采用一、二级耐火等级建筑，并应采用耐火极限不低于 3h 的不燃烧体防火墙隔开和设置直通室外或疏散楼梯的安全出口。

第五，有爆炸危险的甲、乙类厂房总控制室应独立设置；其分控制室可毗邻外墙设置，并应用耐火极限不低于 3h 的不燃烧墙体与其他部分隔开。

第六，有爆炸危险的甲、乙类生产部门，宜设在单层厂房靠外墙或多层厂房的最上一层靠外墙处。有爆炸危险的设备应尽量避开厂房的梁、柱等承重构件布置。

2. 注意风向

散发可燃气体、可燃蒸气和可燃粉尘的车间、装置等，应布置在厂区的全年主导风向的下风或侧风向。物质接触能引起燃烧、爆炸的，两建筑物或露天生产装置应分开布置，并应保持足够的安全距离。如氧气站空分设备的吸风口，应位于乙炔站和电石渣堆或散发其他碳氢化合物的部位全年主导风向的上风向，且两者必须不小于 100 ~ 300 米的距离，如制氧流程内设有分子筛吸附净化装置时，可减少到 50 米。

（三）消防道路的设置

大型民用建筑及工业建筑人员、财富和生产力高度集中，一旦发生火灾，消防扑救非常困难。消防道路的合理规划是成功完成消防扑救的必要条件。设置消防道路的目的是在发生火灾后，使消防车顺利到达火场，消防人员迅速开展火火扑救。设计时，一般应根据当地消防部队使用的消防车辆的外形尺寸、载重、转弯半径等技术性能以及建筑物的体最大小、周围通行条件等建筑因素确定。

1. 消防车道设置的一般要求

第一，实际的规划设计中，消防车道一般可与交通道路、桥梁等结合布置。因此，消防车道下的管道和暗沟应能承受大型消防车的压力。并且，消防车道应尽量短捷，并见避免与铁路平交。如必须平交时应设置两车道，两车道之间的间距不成小于一列火车的长度。

第二，消防车道穿过建筑物的门洞时，其净高和净宽不应小于 4 米，门垛之间的净宽不能小于 3.5 米。

第三，消防车道的宽度不应小于 3.5 米，道路上空遇有管架、桥梁等障碍物时，其净高不应 3.5 米。

第四，当建筑物的沿街部分长度超过 150 米或总长度超过 220 米时，均应设置穿过建筑物的消防车道。建筑物的封闭内院，如其短边长度超过 24 米时，宜设有进入内院的消防车道。

第五，超过 3000 个座位的体育馆、超过 2000 个座位的会堂和占地面积超过 3000 平方米的库房或一座乙、丙类库房的占地面积超过 1500 平方米时，宜设置环形消防车道，如有困难，可沿其两个长边设置消防车道或设置可供消防车通行且宽度不小于 6 米的平坦空地。

第六，环形消防车道至少应有两处与其他车道连通。尽头式消防车道应设回车道或面积不小于 12 × 12 米的回车场。供大型消防车使均的回车场面积不应小于 15 × 15 米。

第七，消防车道一般应与建筑物保持一定距离。

2. 高层民用建筑消防车道的设置要求

高层民用建筑的周围应设环形消防车道。当设环形车道有困难时，可沿高层民用建筑的两个长边设置消防车通道。当高层民用建筑的沿街长度超过 150 米或总长度超过 220 米时，应在适中位置设置穿过高层民用建筑的消防车通道。设置消防车道应与底部裙房的空当相配合，以便让消防车能够驶近主体部分。

高层民用建筑应设有连通街道和内院的人行通道．通道之间的距离不宜超过 80 米。

消防车道的宽度不应小于 4 米，消防车道距离高层民用建筑外墙宜大于 5 米，当消防车道上空遇有障碍物时，路面与障碍物之间的净空不应小于 4 米。供消防车停留的空地，其坡度不宜大于 10%。

尽头式消防车道应设有回车道和车场，回车场不宜小于 15×15 米。大型消防车的回车场不宜小于 18×18 米。

穿过高层民用建筑的消防车道，其净宽和净高度均不应小于 4 米。

消防车道与高层民用建筑之间不应设置妨碍登高消防车能够靠近高层的主体建筑，以利于迅速抢救人员和扑火。在高层民用建筑进行总平面布置时，高层建筑的底边至少有一个长边或周边长度的1/4，且不小于长边长度，不应布置高度大于 5 米、进深大于 4 米的裙房，且在此范围内必须设置有直通室外的楼梯或立通楼梯间的出口。

（四）防火分隔设施

1. 防火墙

防火墙是水平防火分区的主要防火分隔物。一般来讲，防火墙的耐火极限都应在 3h 以上。设置防火墙时，其构造部分的处理应满足以下基本要求：

第一，防火墙应直接设置在基础上或钢筋混凝土的框架上；防火墙应截断燃烧体或难燃烧体的屋顶结构，且应高出非燃烧体屋面不小于 40 厘米，高出燃烧体或难燃烧体屋面不小于 50 厘米。

第二，当建筑物的屋盖为耐火极限不低于 0.5h 的非燃烧体、高层工业建筑屋盖为耐火极限不低于 1h 的非燃烧体时，防火墙（包括纵向防火墙）可砌至屋面基层的底部，不高出屋面。

第三，防火墙中心距天窗端面的水平距离小于 4 米，且天窗端面为燃烧体时，应采用防止火势蔓延的设施。

第四，建筑物的外墙如为难燃烧体时，防火墙应突出难燃烧体墙的外表面 40 里面，防火带的宽度从防火墙中心线起每侧不应小于 2 米。

第五，防火墙内不应设置排气道，民用建筑如必须设置时，其两侧的墙身截面厚度均不应小于 12 厘米。

第六，防火墙上应开门窗洞口，如必须开设时，应采用耐火极限不低于 1.2h 的甲级防火门窗，并应能自行关闭。有些国家则要求防火墙上不得安置任何玻璃窗，并对不同隔墙上镶嵌丝玻璃的面积作了具体的规定。

考虑到防火墙的防火安全，应严禁煤气、氢气、液化石油气等可燃气体和甲、乙、丙类液体管道弊过防火墙，其他管道如必须穿过时，应用非燃烧材料将缝紧密填塞。穿过防火墙处的管道保温材料应采用不燃烧材料。

为了防止火势从一个防火分区通过窗口烧到另一个防火分区，不应在 U 形、L 形建筑的转角处设置防火墙。如设在转角附近，内转角两侧上的门窗洞口之间最近的水平距离不应小于 4 米。紧靠防火墙两侧的门窗洞口之间最近的水平距离不应小于 2 米，如装有耐火极限不低于 0.9h 的非燃烧体固定的窗扇的采光窗（包括转角墙上的窗洞），可不受距离的限制。

设计防火墙时，应考虑防火墙一侧的屋架、梁、楼板等受到火灾的影响而破坏时，不致使防火墙倒塌。

2. 防火门

防火门是具有一定耐火极限，且在发生火灾时能自行关闭的门。防火门是一种防止火灾蔓延的有效防火分隔物，防火门的防火门锁，由手动及自动环节织成。发生火灾时，由感烟探测器或联动制盘发出指令信号使电磁锁动作，或用于拉防火门使固定销掉下，门关闭。

按照耐火极限不同，防火门可分为甲、乙、丙三级，其耐火极限分别是 1.2h、0.9h、0.6h。按照燃烧性能不同，可分为非燃烧体防火门和难燃烧体防火门。

钢质防火门即非燃烧体防火门，其构造不尽相同。如双层木板，两面铺石面板，外包镀锌铁皮。以上均可根据总截面尺寸的不同，而达到不同的耐火等级要求。经过耐火试验测定，仅用双层木板，外包镀锌铁皮，总厚度为 41 毫米的防火门，其耐火极限为 1.2h。双层木板外包镀锌铁皮、中间夹仓棉板、外包镀锌铁皮、总厚度为 45 毫米的防火门，其耐火极限为 1.5h；双层木板，双层木棉花，总厚度为 51 毫米的防火门，其耐火极限为 2.1h；木质防火门在火烧、高温的作用下，木板或其他难燃烧材料受热炭化会分解出大量的气体使外包镀锌铁皮膨胀而撑开，从而使防火门过早地失去阻火能力，因此应在铁皮上做泄气孔，泄气孔位置可设置在门的中心，且宜朝向易于起火房间一侧。

防火门作为一种防火分隔墙，不仅应具有一定的耐火极限，还应做到关闭后密封性能好，以免窜烟、蹿火而丧失防止火灾蔓延的作用。因此，宜在门扇与门框缝隙处粘贴防火膨胀胶条。目前，许多品牌的防火门与火灾探测器联锁或由火灾中心控制系统操作，还可以实现自动关闭功能。在具体选用防火门时，可参照生产厂家的具体说明。

3. 防火卷帘

防火卷帘是一种类似于防火门的防火分隔物，被广泛应用于大型营业厅、展览大厅以及敞开式楼梯间或电梯间处。防火卷帘有通用于门窗洞口、室内分隔的上下升启和横向开启式，亦合适用于楼板孔道等的水平开启式。火灾发生时，放下卷帘可起到一定的阻火作用，延缓火灾的蔓延速度，以利于人员的安全疏散和消防救助。

防火卷帘一般由钢板或铝合金等金属材料组成，也有以无机织物组合而成的软质防火卷帘。防火卷帘有轻型、重型之分。轻型卷帘钢板的厚度为 0.5 ~ 0.6 米；重型卷帘钢板的厚度为 1.5 ~ 1.6 毫米；厚度为 1.5 毫米以上的卷帘适用于防火墙或防火隔墙上；厚度为 0.8 ~ 1.5 毫米的卷帘适用于楼梯间或电动扶梯的隔墙。

防火卷帘的卷起方法，有电动式和手动式两种。手动式经常采用拉链控制，如在转轴处安装电动机则是电动式卷帘。电动机由按钮控制，一个按钮可以控制一个或几个卷帘，也可以对所有卷帘进行远距离控制。

安装防火卷帘时，对门扇各接缝处、导轨、卷筒等处的缝隙应做防火密封处理，以防烟火外窜。钢质防火卷帘一般不具备隔热性能，对于面积较大的钢质防火卷帘，最好结合水幕或喷淋系统共同使用，对其加以保护。软质卷帘有些可具有隔热性能，耐火隔热性根据制作方式的不同可达 3h。对门扇上易被燃烧的部分，应使用防火涂料进行喷涂，以提高卷帘的耐火能力。

第二节　城市防洪防灾工程

一、城市水灾及其防治

自古以来，洪涝灾害一直是困扰人类社会发展的最大的自然灾害之一。城市一旦遭受洪流灾害，就会给人民生命财产和国家经济造成巨大损失，因此搞好城市的防洪工作关系到一个地区或国家的兴衰和稳定，具有十分重要的意义。

洪水给人类正常的生产生活所带来的损失与祸患称为洪水灾害。洪水灾害是通常所说的水灾和涝灾的总称。水灾一般指因河流泛滥淹没田地所引起的灾害；涝灾指的是因过量降雨而产生地面大面积积水、土地过湿使农作物生长不良而减产的现象。由于水灾和涝灾往往同时发生，有时也难以区分，便把水涝灾害统称为洪水灾害。

（一）洪水灾害类型

洪水是由于暴雨或急骤的融冰化雪和水库垮坝等引起江河水量迅速猛增及水位急剧上涨的现象。洪水的形成往往受气候、地形地貌等自然因素与人类活动因素的影响。洪水按照出现地区的不同，可分为河流洪水、风暴湖洪水和湖泊洪水等。其中影响最大、最常见的是河流洪水，尤其是流域内长时间暴雨造成河流水位居高不下而引发堤坝决口对地区发展损害最大，甚至会造成大量人口死亡。河流洪水依照成因不同，可分为以下几种类型：

1. 暴雨洪水

这是最常见、威胁最大的洪水。它是由较大强度的降雨形成的，简称雨洪。我国受暴雨洪水威胁的主要地区大多分布在长江、黄河、淮河、珠江、松花江、辽河等6大江河中下游和东南沿海。此类洪水的主要特点是峰高量大、持续时间长、灾害涉及范围广。近代的几次著名水灾，如长江1954年大水、珠江1915年大水、海河1963年大水、淮河1975年大水等都属此类。

2. 山洪

它是山区溪沟中发生的暴涨暴落的洪水。由于地面和河床坡降都较陡，降雨后会较快形成急剧涨落的洪峰，所以山洪具有突发、水量集中、冲刷破坏力强、水流中挟带泥沙甚至石块等特点，常造成局部性洪灾。这种洪水如形成固体径流，则称为泥石流。

3. 融雪洪水

它主要发生在高纬度积雪地区或高山积雪地区。

4. 冰凌洪水

在有冰凌活动的河流，如松花江和黄河都有冰凌洪水。由于某些河段由低纬度流向高纬度，在气温上升、河流解冻时，低纬度的上游河段先行开冻，而高纬度的下游段仍封冻，上游河水和冰块堆积在下游河床，形成冰坝，也容易造成灾害。在河流封冻时也有可能产生冰凌洪水。一般可分为冰坝洪水和冰塞洪水。

5. 溃坝洪水

溃坝洪水是指大坝或其他挡水建筑物发生瞬时溃决，水体突然涌出，造成下游地区灾害。这种溃坝洪水虽然范围不太大，但破坏力很强。此外，在山区河流上发生地震时，有时山体崩滑堵塞河流，形成堰塞湖。一旦堰塞湖溃决，也形成类似的洪水。这种堰塞湖溃决形成的地震次土水灾的损失，往往比地震本身所造成的损失还要大。

（二）我国城市洪水灾害的特点

我国现有100多座大中城市处于洪水水位之下，受到洪水灾害的严重威胁。城市本身具有独特的地表形态和性质，如不透水地面面积大，有天然的和人工的地下管网等两套排水系统，导致地面径流系数大，水流速度快，时间短，下渗少。

我国城市洪水灾害主要有四大类型：第一类是洪水过大，超过了该江河近期防洪标准；第二类是很大一部分城市的防洪标准偏低，一遇普通洪水就造成灾害；第三类是河道或城市管理工作薄弱，每每侵占河道江滩，强行构筑生产堤坝，阻碍洪水下汇，或是盲目向河滩、坑塘发展城市建设，造成洪水一到，就会有重大损失；第四类是综合性因素，一、二、三种类型均兼而有之，洪灾造成的损失更为严重。具体来讲，我国的城市洪水灾害的特点如下：

1. 普遍性和多样性

我国地域辽阔，自然环境差异很大，具有产生多种类型洪水和严重洪水灾害的自然条件和社会经济条件。我国多数城市沿江河或者沿海普遍存在洪灾威胁。除沙漠、极端干旱区和高寒区，我国其余大约2/3的国土面积都存在不同程度和不同类型的洪水灾害。在我国的地貌组成中，山地、丘陵和高原约占国土总面积的 70%，山区洪水分布很广，并且发生频率很高。平原约占总面积的 20%，其中七大江河和滨海河流地区是我国洪水灾害最严重的地区，是防洪的重点地区。我国海岸线长达 18000 千米，当江河洪峰入海时，如与天文大潮遭遇，将形成大洪水。这种洪水对长江、钱塘江和珠江河口区威胁很大。风暴潮带来的暴雨洪水灾害也主要威胁沿海地区。我国北方的一些河流，有时会发生冰凌洪水。此外，即使是干旱的西北地区，例如西藏、新疆、甘肃和青海等地，也存在融雪、融冰洪水或短时暴雨洪水。

2. 区域性和差异性

我国洪水灾害以暴雨成因为主，而暴雨的形成和地区关系密切。我国暴雨主要产生于青藏高原和东部平原之间的第二阶梯地带，特别是第一阶梯与第三阶梯（东部平原区）的交界区，成为我国特大暴雨的主要分布地带。降雨汇入河道，则形成位于江河下游的东部地区的洪水。因此，我国暴雨洪水灾害主要分布于 50mm/24h 降雨等值线以东，即燕山、太行山、伏牛山、武陵山和苗岭以东地区。从社会经济条件来看，我国东南地区又是经济发达和人口稠密地区，单位面积上的洪水损失也最大，由此形成了我国洪水灾害区域性的特点。

3. 季节性和周期性

我国最基本、最突出的气候特征是大陆性季风气候，因此降雨量高明显的季节性变化。这就基本决定了我国洪水发生的季节规律。春夏之交，我国华南地区暴雨开始增多，洪水发生概率加大。受其影响的珠江流域的东江、北江，在 5～6 月易发生洪水，西江则迟至 6 月中旬～7 月中旬。6～7 月间主雨带北移，受其影响，长江流域易发生洪水。四川盆地各水系和汉江流域洪水发生期持续较长，一般为 7～10 月。7～8 月为淮河流域、黄河流域和辽河流域主要洪水期。松花江流域洪水则迟至 8～9 月。在季风活动影响下，我国江河洪水发生和季节变化规律大致如此。另外，浙江和福建由于受台风影响，其雨期和易发生洪水期持续时间较长，为 6～9 月。这是我国暴雨洪水的一般规律。在正常年份，暴雨进退有序，在同一地区停滞时间有限，不致形成大范围的洪涝灾害，但在气候异常年份，雨区在某区停滞，则将形成某一流域或某几条河流的大洪水。

4. 类似性和规律性

近几十年来我国发生的多次特大洪水，在历史上都可以找到与其成因和分布极为相似的特大洪水。例如著名的 1662 年海河流域特大洪水，是由 7 天 7 夜的大暴雨所造成的。暴雨主要分布在太行山东麓的大清河、子牙河流域，其中心位于隘阳河流域。这次暴雨的时空分布和 1963 年海阿南系大暴雨极为相似，都造成了流域性的特大洪水灾害。其他流域也有不同年份发生时空分布都极其相似的大洪水的情况，例如 1931 年和 1954 年长江中下游和淮河流域的特大洪水等。

5. 破坏性和突发性

与地球上同纬度的其他地区相比，我国洪水的年际变化和年内分配差异之大，是少有的。常遇洪水与非常遇洪水量级差别悬殊。洪水威胁的严重，从古至今，对我国社会和经济的发展都有着重大的影响。大江大河的特大洪水灾害，甚至带来全国范围的严重后果。据调查，我国主要江河 20 世纪中发生的特大洪水淹地数十万平方千米，受灾人口数百万至数千万，死亡人口数十万人，对生产力造成巨大破坏，甚至引起社会动荡。以 1931 年长江大水为例，洪灾遍及四川、湖北、湖南、江西、安徽、江苏等省，受灾面积达 15 万平方千米，淹没大面积农田，灾民达 2800 万人，死亡人数达 14.5 万人。黄河的水灾更加频繁，由于含沙量大，黄河决口还将严重危害相邻流域，其至造成水系变迁等问题，引起严重的环境后果。

6. 可预测性和可防御性

虽然不可能根治洪水灾害，但通过多方努力，还是可以缩小洪水灾害的影响程度和空间范围，以减少洪灾损失，达到预防的目的。同时，通过一些组织措施，可把小范围的灾害损失分散到更大区域，减轻受灾区的经济负担；通过社会保险和救济增强区域抗灾能力。新中国成立以来，我国兴建了大量堤防工程，其中水库 8 万多座，加高培厚江河大堤 20 多万千米，显著提高了防彻洪涝灾害的能力。洪灾监测研究已经从传统的雨量观测站网研究、水文观测站网研究发展到了当前结合传统观测站网的洪灾遥感监测研究的新阶段。应用遥感（RS）和地理信息系统（GIS）等高新技术对洪灾进行监测是当前及今后的重点研究课题。目前，人类不可能根治洪水灾害，但通过各种努力，可以尽可能地缩小灾害的影响。

（三）我国城市防洪策略

我国城市防洪的主要任务是加快防洪工程设施与非工程设施建设，防患于未然，确保防洪安全、适应城市经济社会发展需要。当前，我国城市防洪策略中需要注意以下几点：

1. 增强城市防洪意识

增强城市防洪工作，增强水患意识，去掉侥幸心理，按照《防洪法》的要求采取措施加强防洪工程设施建设。从综合减灾角度考虑防洪规划及应急预案。

2. 我国城方防洪标准普通偏低

据统计，全国 639 座防洪城市中有 85% 的城市防洪标准低于 50 年一遇，50% 的城市防洪标准低于 20 年一遇。对照国家防洪标准，全国 68% 的防洪城市低于国家规定标准，全国 78 座大城市和特大城市中仅有 11 座达到国家现行规定的防洪标准。由于城市防洪标准偏低，每年城市的洪涝灾害损失巨大，城市经济社会发展受到严重制约。

3. 保证城市防洪投入，加快防洪工程建设

城市防洪工程建设所需资金数额巨大，少则数千万元，多则数亿元。很多城市财政困难，实际用于城市防洪工程建设的投资远远个能满足工程建设要求。

4. 合理利用城市段河道的岸线和滩洲

城市段河道行洪障碍多、泄洪不畅，部分堤防堤脚冲刷严重，导致洪峰通过时间长，水位高，堤防防守压力大，受冲刷的堤防更是容易发生大的险情。1998 年汛期，松花江

洪峰在哈尔滨持续了 31h，长江洪峰在武汉持续了 26h，都大于洪峰通过上、下游水文站所用的时间。这种瓶颈现象在各主要城市表现得越来越明显，更增加了城市防洪难度。

5. 保证城市防洪工程的质量

特别是由于堤防基础较差，穿堤建筑物与堤防的结合不好，造成高水位下市区的堤防险象环生，不得不投入大量的人力、物力和财力。

6. 重视城市防洪工程的规划设计、施工和日常管理及维护

防洪规划是指为流域或区域、城市制定一套包括水库、蓄滞洪区利河道堤防等在内的比较经济合理、符合实际、切实可行、顾全大局以及讲科学的防洪工程总体部署，以期待改善耕地、人口、城镇、工矿企业及铁路等水陆交通干线的防洪安保条件，减少洪水给人民生命财产带来的损失。

7. 重视洪水预报工作

防汛斗争和作战一样，"知己知彼，百战不殆"。及时报告已出现的水文现象和预报未来可能的水文发展情况，对于防汛决策部门做好防汛准备工作是至关重要的。水文预报工作就是防汛的耳目。特别是在遇到超标准洪水时，根据洪水预报就可以有计划地进行水库调度，启用分蓄洪工程，组织防汛抢险队伍等，使洪涝灾害减至最低限度。

地震灾害及其防治

（一）城市地震灾害

1. 有关地震的几个概念

地震是在地球的地壳板块产生压力时产生的。地壳在释放压力时产生震动，导致对周围环境的损害。在地壳板块发生挤压的周围会产生地震波。据估计，即使是人们刚能感觉到的轻微地震也会放出 103 ~ 108 焦耳的能量，这些能量足以使 10000 吨重的物体升高 1 米；而一 8.5 级的大震，其能量约为 3.6×1017 焦耳，比一颗氢弹爆炸所释放的能量还大，相当于一个 106 千瓦发电站连续 10 年所发出的电能总和，可见其威力之大。

地震可以分为天然地震和人工地震两大类。天然地震主要是指构造地震、火山地震和某些特殊情况下（如岩洞崩塌、大陨石冲击地面等）产生的地震。构造地震是由于地下深处岩层错动、破裂所造成的地震。这类地震发生的次数最多，破坏力也最大，约占全球地震数的 90%。火山地震是由于火山作用，如岩浆活动、气体爆炸等引起的震动。火山地震所波及的地区通常只限于火山附近的几十公里远的范围内，而且发生次数也较少，只占地震次数的 7% 左右，所造成的危害较轻。陷落地震往往是出洞穴的崩塌所引起的。这种地震发生的次数更少，只占地震总次数的 3% 左右，震级很小，影响范围有限，破坏也较小。

人工地震是由于人为活动引起的地震。如工业爆破、地下核爆炸造成的震动；在深井中进行高压注水以及大水库蓄水后增加了地壳的压力，有时也会诱发地震。有时在人为条件下，也可能引起陷落地震。例如地下矿体被采掘后，使周围岩石失去支托，往往会引起崩塌而形成地震。这种地震有时也能造成灾难性的破坏。这种现象，在加拿大和南非等国家，特别是煤矿中常有发生。

2. 震源与震中

地震只发生于地球表面到 700 千米深度以内的脆性圈层中。地震时，地下岩石最先开始破裂的部位叫作震源，是地震能量积聚的地方。它是一个区域（也称震源区），但研究地震时常把它看成一个点。如果把震源看成一个点，那么这个点到地面的垂直距离就为震源深度。

地面上正对着震源的那一点称为震中，实际上也是一个区域，称为震中区。在地面上，从震中到任一点的距离叫作震中距。

按震源深度不同可把地震分为 3 种类型：震源深度为 0 ~ 70 千米的称为浅源地震，70 ~ 300 千米的称为中源地震，300 ~ 700 千米的称为深源地震。世界上绝大多数地震都是浅源地震，震源深度集中在 5 ~ 20 千米。中、深源地震较少，约占地震总数的 5%。对于同样大小的地震，当震源较浅时，波及范围较小，破坏程度较大；当震源深度较大时，波及范围则较大、而破坏程度相对较小。深度超过 100 千米的地震在地面一般不会引起灾害。

3. 震级

地震震级是地震的基本参数之一，用以表征地震大小或强弱，是地震释放能量多少的尺度，其数值是根据地震仪记录的地震波图来确定的。

震级一般有 3 种定义：里氏震级或地方震级 ML、面波震级 M 和体波磋级 MB。目前，国际上比较通用的是里氏震级，其定义为 1935 年美国地震学家里克特给出的，通过一次地震所能释放能量的程度来表示。

小于 2 级的地震人们往往感觉不到，只有仪器才能记录下来，称为微震；2 ~ 4 级的地层称为有感地震；5 级以上的地震就会引起不同程度的破坏，统称为破坏性地震；其中 7 级以上的地震称为强烈地震或大地震；大于 8 级的地震称为特大地震。

（二）地震烈度

对于一次地震，表示地震释放能量大小的震级只有一个，但由于地震波传播的远近和地下地质特性的差异，它对不同地点的影响是不一样的。对于地震的破坏程度，人们通常是用"地震烈度"这一概念来讨论的。所谓地层烈度是指某地区的地面和各类建筑物遭受到一次地震影响的强弱程度。地震烈度的大小与震源、震中、震级、地质构造和地面建筑物等综合特性有关。一般来说，距震中越远，地震影响越小，烈度就越低；反之烈度就越高。震中点的烈度称为"震小烈度"。

为评定地震烈度，需要建立一个标准，这个标准就称为地层烈度表。它是以描述震害宏观现象为主的，即根据建筑物的损坏程度、地貌变化特征、地层时人的感觉、家畜动作反应等方面进行区分。由于对烈度影响轻重的分段不同，以及在宏观现象和定量指标确定方面有差异，加上各国建筑情况及地表条件的不同，各国所制定的烈度表也就不同。目前，除了日本来用从 0 ~ 7 度共 8 等的烈度表、少数目家用 10 度划分的地震烈度表，绝大多数国家包括我国都采用分成 12 度的地震烈度表。

（三）城市地震灾害及其特点

地震灾害是城市众多灾害中最为严重的，可谓"百害之首"。地球上的地震活动十分频繁，全球每年平均发生地震约 500 万次，可能造成破坏的地震约 1000 次，可能造成严重破坏的地震约 20 次。

地震最引人注目的特点是它的突发性与破坏力。它可在瞬间给整个城市造成巨大灾难。如 2008 年 5 月 12 日发生在我国汶川的 8.0 级地震，顷刻间使一座城市成为一片废墟，地震除给人类带来直接灾害，往往也可能伴生火灾、水灾和海啸等次小灾害：例如，1755 年里斯本地震、1906 年旧金山地震和 1925 年云南大理地震等，其震后的破坏都是由火灾造成的，而且比地震直接造成的损失还大。2004 年 12 月 26 日发生在印度洋的大地震，一些地区的海啸高达 10 多米，这次地震及其引发的大海啸对东南亚及南亚地区造成巨大伤亡。

总体来讲，城市地震灾害具有以下特点：

1. 城市地震灾害的严重性

城市地震灾害的主要特点是：直接灾害是最主要的地震灾害，发展中国家、平原区城市和楼房屋灾尤其严重。据世界主要地震资料统计，由于房屋倒塌和生命线工程的破坏造成的人员伤亡和财产损失是地震最主要的灾害，其造成的损失约内全部地震报失的 95%。

以我国为例，由于地震活动频繁，地震震级偏高，大多数地震震源较浅，加上入门多而且密集，房屋建筑的抗震能力差等实际情况，因此我国的地震灾害显得特别严重。例如，在 20 世纪，全球因地震死亡的人数约 100 万人，其中我国约 60 万人，超过全球地震死亡人数的 50%。同一时段，全球共发生造成 20 万人以上死亡的大地震两次，都发生在我国，一次是 1920 年宁夏海原 8.5 级地震，造成 235 万人死亡，一次是河北唐山 7.8 级地震，造成 24.4 万人死亡。根据统计，我国地震灾害造成的人员伤亡占各种自然灾害伤亡总数的 54%。由此可见，我国的地震灾害是相当严重的。

2. 城市地震灾害的连锁性

由于城市空间的集中性、人们的密集性以及经济的多样性等特点，城市地震的次生灾害、诱发灾害种类多，而且形成的灾害链较长。

地震火灾是最为严重的次生灾害，如 1906 年美国旧金山 8.3 级地震，全市 50 多处起火，因消防系统破坏无法救火，大火烧了三天三夜，火灾造成的损失比直接损失高 3 倍。由地震引起的毒气污染也相当严重。1978 年唐山地震时，在天津市发生毒气污染 7 起，18 人中毒，3 人死亡。此外，还有由于地震引起的瘟疫、滑坡、火灾、放射性污染等次生灾害。总之，地震灾害链显示出了种类纷繁的特点。

（四）地震的防治

纵观上述国内外地震灾害防抗对策的现状，可以明显看出世界各国的地震防抗对策具有以下几个特点：

1. 以防为主，各有侧重

世界各国对地震灾害均确定了以预防为主的方针，但在具体实施时则因各国的地震预报水平和经济实力等情况不同而有很大差别。工业发达国家的经济实力强，因而多注重地震工程学研究，加强抗震设计，提高建筑物的抗震防灾能力。如日本是以加强灾害预测和地震工程抗灾设计为减灾的主要手段，在某种意义上讲属于防、抗、救三者结合的方法。对于经济实力不强的发展中国家，多采取灾时及时快速抢救、灾后援助重建措施来减轻灾害，如土耳其、秘鲁等国。中国的具体措施是力争做好地震的临时预报，同时加强中长期趋势的预测和地震区划等工作，加强建筑物抗震设计、城市防灾设防等；在震灾发生时及时抢险救灾。从某种程度一上讲，我国也是以救灾为重点的抗震减灾方针。

2. 全面防御，重点突击

对于地震灾害来讲，有的地区多震，有的地区少震，有些地区虽多震但震害并不严重，另外一些地区地震不多但灾害严重。因此，各国在抗震救灾时十分重视全面防御、重点突击的策略。

3. 多学科综合研究

地层灾害的影响因素广泛而复杂，探索其成因、过程、特点和后果涉及许多学科，如地质学、地球物理学、地球化学、地球动力学、工程学和社会科学等。因此，各国都十分重视多学科的综合研究，通过联合与协作促进地震灾害研究的发展。

4. 应用新技术新理论探索地震灾害

新理论新技术的引进和应用在减轻地震灾害方面发挥了重大作用。美国、俄罗斯、日本和中国在运用现代空间技术和计算机技术发展地震科学方面取得了明显的成果。系统论、控制论、信息论和耗散结构论、灾变论、协同论以及分形几何学、混沌论等现代系统科学也被应用于地震科学的研究。理论分析与观测实验、定性分析与定量研究、空间技术与全球观测相结合的方式，使当今地震学和地震灾害对策研究正在向综合化、全球化、立体网络化方向发展。

5. 充分发挥政府的决策指导作用

政府在防御对策中的重要地位和作用是不容忽视的，地震多发国家在这一点上已经形成了共识。美国、日本和中国等国家在制定和实施防御对策规划中都特别强调政府在其中的决策作用、协调作用、指挥作用等。此外，政府在国土规划、防火计划、建筑规范、法律条例、地震知识宣传、防灾演习训练等方面也起着关键作用。

（五）地震灾害防御对策的发展趋势

国际上地震灾害防抗对策工作在最近几年有了很大的发展，尤其是国际减灾十年活动在世界范围开展以来，各国政府、科学技术界都在开展灾害防御的基础研究和应用研究工作。未来地震灾害防御对策的发展趋势主要表现为以下几个方面。

1. 防、抗、救一体化

从地震灾害的监视、预测、预报到抗震抢险救灾形成有机结合是未来地震灾害防御对策的发展趋势之一。在有地震危险的地区，从中央到基层成立防灾应急组织、制订防灾计划、颁布各种防灾法律和条例。这是灾害科学不断发展的一个必然趋势。

2. 防灾对策系统化

灾害科学研究结果说明，每一种灾害都是一个系统，各灾害系统的相互影响和相互作用又形成了复合的灾害系统。复合灾害系统所作用的对象是人类社会及其环境。它们的相互作用则造成了更加错综复杂的系统。因此，必须从系统科学的角度综合制定防灾对策，使减轻地震灾害工作系统化。

3. 防、抗、救对策最佳化

防灾对策发展的一个重要问题是探讨一个最佳对策，即采取的措施、对策等得以用最小的投入获取最大的效益：由于各国的经济实力、国情、灾情不一样，对本国地震灾害采取什么样的最佳减灾对策是各国政府考虑的一个实际问题，最佳化也是未来地震灾害防御对策的发展趋势之一。

4. 抗震减灾法规化

制定相应的法规，可确保震前防御、震时应对、震后重建的全面防震减灾措施得到落实。对我国来讲，未来的抗震减灾道路是建立和健全具有中国特色的防震减灾系统，将地震预报的经验和成果与危险性评估相结合，逐步走上防震减灾的法制化道路。

5. 地震灾害研究与防震成灾的国际化

地震的发生，尤其是破坏性大地震，其影响范围很大。在一国发生的大地震，有时使邻国也受到破坏。若震后救灾与重建不及时，可能有大量难民涌入邻国。地震灾害的科学研究成果具有推广价值，对他国具有参考价值。一国的大地震，需要各国科学家共同研究和考察，接受经验教训。有些大的灾害，一国经济力量承担不了，需要国际上的支持和援助。因此，地震灾害研究和防震减灾必须发展国际化、双边性或区域性的合作研究。

6. 建立防震减灾应急决策信息系统

破坏性地震发生后能否快速准确地做出决策，并采取相应措施，直接关系到能否尽可能多地拯救灾民生命、减少财产损失。要做到这一点，提出符合实际的震后灾害快速评估十分重要，特别是对震后区内重大工程与生命线工程的破坏现状进行快速评估更加重要。因此，建立基于地理信息系统的防震减灾应急决策系统也是未来地震灾害防御对策的发展趋势之一。防震减灾应急决策信息系统应融合地理学、地震学、工程地震学、系统理论和信息科学、计算机技术等知识，其核心是地震灾害损失快速预估子系统和地震应急决策信息子系统。这系统可直接为有关政府部门的地震应急指挥服务。

三、滑坡、崩塌、沉降、泥石流及其防治

（一）滑坡

在自然地质作用和人类活动等因素的影响下，斜坡上的岩土体由于重力作用沿一定软弱面（或软弱带）整体或局部保持岩土结构而向下滑动的过程和现象及其形成的地貌形态，称为滑坡。滑坡的发育是个缓慢而长期的变化过程，通常分为三个阶段：蠕动变形阶段、滑动破坏阶段和压密稳定阶段。

1. 滑坡的危害

灾害的广泛发育和频繁发生使城镇建设、工矿企业、山区农村、交通运输、河运航道及水利水电工程等受到严重危害。

著名山城重庆是我国西南地区重要的经济中心，由于所处的特殊地质地理环境和强烈的人类活动影响，滑坡、崩塌灾害频繁，已成为影响居民生活和城市建设的主要因素之一。自1949年以来，重庆市已发生几十次严重的滑坡、崩塌灾害。如1985年王家坡滑坡，造成102户居民被迫搬迁，并严重危及重庆火车站的安全；1986年7月，向家坡、老君坡等多处滑坡，造成16人死亡，3人重伤，多处房屋被毁；1998年8月中旬，重庆市巴南区麻柳嘴镇和云阳县帆水乡大面村分别发生特大型滑坡灾害，500户房屋全部被毁，1000余人无家可归，直接经济损失超过8000万元。据最新调查资料，重庆市201.59平方米范围内，共有体积大于500立方米的新、老滑坡129处，其中66处滑坡处于潜在不稳定成活动状态。

2. 滑坡的防治

滑坡整治工程大致可分减滑工程和抗滑工程两大类。减滑工程主要是改变滑坡的地形、土质、地下水等的状态使滑坡得以停止或缓和，包括排水工积及挖方减重工程等。而抗滑工程则主要是利用抗滑构筑物来支挡滑坡运动的一部分或全部，使其附近及该地段的设施及民房等免受其害，包括抗滑挡土墙和抗滑桩等，这类工程主要用来制止小型滑坡或者大型滑坡的一部分，或者改变滑坡的方向。

一般来讲，治理滑坡的方法主要有"砍头""压脚"和"捆腰"三项措施。"砍头"就是用爆破、开挖等手段削减滑坡上部的重量；"压脚"是对滑坡体下部或前缘填方反压，加大坡脚的抗滑阻力；"捆腰"则是利用锚固、灌浆等手段锁定下滑山体。

3. 滑坡防治原则

（1）综合治理，有主有次

由于滑坡往往是由多种因素综合作用形成的，必须在查明其工程地质条件的基础上，深入分析其稳定性和危害性，找出影响滑坡的因素及相互关系，综合考虑，全面规划，采用综合的方法来治理。同时，在综合整治的规划下，又要抓住主要矛盾，对诱发滑坡的主要因素，首先采用有效措施控制其发展；然后针对各次要因素，修筑各种辅助工程，使滑

坡最终趋于稳定。根据危害对象及程度，正确选择并合理安排治理的重点，保证以较少的投入取得较好的治理效益。

（2）及时治理，防患未然

滑坡并非一种突然出现的变形现象，而是有其发生发展的过程。在其活动初期，治理往往较容易。但到了滑坡的成熟期，治理工作就复杂困难得多。因此，治理滑坡，贵在及时。以长期防御为主，防御工程与应急抢险工程相结合；应急抢险工程应尽可能与防御工程衔接、配套。

（3）生物工程措施与工程措施相结合，治理与管理、开发相结合

工程治理的方法很多，诸如蓄水工程、分水工程、排水工程、拦挡工程、爆破工程、锚固工程、减载工程、反压工程、护坡工程、停淤工程、排导工程、洞体工程等。工程治理作用明显、见效快，缺点是成本高、专业性强且效果不易持久。

生物工程治理是指通过喷洒草种、移植草皮等增加植被覆盖，应用先进的农牧科学技术对山地资源开发利用，以减少水土流失，削减地表径流和控制松散固体物质补给，进而抑制滑坡的发生并促进生态环境的良性发展。生物治理功效持久，成本低，方法较简单，容易广泛开展，能较好地与经济开发相结合。因而生物治理与工程治理可以互为补充。

（4）力求根治，以防后患

对于大型滑坡，治理工作由临时工程、前期工程、根治工程来相互配合。但对于小型滑坡，则力求一次根治。

（5）因地制宜，就地取材

治理滑坡应根据滑坡的具体条件和该地区的自然环境，因地制宜进行方案选择。同时，应选择本地区现有的材料来设计抗滑工程，以尽量节省工程费用。讲求实效，治标与治本相结合。大、中型滑坡一般以搬迁避让为主，对不能采取搬迁避让措施的，才进行工程治理。治理过程中，针对滑坡形成的诱发因素，分清主次，合理选样治理方案。

（6）正确施工，安全经济

治理滑坡工程，应选择适当的时间与位置、方向来进行。要求使工程量大小适宜，并保证安全。

根据预防为主的原则，在建设项目选择场址时，应查明是否有滑坡存在，对场址进行稳定性评价，应尽量避开对场址有直接危害的大、中型滑坡。对于已有的城镇或交通线路，则应通过预测滑坡可能带来的灾害程度，通过费用权衡后，来决定是进行城镇搬迁、线路改道，还是进行防滑工程。

当必须在滑坡区内修建土木工程时，设计必须注意下列几点：

第一，尽可能少在滑坡前缘和滑坡体部位开挖或在滑坡体后部填土。必须验算滑坡体的稳定性，并修建必要的防治工程。

第二，由于开挖、填土而使地形有较大变化时，要注意排除地表水与地下水。

第三，修建道路或房屋时，应注意其斜坡上部是否有蓄水的情况，如果有，应及时疏干。

第四，在施工和竣工后，要注意裂缝、隆起、陷落等异常现象，要根据需要设置监视器，根据裂缝的开裂情况来确定是否停工或转移。

第五，水库第一次蓄水或水位突然变化时，发生滑坡的可能性增大。

（二）崩塌

崩塌（崩落、垮塌或塌方）是较陡斜坡上的岩土体在重力作用下突然脱离母体崩落、滚动、堆积在坡脚（或沟谷）的地质现象。大小不等、零乱无序的岩块（土块）呈锥状堆积在坡脚的堆积物，称崩积物，也可称为岩堆或倒石地。崩塌的过程表现为岩块（或土体）顺坡猛烈的翻滚、跳跃，并相互撞击，最后堆积于坡脚，形成倒石堆。崩塌的主要特征为：下落速度快、发生突然；崩塌体脱离母岩而运动；下落过程中崩塌体自身的整体性遭到破坏；崩塌物的垂直位移大于水平位移。具有崩塌前兆的不稳定岩土体称为危岩体。

按崩塌体的物质组成分为两大类：一是产生在土体中的，称为上崩；二是产生在岩体中的，称为岩崩。

1. 崩塌的危害

崩塌常使斜坡下的农田、房屋、水利水电设施及其他建筑物受到伤害，有时还造成人员伤亡。铁路、公路沿线的崩塌则阻塞交通、毁坏车辆，造成行车事故和人身伤亡。为了保证人身安全、交通畅通和财产不受损失，对具有崩塌危险的危岩体必须进行处理，从而增加了工程投资。整治一个大型崩塌往往需要几百万甚至上千万元的资金。

2. 崩塌的防治

崩塌的治理应以根治为原则，当不能清除或根治时对Ⅱ、Ⅲ类崩塌区可采取下列综合措施：

第一，遮挡。在Ⅲ类崩塌区，对于在雨季才发生活动的坠石、剥落或者小型崩塌活动，可在岩石崩落滚动途中修建落石平台、落石槽和挡石墙，以拦截落石，防止破坏建筑设施，也可修筑明洞、棚洞等遮挡建筑物。

第二，设置平台或挡石墙、拦石网。对于Ⅱ、Ⅲ类崩塌区，当线路工程或建筑物与坡脚有足够的距离时，可在坡脚或半坡设置平台或拌石墙、拦石网。

第三，支撑加固。对于Ⅰ类崩塌区，在危石的下部修筑支柱、支墙。亦可将易崩塌体用锚杆、锚索与斜坡稳定部分联固。灌浆加固，增加岩体稳定性，提高岩体强度。在软基发育部位，根据形成的风化凹腔的规模和形态，采用嵌补、支撑和喷浆护壁等方法保护加固。

第四，镶补勾缝。对于Ⅲ类崩塌区，对岩体中的空洞、裂缝用片石填补、混凝土灌注。

第五，护面。对易风化的软弱岩层，可用沥青、砂浆或浆砌片石护面。

第六，排水。设排水工程以拦截、疏导斜坡地表水和地下水，堵塞裂隙和孔洞，防止过量水进入危岩斜坡，从而提高危岩稳定程度，减少地塌的发生。

第七，刷坡。在危石突出的山嘴以及岩层表面风化破碎不稳定的山坡地段，可刷缓山坡。对规模小、危险程度高的危岩体采用静态爆破或者手工方法予以清除。对规模较大的危岩体，难以全部清除隐患，可在危岩体上部清除部分岩土体以降低临空面的高度，减小斜坡坡度和上部荷载，提高斜坡稳定性，从而降低危险程度，减少其他防治措施的工程量。

（三）地面沉陷

地面沉降又称为地面下沉或地陷，是指在自然和人为因素影响下，由于地下松散土层固结压缩，在一定的地表面积内所发生的地面水平面降低的工程地质现象。

我国出现地面沉降的城市较多，按发生地面沉降的地质环境可分为3种模式。

一是现代冲积平原模式。如我国的几大平原。

二是三角洲平原模式。尤其是在现代冲积三角洲平原地区，如长江三角洲就属于这种类型。常州、无锡、苏州、嘉兴、萧山的地面沉降均发生在这种地质环境中。

三是断陷盆地模式。又可分为近海式和内陆式两类。近海式指滨海平原，如宁波；而内陆式则为湖冲积平原，如西安市、大同市的地面沉降可作为代表。不同地质环境模式的地面沉降具有不同的规律和待点，在研究方法和预测模型方面也应有所不同。

另外，根据地面沉降发生的原因还可分为：抽汲地下水引起的地面沉降；采掘固体矿产引起的地面沉降；开采石油、天然气引起的地面沉降；抽汲卤水引起的地面沉降。

1. 城市地面沉降的危害

地面沉降所造成的破坏和影响是多方面的。其主要危害表现为地面标高损失，继而造成雨季地表积水，防洪能力下降；沿海城市低地面积扩大、海提高度下降引起海水倒灌；海港建筑破坏，装卸能力降低；地面运输线和地下管线扭曲断裂；城市建筑物基础下沉脱空开裂；桥梁净空减小，影响通航；深井井管上升，井台破坏，城市供水及排水系统失效；农村低洼地区洪涝积水，使农作物减产等。我国已开始重视这个问题，控制人口增长、合理开采地下水等一系列政策的出台使我国很多地区的地面沉降现象已经或将要得到控制。

（1）滨海城市海水侵袭

世界上有许多沿海城市，如日本的东京市、大阪市和新泻市，美国的长滩市，中国的上海市、大津市、台北市等，由于地面沉降致使部分地区面标高降低，甚至低于海平面。这些城市经常遭受海水的侵袭，严重危害当地的生产和生活。为了防止海潮的威胁，不得不投入巨资加高地面或修筑防洪墙和护岸堤。如中国上海市的黄浦江和苏州河沿岸，由于地面下沉，海水经常倒灌，影响沿江交通，威胁码头仓库。1956年修筑防洪墙，1959～1970年间加高5次，投资超过4亿元。为了排除积水，不得不改建下水道和建立排水泵站。1985年8月2日和19日，天津市沿海海水潮位达5.5米，海堤多处决口，新港、大沽一带被海水淹没，直接经济损失达12亿元。1992年9月1日，特大风暴潮再次袭击天津，潮位达5.93米，有近100千米海堤漫水，40余处溃决，直接经济损失达3亿元。虽然风暴潮是气象方面的因素引起的，但地面沉降损失近3米的地面标高也是海水倒灌的重要原因。

地面沉降也使内陆平原城市或地区遭受洪水灾害的频次增多、危害程度加重。可以说，低洼地区洪涝灾害是地面沉降的主要致灾特征。江汉盆地沉降、洞庭湖盆地沉降和辽河盆地沉降加重了 1998 年中国大洪灾。

（2）港口设施失效

地面下沉使码头失去效用，港口货物装卸能力下降。美国的长滩市因地面下沉而使港口码头报废。我国上海市海轮停靠的码头，原标高 5.2 米，至 1964 年已降至 3.0 米，高潮时江水涌上地面，货物装卸被迫停顿。

（3）桥墩下沉，影响航运

桥墩随地面沉降下沉，使桥下净空减小，导致水上交通受阻。上海市的苏州河原先每天可通过大小船只 2000 条，航运量达（1000～1200）×102 吨，由于地面沉降，桥下净空减小，大船无法通航，中小船只通航也受到影响。

（4）地基不均匀下沉，建筑物开裂倒塌

地面沉降往往使地面和地下遭受巨大的破坏，如建筑物墙壁开裂或倒塌、高楼脱空、深井井管上升、井台破坏，桥墩不均匀下沉，自来水管弯裂漏水等。我国江阴市河塘镇地面塌陷，出现长达 150 米以上的沉降带，造成房屋墙壁开裂、楼板松动、横梁倾斜、地面凹凸不平，约 5800 立方米建筑物成为危房。地面沉降强烈的地区，伴生水平位移所造成的巨大剪切力，使路面变形、铁轨扭曲、墙壁错断倒塌、高楼支柱和桁架弯扭断裂、油井及其他管道破坏。地面下降，一些园林古迹遭到严重损坏。如我国苏州市朴园内的亭台楼阁、回廊假山，经常被水淹没，园内常年备有几台水泵排水。

2. 城市地面沉降的防治

由于地面沉降基本上是不可完全复原的，因此，对于尚未发生沉降的地区，应积极采取措施加以预防，而对于已产生沉降的地区，则应加以整治，以防止或减缓地面沉降的发展。

对已发生地面沉降的地区，则有以下几种方法：

第一，压缩地下水开采量，减少水位降深幅度。在沉降剧烈的情况下地下水。

第二，向含水层进行人工回灌。此时要根据地下水动态和地面沉降规律，制定合理的采灌方案。回灌要严格控制水源标准，防止地下水被污染。

第三，调整地下水开采层次，适当开采更深层的地下水。

第四，采用充填开采法、条带开采法以及井下支护和岩层加固措施等。

提倡以防为主，防治结合的原则。采取"超前"治理行为。对可能发生地面沉降的地区，应预测地面沉降的可能性及其危害程度，并采取相应的防治办法。结合水资源评价，研究确定地下水资源的合理开采方案，从而在地面沉降允许的范围内抽取地下水。采取适当的建筑措施，避免在沉降中心或严重沉降地区建设一级建筑物。在规划设计中，应充分考虑可能发生的地面沉降。

三、城市防灾

虽然在历史上被灾害毁灭的城市不胜枚举，灾害给人类的生命和财产造成了极大的损失，给生产力的发展造成了巨大障碍，但人类社会却越来越繁荣，世界上的城市也越来越多。原因在于任何事物都有其相对性，灾害也是如此，它以其迅急的突发性和巨大的毁灭性向人类提出挑战，而人类却在防灾救灾过程中逐渐丰富和发展了自己，进而形成了科学体系，并通过先进的科学技术研究城市灾害的防治，从而取得了不断地进步。城市防灾由此而创立和发展起来。可以说，人类对于城市灾害本质的认识是随着时代的进步、经验的积累和科技的发展而不断提高的。

（一）城市防灾的必要性、可能性及特殊性

城市是繁荣之地，是国家和地区的经济、政治、文化、科技中心和交通枢纽、是人口和国家财富的集中地；同时，城市又是多灾之地，是国家防灾减灾的中心和重点。由于城市对灾害的放大效应，所以几乎所有的大灾大难都发生在城市。随着城市化的推进，21世纪初我国已有1/3的人口聚集在城市之中，城市的综合防灾任务显得越来越重要。

城市防灾不仅必要，而且存在可能，可以从测、报、防、治、救这五个方面展开。这五项工作都需要高智商的专业人才，现代化的设备，科学的防灾规划，高效能的救灾队伍。城市，特别是大城市在这些方向有较好的基础。

城市人口、建筑、企业密度大，现代化设施集中，技术较发达，交通、通信、电力、水暖等生活支持网络与排污设施既自成体系，又互相关联，因而结构复杂，生产与生活对工程技术条件的依赖性较强。因此，在防灾减灾管理方面，城市具有以下的特殊性：

第一，人口、建筑、财产集中，因此防灾抗灾的难度较大。国内外造成严重人员伤亡的大地震无不发生在城市与经济发展程度较高的地区；如中国1976年那次发生于大城市唐山的大地震，死亡24.4万人。而有些人烟稀少地区地震的级别虽更大，伤亡却甚少。全国城市平均人口密度为全国平均人口密度的两倍多，城市越大，人口密度也越大，特别是100万以上人口的特大城市。

第二，城市对交通、电力、通信、供水、供气等生命线系统的依赖性强。这些工程往往结构复杂，管线纵横交错，抗灾难度较大，加上我国城市受经济发展水平所限，有些工程的质量又难以充分保证，布局不尽合理，且许多技术设备也较为落后，破坏后修复不易。而且局部的破坏就有可能造成停工停产、生活困难或其他社会活动的障碍。随着计算机信息网络成其他现代技术的发展，还会出现新的防灾难题。

城市的救灾关键单位（重点防灾单位）较多，如党政首脑机关、重要文物与文化单位、大型企业等，这也增加了救灾难度。

第三，防止次生灾害的难度较大。因建筑物密度大，电、易爆气体或液体、易爆物、有毒物质较为集中，次生灾害的频次、爆炸、有毒有害物质污染等，次生灾害造成的人员

伤亡与财产损失有可能比地震直接造成的还严重。中国城市大多历史悠久，一般都存在街道狭窄、互通性较差、老旧的低质量房屋较多、建筑密度大的老城区，易发生火灾等次生灾害，且救援困难。

第四，城市救灾的回旋余地较小。城市，特别是较大的城市往往难以找到足够的、具有一定规模（要求并不高）的地震避难场地。道路的选择性一般也不大。尤其是震后街道、道路堵塞较为严重时，人员疏散和救援力量的进入皆会受阻，速度与效率都是低水平的，而农村这方面会相对较好。

（二）城市防灾的主要工作

人类在城市化发展的同时也在为发展付出代价。每一座城市都必须考虑自身可持续发展的保障条件，而深入研究城市防灾减灾问题，以不断增强城市防御灾害和减轻灾害之能力的城市防灾学学科建设，便成为国家现代化建设中的一项战略性任务，它关系到国家和社会的稳定，关系到一个国家或一个地区的经济大局，是全国防灾工作的重点，加强和搞好城市防灾是保障我国改革开放、持续稳定发展的大事。

自1990年以来，国内外开始格外关注城市防火减灾的综合研究。所谓"城市防灾"，就是尽可能地防止城市灾害的发生以及防止城市所在区域发生的灾害对城市造成不良影响。所谓"城市减灾"，包含了两重含义：一是采取措施以减少城市灾害发生的次数和频率；二是要减轻灾害对城市所造成的损失。实际上城市防灾减灾工作还应包括对城市灾害的监测、预报、防护、抗彻、救援和灾后恢复重建等多方面工作。针对我国城市防灾形势，我国城市防灾减灾府坚持"预防为主、防治结合、防救结合"的方针，建立与城市经济社会发展相适应的城市灾害综合防治体系，综合运用工程技术、法律、行政、经济及教育等手段，提高城市的防灾减灾能力，为城市可持续发展提供可靠的保证。

进行城市防灾需要强化防灾减灾的基础工作，城市自然灾害的防灾的背景工作至少包括：城市人文生态环境建设、城市规划与建设以及公共设施的完善；加强防灾工作的立法。另外，城市防火是一门专业性很强的工作，必须尊重知识、尊重科学，使防灾综合机构、专业部门、决策部门和市民之间，形成一个高效率的社会防灾减灾网络。

增强城市综合防灾意识，提高对城市防灾减灾工作员要性的认识。必须通过加强综合防灾教育和其他切实可行的办法，充分利用公共传播媒体进行安全教育，营造一个社会关心城市灾害的氛围，实行终身防火教育（从学童至暮年都应具备一定的防灾知识），进行有针对性的职业防灾教育，发挥家庭教育的作用，实行课堂与现场教育相结合，开展经常性的防灾演练与宣传活动，使全体人民熟悉各种城市灾害源的发生和发展规律，防治方法方面的基本知识，深刻意识到灾害在现代化城市中发生所造成危害的综合性、广泛性和严重性。

（三）制定城市综合防灾规划

城市防灾规划是促进城市发展的有效措施，从城市的可持续发展战略来看，城市防灾规划不仅是制对城市建设的专门问题，更是对城市的发展提供了极为重要的安全保障。没有城市防灾规划的城市设计和建筑创作很难说是在促进城市发展，某种意义上是一种"建设性破坏"。

城市防灾是一项综合系统工程，应编制各种防灾专项规划，各专项规划要协调统一，相互配合，形成城市综合防灾规划。城市综合防灾规划应当作为城市规划的一项重要内容。在城市规划时，综合采取应有的防灾对策能起到其他措施不可替代的作用，从而可以取得事半功倍的效果。

城市的地形、地貌、地质、水文等条件往往决定了城市地区未来可能遭受的灾害及其影响程度。因此，在城市用地布局规划时，特别是消防、医疗、应急指挥等重大工程选址时应尽量避开灾害易发区或灾害敏感区，合理布置，避免布置在地质不稳定地区、洪水淹没区、易燃易爆设施与化学工业及危险品仓储区附近，以保证救护设施的合理分布与最佳服务范围及其自身安全。要强化生命线工程的防灾能力，保证受灾时，通信、供电、供水等基础设施具有必要的适应性。

城市道路系统是城市布局的骨架，对城市的防灾抗灾有着重要的影响。城市干道必须与市区或郊区的永久或者临时疏散场所直接相连，并应保证具有足够的宽度。

（四）必须加强城市防灾工程建设

我国的城市防灾工作必须在国家灾害大区划的背景下进行，并根据国家灾害大区划来确定城市设防标准，做到因灾设施、因地减灾。同时，我国的城市防灾工作应服从区域防灾机构的指挥、协调和管理，加强区域减灾和区域防灾协作。

利用工程学的方法有效地防治城市灾害，减轻灾害对城市经济社会发展的破坏效应。工程防灾是防灾总体中的关键性环节和重中之重。无论灾害预测、预报是否及时准确，防灾的措施最终都必须体现在工程上，要特别重视工程防灾对策。1998年夏季我国发生的特大洪水灾害，在防洪工程的标准、数量、质量等问题上都有十分深刻的教训和启示，决不可重蹈覆辙。

（五）重视城市防灾策略

从广义上讲，随着科技的进步，相信任何城市灾害都是可以预防的，这是人类同城市灾害做斗争的一条根本原则。坚持这一原则，人类才可能坚持不懈地探索灾害的成因，研究预测方法。采取防灾减灾的对策有灾前预防对策和灾后救险对策两个方面。在不同的灾害中，两种对策各有侧重。一般来说，地震、风暴、洪水等自然灾害的重点是后者，因为防止灾害的发生比较困难，但能尽早预测、防范，尽量减小灾害损失，尽快恢复生产；而人为火害的重点应该是灾害的预防。城市的各类人为灾害是可以预测、预防的，只要了解灾害的成因，掌握其影响因素，就可以对灾害的组成要素进行调控，从而改变系统的状态，使其保持安全稳定状态；产生人为灾害的原因不仅有人的因素，还有物的因素，这些因素在灾害发生之前都是可以采取对策的，它要求人们以科学技术理论为基础，以系统分析方法为手段进行防灾规划。坚持防患于未然的对策比采取灾后处理对策更为重要。

一个城市只有拥有较完善的防灾体系，才能有效地防抗各种城市灾害，并减少灾害的损失。一般来说，城市防火工作包括对灾害的监测、预报、防护、抗御、应急救援和恢复重建等六方面。灾前的防灾减灾工作也括城市灾害区划、灾情预测、防灾教育、防灾预案制定与防灾工程设施建设等内容。事实表明，灾前工作的好坏对整个防灾工作的成败有着决定性影响。在灾情尚未发生时，监测机构、人员通过仪器、设备对产生灾台的生成源灾害载体及灾害作用对象进行监测，采集信息和数据，从而为灾害预警、灾情的追踪、损失的评估及对策建议的制定提供依据。例如，我国曾经成功地预测1975年2月4日发生的辽宁海城地震，使该城市大部分人口在震前得以疏散，结果虽然发生了7.3级地层，死亡人数却仅为1328人；而1976年7月28日河北唐山发生的7.8级地震，由于种种原因未能做出成功预报，结果死亡人数竟达24万余人。

城市的防灾策略还包括如下内容：

第一，以立法的手段来确立城市防灾在城市经济发展中的地位与作用，明确政府、企业、事业单位在防灾减灾中的责任与义务，并加强对市民的法制教育，提高以法制灾、以法保城的意识。

第二，城市防灾减火工作离不开保险事业，阁此需大力发展灾害保险业务。

第三，城市综合防灾减灾是城市实现可持续发展的重要方面，要做好这一工作，必须充分依靠科学技术，不断提高城市防灾减灾的科技水平。利用先进的科学技术推动城市防灾系统工程，大力开展城市综合防灾体系的理论研究和城市各类灾害防治措施的研究，注意借鉴国外城市防灾减灾的先进技术，研究城市灾害的综合管理系统。深入开展城市综合防灾研究，加强城市综合防灾理论和技术研究，积极开发防灾救灾新技术、新产品、新材料，努力提高我国城市综合防灾技术水平，把城市灾害损失降到最低程度。城市综合防灾是一个复杂的、综合的系统工程，需要建立一个健全的具有防灾减灾功能的部门和灾害防彻统一管理部门以及网络体系。组织各方力量来制定灾害防御和救治规划设计、法规、条例、规程、规范以及人、财、物、信息的组织与管理，形成一个既有分工负责，又有协调配合的综合防灾减灾管理机制。

第四，城市综合防灾需要相应的投入，而且需要早期投入。实践证明，灾前防御支出比灾后救济支出要划算得多，并且可以避免由于灾害巨额损失所造成的对社会经济发展的波动。

第五，灾前城市防灾工作非但不能松懈和停顿，并且必须抓紧时间，对城市及周边地区已经发生过的灾害做好调查研究，总结经验教训，探索规律，教育公众，训练队伍，建设设施，做好准备，随时迎接可能发生的一切灾害。实际上，灾害的监测、预测工作以及防灾预案的制定、防灾教育和防灾工程设施建设，都在防火工作中发挥着重要作用。各种灾害之间存在有因果关系或平行关系。为此，防治城市灾害不能各自单独地进行，要以增强城市抗灾能力为目标，用系统的观点和思想方法，采取综合对策措施。从系统的观点看，任何灾害都有其特定的环境和发生发展过程，在了解产生灾害的原出和成灾过程的基础上才能制定出防灾的原则。

然而，要完全预防灾害是困难的，这是由系统的复杂性决定的。为此，以防万一，采取充分的事后对策也是十分必要的。

第七章 电网工程

第一节 电网概述

一、电网系统发展历程

中国电网的发展始于19世纪末,在1882年7月26日,上海外滩亮起的15盏电弧灯开创了中国电力发展的历史。但是从1882～1949年漫长的68年里,中国电网的形成和发展非常缓慢,逐渐落后于世界电网发展的进程。

1949年前,中国各城市之间较少联网,除在工业较发达的上海形成了一个城市电网外,只在华北地区出现了平(北京)津唐电网和东北地区电网。东北电网也是1949年以前唯一跨省的大区电网。

中国最早的输电线路诞生在上海。1897年上海建成了供路灯用的5条输电线路,到1900年线路全长18千米,输电电压最高为2500伏特。

1908年,从云南省石龙坝水电站到昆明市万钟街水塘子变电站,建成了一条22千伏输电线路,全长34千米。这是中国策一条远距离输电线路。

1921年,建成从石景山电厂至北京城区的33千伏输电线路,全长34千米。随后,中国电网的升级发展主要集中在东北、华北地区。1933年,抚顺电厂—杨柏堡—石油一厂的44千伏线路建成,长18.5千米。1934年,延边至老头沟的66千伏线路建成,长34千米;1935年,抚顺电厂至鞍山的154千伏线路建成,长79.9千米;1941年,天津第一发电厂至塘沽的77千伏线路建成,长45千米;1943年,镜泊湖水电厂至延边(192千米)、水丰水电站至鞍山(205千米)的110千伏线路建成;同年,水丰水电厂至辽宁丹东(73千米)、丹东至大连(274千米)的220千伏线路建成。

到1949年底,全国35千伏及以上输电线路仅有6475千米,变电容量346万千伏特安培。

新中国成立前电网的分散和独立,导致了当时没有统一的电压标准,而且电压等级繁多。一部分城市电网采用22千伏及33千伏电压,在东北地区则多用44千伏及66千伏电压。后来,平津唐电网又采用了77千伏电压,而东北电网采用了154千伏和220千伏电压。为了改变旧中国遗留下来的各地电压不同的状况,1949年以后,我国开始着手进行统一电压标准的工作。首先把京津唐电网的 77 千伏和东北电阿的 154 千伏消弧线圈接地系统，分别改造为 110 千伏和 220 千伏直接接地系统。电压等级改造为推行 110 / 35 / 10 千伏电压系列创造了有利条件，形成了统一标准。1959 年颁布了国家标准《额定电压》（GBl3156），规定了各级标准电压及各级允许最高电压分别为 220 / 380（230 / 400）伏，3（3.5）、6（6.9）、10（11.5）、35（40.5）、63（69）、110（126）、220（252）、330(363)、500(550) 千伏。按照这个电压标准体系，在我国，高压电网指 110 千伏和 220 千伏电网；超高压电网指 330、500、750 千伏电网；待高压指 1100 千伏及以上电网。

随着经济发展对电力需求的迅速增长，电力布局的逐步改善及对能源资源的合理开发利用，新中国的输变电技术开始有了较快的发展。1952 年起，自行设计具有中国技术特点的输电线路，为实施京律唐电网 77 千伏升压计划，开始分段建设 110 千伏输电线路。1955 年 12 月，北京东北郊至官厅 110 千伏 105.9 千米输变电工程建成投产。同时建成投产的还有山西省太原第一热电厂至阳泉马家坪、北京南苑至天津白庙、安徽马鞍山至铜陵 110 千伏输变电工程等。

1953 年 7 月 20 日，我国第一条 220 千伏高压输电线路——松东李线破土动工。在当时国际上实际应用的高压输电线路中，220 千伏也是最高的电压等级，只有美国、苏联等少数几个国家才具有独立设计、建设的能力。松东李线全长 369 千米，其中抚顺李石寨变电站变电容量达 18 万千伏特安培。1954 年 1 月 23 日，新中国历史上的第一条 220 千伏高压输电线路全线竣工，工期仅为半年。后来又相继兴建辽宁电厂至李石寨、阜新电厂至青堆子等 220 千伏线路，组成了当时东北电网的 220 千伏主网架。

1958 年，华东电网建成望亭电厂至上海的 220 千伏输电线路；1960 年建成新安江水电厂至杭州的 220 千伏输电线路，并延伸至上海；1962 年初步形成了华东电网的 220 千伏主要网架。在上海至杭州的 220 千伏线路上，首次采用我国自己设计、自己研制的 220 千伏串联电容补偿站和单相重合闸装置。

20 世纪 60 ~ 70 年代，我国在西北的甘肃省建设了第一座百万千瓦以上容量的水电厂——刘家峡水电站，电站总装机容量达到 122.5 万千瓦。按照当时的经济发展状况，甘肃、青海两省不能完全消纳刘家峡水电站的发电量，需要把剩余电力外送至陕西关中负荷相对集中的地区。经过充分论证，国家决定在西北采用 330 千伏电压等级的输变电工程，这是我国当时最高的电压等级，也是我国第一条超高压输电线路。工程于 1969 年 10 月开工，1972 年 6 月建成投产。工程从刘家峡水电站经甘肃天水的秦安变电站至陕西省关中眉县汤峪变电站，线路全长 534 千米，也是当时中国最长的线路，输送功率达 42 万千瓦，秦安变电站容量为 9 万千伏特安培，汤峪变电站容量达到 39 万千伏特安培。工程建成后，初步形成了陕甘青的电网骨架。刘天关线是完全由中国自己设计、自己制造设备、自己施工安装的，采用了 330 千伏串联电容补偿装置、330 千伏并联电抗器、单相重合闸、双分裂导线等技术，是中国第一代超高压技术自主创新的成果。

20 世纪 70 年代，我国开始发展 500 千伏电压等级，展开了 500 千伏超高压输电工程的建设。1978 年 8 月，国家批准建设河南平顶山至湖北武昌 500 千伏输变电工程。工程于 1979 年 11 月开工，1981 年 12 月 22 日建成投产，线路全长 594.8 千米，从河南平顶山的姚孟发电厂经湖北的双河变电站（75 万千伏特安培），终点到武昌凤凰山变电站（2M75 万千伏特安培）。从此我国成为世界上第 8 个拥有 500 千伏输电线路的国家。

平武输变电工程所用的变电设备、继电保护和通信设备，分别从日本、法国、瑞典等 6 个国家的 7 个公司择优引进，具有当时世界先进水平。工程的设计、施工、运行人员对引进技术进行了很好的消化吸收。

同时开工建设的 500 千伏输变电工程，还有东北的元宝山—锦州—辽阳—海城输变电工程，线路总长 602 千米，锦州董家变电站和辽阳变电站变电容量各 75 万千伏特安培。与平武线不同的是，该工程采用了国产的 500 千伏设备，分段调试投产，在 1985 年全线建成并投入运行。

1987 年，为满足浙江电网跨海向舟山群岛供电，我国建成了自行设计、全部国产设备的 1100 千伏舟山直流输电工程，包括宁波整流站、舟山逆变站、42 千米直流架空线路和 12 千米海底电缆。

我国第一个超高压、大容量、远距离直流输电工程，是 1985 年 10 月开工 ±500 千伏葛洲现—上海直流输电工程（简称葛上直流输电工程），从葛训坝水电厂的向家坝换流站，以架空直流输电线路与上海的南桥换流站相连接，全长 1045 千米，单极容量 60 万千瓦，双极容量 120 万千瓦，采用晶闸管换流阀。1989 年 9 月第一个单极建成投产，1990 年 8 月第二个单极建成，开始双极投产运行。葛上直流输电工程的建成，首次将华中与华东两大区域电网连接起来。随后，又相继建成天生桥—广州、三峡—上海等超高压直流输电工程。尤其是在三峡送出工程中，直流输电成为突出的亮点，其中直流线路 1865 千米，建成直流交换站 5 座，换流站容量 1272 万千瓦。三峡直流输电工程，使我国一跃成为世界第一直流输电国家。国家电网公司为三峡建设的直流输电工程，创造了该领域技术水平世界最高、单个换流变压器容量世界最大、建设工期世界最短、输电运行经济指标世界最优等多项纪录。

2005 年 6 月 18 日，西北—华中灵宝背靠背换流站投入试运行。工程实现了完全自主设计、自主制造、自主建设管理，国产化率达 100%，标志着中国已经具备设计和建设成套的大容量、超高压直流工程的能力。

我国的西北地区地域辽阔，中国近三分之一的供电区域分布在西北电网。从 20 世纪 70 年代开始，在陕、甘、青、宁四省（自治区）逐渐形成了西北电网的 330 千伏主网架。西北 330 千伏电网经过 30 余年运行，电网输送容量渐趋饱和，系统短路电流接近断路器遮断容量，线路走廊紧张，电力输送容量受到限制。更为重要的是，西北地区是中国重要的能源基地，蕴藏丰富的煤、气、水电资源，大范围合理优化配置能源资源迫切需要更高一级电压的电力输送通道。750 千伏电网适合于大功率、远距离电力输送，其造价虽略高于 500 千伏，但是传输功率却是 500 千伏线路的 2.5 倍。采用 750 千伏电压还能够增强西北电网的网架结构。2003 年 3 月 7 日，当时的国家计委批准中国首条 750 千伏输变电示范工程立项。2003 年 9 月 19 日，在青海官亭举行开工典礼。2004 年 4 月 21 日，750 千伏兰州东变电站举行开工典礼，750 千伏输变电示范工程进入全面建设阶段。该 750 千伏输变电示范工程是我国自主设计、自主研发、自行施工建设及运行管理的具有世界先进水平的输变电工程。工程位于我国西北平均海拔超过 2000 米的高污秽、地质复杂、冻土广布地区，其空气间隙、绝缘水平接近或相当于平原地区百万伏级特高压水平，国际上尚无在如此环境条件下建设、运行 750 千伏输变电工程的先例。2005 年 9 月 27 日输电线路正式建成投运，全长 140 千米。

我国电网的发展，经历了从中压电网、高压电网到超高压电网，再到特高压电网的发展历程。随着电网电压等级的提高，网络规模也不断扩大，已经形成了六个跨省的大型区域电网，即东北电网、华北电网、华中电网、华东电网、西北电网和南方电网。

为了实现更大范围的能源资源优化配置，在六大区域电网的基础上展开了全国联网工作。1989 年投运的 ±500 千伏葛上直流输电工程，实现了华中与华东电网的互联，拉开了跨大区联网的序幕。

2001 年 5 月，华北与东北电网通过 500 千伏线路实现了第一个跨大区交流联网。2002 年 5 月，川电东送工程实现了川渝与华中联网。2003 年 9 月，华中与华北电网联网工程投运，自此形成了由东北、华北、华中区域电网构成的交流同步电网。2004 年，华中电网通过三峡—广东直流工程与南方电网相连。2005 年 3 月，山东电网连入华北电网。2005 年 6 月，华中电网与西北电网通过灵宝直流背靠背相连。目前，全国除新疆、西藏、海南、台湾地区外，所有电网已全部运行在全国交、直流联合电网中，形成全国联网的基本框架。

2006 年 8 月 9 日，国家发改委正式核准晋东南经南阳至荆门持高压交流试验示范工程，建设 1000 千伏晋东南和荆门变电站，各安装一组 300 万千伏特安培主变压器；1000 千伏南阳开关站。建设晋东南至荆门 1000 千伏线路，全长 654 千米，最高运行电压 1100 千伏，自然输送功率 500 万千瓦。

该工程已于 2008 年建成投产。该工程的建成标志着我国电网的全国联网将以特高压交流输电网为骨干网架，成为由超高压输电网和高压输电网以及特高压直流输电、高压直流输电和配电网构成的分层、分区、结构清晰的现代化大电网。

二、电网系统构成

大规模的电能从生产到使用要经过发电、输电、配电和用电四个环节。这四个环节组成了电力系统。

现代电力系统具有规模巨大、结构复杂、运行方式多变、非线性因素众多、扰动随机性强等基本特征。由于电力系统中缺乏大容量的快速储能设备，所以电能的生产和使用在任意时刻都必须保持基本平衡。随着我国用电负荷的强劲增长以及输电容量和规模的日益扩大，我国电网的发展趋势可能是在跨省（区）超高压电网之上逐步形成以实现远距离、大规模、低损耗输电为特征的特高压电网。

（一）发电

常见的发电方式主要有以下几种：火力发电；水力发电；核能发电；太阳能发电。此外，还有磁流体发电、潮汐发电、海洋温差发电、波浪发电、地热发电、生物质能发电、垃圾发电等多种发电方式。但是目前大规模的发电方式主要还是火力发电、水力发电和核能发电。

（二）输电

输电是将发电厂发出的电能通过高压输电线路输送到消费电能的地区（也称负荷中心），或进行相邻电网之间的电力互送，使其形成互联电网或统一电网，以保持发电和用电或两个电网之间供需平衡。

输电方式主要有交流输电和直流输电两种。通常所说的交流输电是指三相交流输电。直流输电则包括两端直流输电和多端直流输电。绝大多数的宣流输电工程都是两端直流输电。对于交流输电而言，输电网是由升压变电站、高压输电线路、降压变电站组成的。在输电网中由杆塔、绝缘子串、架空线路等组成输电线路；变压器、电抗器、电容器、断路器、隔离开关、接地开关、避雷器、冷承电压互感器、电流互感器、母线等变电一次设备和确保安全、可靠输电的继电保护、监视、控制和电力通信等变电二次设备等组成变电站。直流输电线路和两端的换流站组成直流输电系统。

（三）配电

配电是在消费电能的地区接受输电网受端的电力，然后进行再分配，输送到城市、郊区、乡镇和农村，并进一步分配和供给工业、农业、商业、居民以及特殊需要的用电部门。与输电网类似，配电网主要由电压相对较低的配电线路、开关设备、互感器和配电变压器等构成。配电网几乎都是子相交流配电网。

（四）用电

用电主要是通过安装在配电网上的变压器，将配电网电压进一步降低到三相 380 伏线电压或 220 伏相电压的交流电。

三、电网企业概述

目前，中国电网企业主要有国家电网公司和中国南方电网公司两家大公司。

（一）国家电网公司

国家电网公司成立于 2002 年 12 月 29 日，以建设和运营电网为核心业务，经营区域覆盖全国 26 个省（自治区、直辖市），覆盖国土面积的 88%，供电人口超过 10 亿，管理员工超过 150 万人。公司运营菲律宾国家输电网和巴西 7 家输电特许权公司。

国家电网公司管理 5 个区域电网，26 家省、直辖市、自治区电力公调和科研单位、直属单位及控股公司。

华北电网包括天津市电力公司、河北省电力公司、山西省电力公司、北京市电力公司东电力集团公司。

华中电网包括湖北省电力公司、湖南省电力公司、江西省电力公司、河南省电力公司电力有限公司。

华东电网包括上海市电力公司、江苏省电力公司、浙江省电力公司、安徽省电力公司、福建省电力有限公司。

西北电网包括陕西省电力公司、甘肃省电力公司、宁夏电力公司、青海省电力公司、新疆电力公司、西藏电力有限公司。

东北电网包括辽宁电力有限公司、吉林电力有限公司、黑龙江电力有限公司、内蒙古东部电力有限公司。

科研单位主要有中国电力科学研究院国网能源研究院、国网智能电网研究院等。

（二）中国南方电网公司

中国南方电网公司于 2002 年 12 月 29 日正式挂牌成立并开始运营。公司属中央管理，由国务院国资委履行出资人职责。公司经营范围为广东、广西、云南、贵州和海南五省区，负责投资、建设和经营管理南方区域电网，经营相关的输配电业务，参与投资、建设和经营相关的跨区域输变电和联网工程；从事电力购销业务，负责电力交易与调度；从事国内外投融资业务；自主开展外贸流通经营、国际合作、对外工程承包和对外劳务合作等业务。

南方电网覆盖五省区，面积 100 万平方千米，供电总人口 2.3 亿人，占全国总人口的 17.8%。

第二节　电网建设运行

一、电网建设概述

随着电力体制改革的深入，两大电网公司、五大发电集团公司和四个辅业集团的成立，标志着电力工业管理体制改革按照"网厂分开"的原则又进了一步。与此同时，网、省电力公司改组为二、三级法人；发电集团公司形成三级法人治理结构，即辅业逐步分离，成立了负责电力市场监管的委员会，进一步优化了电力建设的格局。

施工企业也按照"强化管理、减员增效、四自两体"的十二字方针，建立现代化企业管理制度，并逐步与网、省电力公司脱离关系，努力面向市场，加强自身改革与建设，以取得生存与发展的空间。

随着项目法人责任制、资本金制、招标投标制、工程监理制和合同制的推行，在电力工程建设模式上也呈现了多元化的趋势。

二、电网建设工程项目

（一）电网建设工程项目概念

1. 电网建设工程项目含义

建设工程项目是指通过基本建设和更新改造以形成固定资产的项目。

电网建设工程项目是指通过基本建设和更新改造以形成变电、输电与配电固定资产的项目本建设是电网行业实现扩大再生产的主要途径。

更新改造项目是指对企业、事业单位原有设施进行技术改造或固定资产更新的项目。

2. 建设工程项目组成

建设工程项目按是否可以独立施工和独立发挥作用可分为扩大单位工积，单位工程，分部工程。

工程建设预算项目层次划分，在各专业系统（工程）下分为三级：第一级为扩大单位工程；第二级为单位工程；第三级为分部工程。

（二）电网建设项目特点

电网建设工程项目除具有项目的一般特征外，还具有如下明显的特点：一是整体性强；建设项目是按照一个总体设计建设的，它是可以形成生产能力或使用价值的若干单项工程的总体。各个单项工程各自独立地发挥其作用，满足人们对项目的综合需要；二是受环境制约性强，工程建设项目一般露天作业，受水文、气象等因素的影响较大；建设地点的选择受地形、地质、地面建（构）筑物、基础设施、市场需求、原材料供应等多种因素的影响；建设过程中所使用的建筑材料、施工机具等的价格会受到物价的影响等；三是与国民经济发展水平关系密切。电网企业由于产品的特殊性，其布局须符合电力规划，其生产与消费必须同步，而且在量上必须平衡，从而要求电网产品的供应既要满足经济发展和人民生活水平提高的需要并留有一定余地，但生产能力又不能出现太多过剩，以免造成资源浪费。

（三）电网建设项目分类

由于建设项目种类繁多，为了适应对建设项目进行管理的需要容和规模，应从不同角度对建设工程项目进行分类。

1. 按建设性质分

新建项目是指根据国民经济和社会发展的近远期规划，按照建设程序规定的程序从无到有的项目。

扩建项目是指现有电网企业在原有输变电规模条件下，为扩大电网容量的生产能力，在原有的基础上扩充规模而进行的新增固定资产投资项目。当扩建项目的规模超过原有固定资产价值（原值）3 倍以上时，则该项目应视作新建项目。

技术改造项目是指采用新技术、新设备、新工艺、新材料对原有的电力设施、设备进行改进或用新工艺、新技术进行改造的项目。

迁建项目，是指原有电网企业，根据自身生产经营和事业发展的要求成按照国家调整生产力布局的经济发展战略的需要或出于环境保护等其他特殊要求，搬迁到异地建设的项目。

恢复项目是指原有电网企业因在自然灾害、战争中，使原有固定资产遭受全部或部分报废，需要进行投资重建以恢复生产能力的建设项目。这类项目，不论是按原有规模恢复建设，还是在恢复过程中同时进行扩建，都属于恢复项目。但对于尚未建成投产或交付使用的项目，若仍按原设计重建，原建设性质不变；如果按新的设计重建，则根据新设计内容来确定其性质。

基本建设项目按其性质分为上述五类，一个基本建设项目只能有一种性质完成前，其建设性质始终是不变的。对于更新改造项目，其分类包括挖潜工程、节能工程、安全工程以及环境保护工程等。

2. 按项目建设规模划分

为适应对工程建设分级管理的需要，国家规定基本建设项目分为大型、中型、小型三类；更新改造项目分为限额以上和限额以下两类。不同等级的建设工程项目，对应的政府主管部门和报建程序也不尽相同。电网建设项目的规模可根据如下方式进行划分。

电网建设项目按投资额划分：投资额在 5000 万元以上的为大中型项目；投资额在 5000 万元以下的为小型项目。

电网按电压等级划分：电压 330 千伏以上为大型项目；电压为 220 千伏和 110 千伏，且线路长度在 250 千米以上的为中型项目；110 千伏以下为小型项目。

（四）电网建设项目管理

建设项目管理也可以归纳为计划、组织、协调、控制和指挥五要素。总的目标是协调建设项目任务和各方面的关系，监督和控制项目实施过程，高效地利用有限的资源，在限定的时间内完成建设任务，达到预期目标。

三、电网运行管理

（一）基本概念

根据国家电监会于 2006 年发布实施的《电网运行规则（试行）》，电网运行是指电网企业及其调度机构保障电网频率、电压稳定和可靠供电；调度机构合理安排运行方式，优化调度，维持电力平衡，保障电力系统的安全、优质、经济运行。电网运行坚持安全第一、预防为主的方针。电网运行实行统一调度、分级管理，以保障电网安全、保护用户利益、适应经济建设和人民生活的用电需要。

（二）电网运行管理的主要任务

电网运行工作的主要任务就是满足用电需求，确保电力生产的安全运行和经济运行。

1. 保证电力生产安全运行

电力生产的特点是发电、供电、用电同时完成。因电能不能大规模储存，发、供、用电处于动平衡状态，这种生产方式决定了发、供电必须有极高的可靠性和连续性。随着电网规模的不断扩大和电网大机组不断增多，发、供电的可靠性就显得更加重要。如果一个电厂、一个变电站或系统的一条联络线发生事故，就可能引起大面积停电，甚至造成整个电网瓦解，后果是不堪设想的。

2. 保证电力生产经济运行

在保证电力生产安全运行的前提下，应千方百计地搞好电力生产的经济运行。电力生产的经济运行应从多方面着手。对供电部门而言，应做好计划用电、节约用电和安全用电。加强电网管理，降低网损。应做好下列工作：一是贯彻执行各项规章制度，杜绝事故的发生，防止事故造成重大损失；二是保证检修质量，提高设备健康水平，使设备安全、经济、满负荷运行；三是采用合理运行方式，使系统和设备安全、经济运行；四是及时排除系统及设备异常工况，正确、迅速处理事故，将事故影响控制在最小范围。

四、调度管理

1. 基本概念

电力调度是指电力调度机构对电网运行进行的组织、指挥、指导和协调。

电网包括发电、供电（输电、变电、配电）、受电设施和为保证这些设施正常运行所需的继电保护和自动装置、计量装置、电力通信设施、电网调度自动化设施等。

2. 调度管理层次

电网调度机构是电网运行的组织、指挥、指导和协调机构，各级调度机构分别由本级电网管理部门直接领导。调度机构既是生产运行单位，又是电网管理部门的职能机构，代表本级电网管理部门在电网运行中行使调度权。

电网调度机构分为五级，依次为：

国家电力调度通信中心，简称国调，是电网运行最高调度机构。它直接调度管理各跨省电网和各省级独立电网，并对跨大区域联络线及相应变电站和起联网作用的大型发电厂实施运行和操作的调度管理。

跨省电网电力集团公司设立的调度局，简称网调，是国调下一级电网调度机构。它负责区域性电网内各省间电网的联络线及大容量水电、火电、核电等骨干电厂的运行和操作的调度管理，并接受国调相关的调度管理。

各省、自治区电力公司设立的电网中心调度所，简称省调，也称中调，是网调的下一级电网调度机构。它负责本省220千伏电网及并入本省220千伏及以下电网的大、中型水电、火电等的运行及操作的调度管理，并接受网调相关调度管理。

省辖市级供电公司设立的调度所，简称地调，是省调下一级调度机构。它负责该供电公司供电范围内的电网和大中城市主要供电负荷的调度管理，并兼管地方电厂及企业自备电厂的并网运行，接受省调相关调度管理。

县电力公司设立的调度所，简称县调，它负责本县城乡供配电网及负荷的调度管理。在调度业务上归地调领导，接受地调相关调度管理。

各级调度机构在电网调度业务活动中是上、下级关系，下级调度机构必须服从上级调度机构的调度。

3. 电网调度机构主要职能

组织编制和执行电网的调度计划（运行方式）；指挥调度管辖范围内的设备的操作；指挥电网的频率调整和电压调整；指挥电网事故的处理，负责进行电网事故分析措施；编制调度管辖范围内的设备的检修进度表，批准其按计划进行检修；负责本调度机构管辖的继电保护和安全自动装置以及电力通信和电网调度自动化设备的运行管理，负责对下级调度机构管辖的上述设备和装置的配置和远行进行技术指导；组织电力通信和电网调度自动化规划的编制工作；组织继电保护及安全自动装置规划的编制；参与电网规划编制工作；参与电网工程设计审查工作；参加编制发电、供电计划，监督发电、供电计划执行情况，严格控制按计划指标发电、用电；负责指挥全电网的经济运行；组织调度系统有关人员的业务培训；统一协调水电厂水库的合理运用；协调有关所辖电网运行的其他关系。

五、营销管理

（一）电力营销概念

电力营销是指在不断变化的电力市场中，以电力用户需求为中心，通过供用关系，使电力用户能够使用安全、可靠、合格、经济的电力商品，并得到周到、满意的服务。

（二）电力营销管理的目标

第一，充分满足用电户要求，实现快速报装接电，扩大企业规模，简化报装手续，为用户提供优质文明服务，为企业和社会创造效益。

第二，做好电能销售和收费工作，提高企业经济效益。

第三，加强电能计量管理工作，保证计量工作的有序与计量装置的准确性。

第四，合理分配使用电力资源，保证电网在最佳状态下安全、经济地运行，节能降耗，提高社会整体经济效益。

第五，做好用电检查工作，保证用户安全、合法用电。

（三）电力营销管理的内容

电力营销管理，是围绕用户和设备进行的，主要内容包括：接受及处理新用户的报装，接受及处理用户的用电容量增加的要求，接受及处理用户变更用电的要求；对现有用户进行抄表、核算及收取电费；配电线路设备的资产、安装、运行维护等管理；计量装置的资产、安装、运行维护等管理；监督用户安全、合理、合法地用电；为用户提供各种所需的信息及各种优质服务等。可简单概括为六个方面，即业扩与变更管理、电量电费管理（或抄核收管理）、电能计量管理、配电管理、用电检查管理、用户服务管理。

（四）电力营销管理的特点

电力营销管理是电力企业管理工作的重要组成部分，它是电力生产产、供、销的最后环节，使电力企业生产和信誉成果最终得到体现，直接关系到电力企业的经济效益和社会效益。电力营销管理部门是沟通电力系统和用户的桥梁，是电力企业的窗口，其工作质量关系到电网的形象。电力营销管理还具有政策性强、业务面广、信息量大且变动频繁、信息处理要求迅速、及时、准确等特点。

第三节 特高压

一、特高压电网概念

特高压输电指的是正在开发的 1000 千伏交流电压和 ±800 千伏直流电压输电工程和技术。特高压电网指的是以 1000 千伏输电网为骨干网架，由超高压输电网和高压输电网以及特高压直流输电、高压直流输电配电网构成的分层、分区、结构清晰的现代化大电网。

特高压电网形成和发展的基本条件是用电负荷的持续增长，以及大容量、特大容量电厂的建设和发展。其突出特点是大容量、远距离输电。目前，中国的长距离输电与世界其他国家一样，主要采用 500 千伏的交流电网，只在俄罗斯、日本、意大利有少量 1000 千伏交流线路，且都降压运行。

国家电网公司在"十二五"规划中提出，今后我国将建设连接大型能源基地与主要负荷中心的"三纵三横"特高压骨干网架和13项直流输电工程（其中特高压直流10项），形成大规模"西电东送""北电南送"的能源配置格局。2015年，基本建成以特高压电网为骨干网架、各级电网协调发展，具有信息化、自动化、互动化特征的坚强智能电网，形成"三华"（华北、华中、华东）、西北、东北三大同步电网，使国家电网的资源配置能力、经济运行效率、安全水平、科技水平和智能化水平得到全面提升。

二、特高压对我国经济发展的重大意义

我国正处于工业化和城镇化快速发展的重要时期，能源需求具有刚性增长特征。电力作为一种清洁、使用方便的能源，在能源工业中占有极为重要的地位，是国家进步和繁荣不可缺少的动力。预计到2020年，我国用电需求将达到7.7万千瓦时，发电装机将达到17亿千瓦左右，均为现有容量的2倍以上。

电网作为电力输送和消纳的载体，已成为能源供应系统的关键组成部分。目前以500千伏交流和±500千伏直流构成的主网架，难以满足未来远距离、大容量输电以及电网安全性和经济性的需要。必须加快建设特高压电网，以保障电力与经济社会的协调发展，实现电力工业可持续发展。

（一）特高压电网是我国清洁能源发展的重要载体

我国的水能、风能、太阳能等可再生能源资源具有规模大、分布集中的特点，而所在地区大多负荷需求水平较低，需要走集中开发、规模外送、大范围消纳的发展道路。大规模核电的接入和疏散，也需要坚强电网的支撑。持高压输电具有容量大、距离远、能耗低、占地省、经济性好等优势，建设特高压电网能够实现各种清洁能源的大规模、远距离输送，促进清洁能源的高效、安全利用。

（二）建设特高压电网有利于我国能源资源的优化配置

长期以来，我国电力发展方式以分省分区平衡为主，燃煤电广大量布局在煤炭资源匮乏的中东部地区，导致铁路运输长期忙于煤炭大搬家，煤电油运紧张状况时常发生。未来，我国优化煤电开发与布局，清洁能源的快速发展，以及构筑稳定、经济、清洁、安全的能源供应体系，都迫切需要建设以特高压为骨干网架的坚强智能电网，充分发挥电网的能源资源优化配置平台作用。

2012年，我国并网风电装机容量突破5000万千瓦，超越美国成为世界第一风电装机大国。而这年冬天，我国1/4国土面积上约6亿人受到雾霾影响。这两件事，看似独立，实则互有关联。这一年深秋，中国共产党第十八次全国代表大会在北京召开。十八大报告指出，大力推进生态文明建设，推动能源生产和消费革命。

2013 年 9 月，国务院发布实施《大气污染防治行动计划》，提出加快调整能源结构。8 个月后，国家决定加快建设包括"四交四直"特高压工程的大气污染防治行动计划 12 条重点输电通道。2014 年的中央经济工作会议要求，把转方式调结构放到更加重要位置。

党的十八届五中全会审议通过了《中共中央关于制定国民经济和社会发展第十三个五年规划的建议》，提出了"创新、协调、绿色、开放、共享"发展理念，更加表明了我国清洁发展的决心。几个月后，2016 年全国两会上，"特高压输电"作为"十三五"规划重大项目，写进政府工作报告。

沿着这个方向，包括大气污染防治"四交四直"在内的特高压工程加快建设。2017 年年底，"四交四直"特高压全部投运，华北电网初步形成特高压交流网架，京津冀鲁新增受电能力 3200 万千瓦，长三角新增受电能力 3500 万千瓦，每年可减排二氧化硫 96 万吨、氮氧化物 53 万吨、烟尘 11 万吨。

特高压一头连着西部、北部清洁能源开发利用，一头连着东中部能源消费转型，已成为绿色发展的重要途径。2017 年年底，我国水电、风电、太阳能发电装机分别达到 3.4 亿、1.6 亿和 1.3 亿千瓦，均为全球最大规模。清洁能源的消纳，涉及电源、电网、用户、政策、技术等诸多方面。作为电力输送"高速路网"，特高压在消纳清洁能源中发挥了重要作用。

以甘肃为例，2012 年风电装机 634 万千瓦，2014 年增长到 1007.6 万千瓦。这一年，±800 千伏哈密南—郑州特高压直流输电工程投运。酒泉风电经由 750 千伏西北电网，搭乘特高压快车，扩大了消纳范围，增强了送出能力。2017 年，±800 千伏酒泉—湖南特高压直流工程建成，直接将酒泉风电送往华中。

在我国北疆，内蒙古的能源转型升级早在 2009 年其被确定为千万级风电基地时便可见端倪。"四交四直"特高压工程中，1000 千伏蒙西—天津南、锡盟—山东交流工程，±800 千伏锡盟—胜利、上海庙—山东直流工程，将蒙西丰富能源资源所转化的电力，源源不断送往华北负荷中心。

特高压送的是电，给送端留下的是效益，给受端带来的是更高综合效益、更清洁的能源消费方式。

（三）建设特高压电网有利于提高我国的能源供应安全

从丰富能源输送方式来看，建设特高压电网，通过加大输电比重，实现输煤输电并举，使得两种能源输送方式之间形成一种相互保障格局，促进能源输送方式的多样化，减少公路、铁路煤炭运输压力，提高能源供应安全和高效经济运行。

（四）建设特高压电网是带动电工制造业技术升级的重要机遇

建设特高压电网，是电力工业通过技术创新走新型工业化道路的具体体现，是研究和掌握重大装备制造核心技术的依托工程。发展特高压电网，可使我国电力科技水平再上一个新台阶，对于增强我国科技自主创新能力、占领世界电力科技制高点具有重大意义。目前，特高压输电技术已经纳入《国家中长期科学和技术发展规划纲要（2006-2020）)》《国务院关于加快振兴装备制造业的若干意见》"十二五"规划等国家重大规划。

建设特高压电网有利于我国煤炭产区的资源优势转化为经济优势，促进区域合理分工，缩小区域差距。特高压电网的建设在转变我国能源运输方式的同时，实现了电力产业布局的调整，为煤炭产区经济发展提供了机遇。对于煤炭主产区来讲，通过加大境口电站建设力度，加快发展输电可以促进煤炭基地高附加值电力产品的输出，提高这些地区资源和生产要素的回报率，增加就业机会，提高居民收入，促进当地经济的发展，缩小地区之间的差距。

纵观人类社会开发利用能源资源的历程，每次重大能源转型都以技术进步为先导。特高压输电技术是能源电力领域的重大创新，是世界电力工业发展史上的重要里程碑。

2012年，"特高压交流输电关键技术、成套设备及工程应用"获得国家科技进步奖特等奖。此前一年，1000千伏晋东南—南阳—荆门特高压交流试验示范工程获第二届中国工业大奖。

2018年1月8日，"特高压±800千伏直流输电工程"获国家科技进步奖特等奖。12月9日，向家坝—上海±800千伏特高压直流输电示范工程获第五届中国工业大奖。

特高压在不断攀登科技高峰的同时，也走出了国门。

2014年10月，一条展现"中国创造"的形象片亮相美国纽约时代广场，特高压电网出现在短片中。此时的巴西，美丽山±800千伏特高压直流输电一期工程已开工建设。这是我国特高压"走出去"的首个工程，将美丽山水电站的清洁能源输送到巴西东南部经济发达地区，均衡当地电力供需。在"伟大的变革——庆祝改革开放40周年大型展览"中，巴西美丽山±800千伏特高压直流输电项目吸引了参观者的目光。

依托特高压工程，国内电工设备制造企业具备了国产化的研制基础和生产能力。巴西美丽山水电特高压直流送出项目，均采用了特变电工、西电集团等上下游企业生产的直流输电设备。我国电工电气企业在国际市场上的竞争力不断增强。

我国在世界上率先建立了由168项国家标准和行业标准组成的特高压输电技术标准体系，成功推动国际电工委员会成立特高压直流和交流输电技术委员会，秘书处均设在中国。我国在国际电工标准领域的话语权显著提升。

三、特高压输电与超高压输电经济性比较

特高压输电与超高压输电的经济性比较，一般采用输电成本进行比较，即比较2个电压等级输送同样的功率和同样的距离所需的输电成本。比较方法有两种：一种是按相同的可靠性指标，比较一次投资成本；另一种是比较寿命周期成本。这两种比较方法都需要的基本数据是构成两种电压等级输电工程的统计的设备价格及建设费用。对于特高压输电和超高压输电工程规划和设计所进行的成本比较来说，设备价格及其建筑费用可采用统计的

平均价格或价格指数。两种比较方法都需要进行可靠性分析计算，通过分析计算，提出输电工程的期望的可靠性指标。利用寿命周期成本方法进行经济性比较，还需要有中断输电造成的统计的经济损失数据。

一回 1000 千伏特高压输电线路的输电能力可达到 500 万千瓦，是常规输电线路的 4 倍多，即相当于 4 ～ 5 回 500 千伏输电线路的输电能力。在线路和变电站的运行维护方面，特高压输电所需的成本将比超高压输电少很多。线路的功率和电能损耗，在运行成本方面占有相当的比重。在输送相同功率情况下，1000 千伏线路功率损耗约为 500 千伏线路的 1/16。因此，特高压输电在运行成本方面具有更强的经济优势。

四、特高压直流输电技术的主要特点

特高压直流输电系统中间不落点，可点对点、大功率、远距离直接将电力送往负荷中心。在送受关系明确的情况下，采用特高压直流输电，实现交直流并联输电或非同步联网，电网结构比较松散、清晰。

特高压直流输电可以减少或避免大量过网潮流，按照送受两端运行方式变化而改变潮流高压直流输电系统的潮流方向和大小均能方便地进行控制。

特高压直流输电的电压高、输送容量大、线路走廊窄，适合大功率、远距离输电。

在交直流并联输电的情况下，利用直流有功功率调制，可以有效抑制与其并列的交流线路的功率振荡，包括区域性低频振荡，明显提高交流的暂态、动态稳定性能。

大功率直流输电，当发生直流系统闭锁时，两端交流系统将承受大的功率冲击。

第四节　智能电网

一、智能电网概念

21 世纪初以来，智能电网的理念逐步从美国等发达国家萌发，并逐渐在世界各地蓬勃发展。随着特高压输电技术以及互联网、物联网、云计算、大数据技术的发展，人们对智能电网的内涵、构架、作用的认识不断深化。但总体而言，对智能电网的研究及应用仍处于初级阶段，就智能电网的概念来说，全球仍没有统一、明确的定义。分析国际、国内种种智能电网的定义可以发现，智能电网定义不统一甚至差别较大，主要分为三种情况。一是对智能电网发挥的作用认识不同，由于国情、发展阶段、资源分布及要解决的问题不同，各国智能电网在发展的目的、重点、步骤等方面有区别。二是对智能电网包含的范围认识不同，如智能电网是配电网还是包含了发电端和用户侧的整个电力系统。三是对智能电网以什么样的技术来支撑认识不同。

仅从发展智能电网的目的来看，各国有明显区别。中国科学技术部《智能电网重大科技产业化工程"十二五"专项规划》指出：英法德等国家着重发展泛欧洲电网互联，意大利着重发展智能表计及互动化的配电网，而丹麦则着重发展风力发电及其控制技术；日本智能电网的核心是建设与太阳能发电大规模推广开发相适应的电网，解决国土面积狭小、能源资源短缺与社会经济发展的矛盾；韩国的智能电网研究重点放在智能绿色城市建设上；澳大利亚智能电网建设的目标是发展可再生能源和提高能源利用效率，主要工作集中在智能表计的实施及其相关的需求侧管理方面。而英国《卫报》网站 2015 年 6 月 22 日撰文称：对于欧洲来说，能源效率是关键，智能电网是推广低碳技术和实现经济脱碳化的一个平台。对拉丁美洲而言，建造智能电网的一个重要驱动力在于抑制窃电行为。对中国而言，智能电网更大的意义在于打造一个能够与巨大电力需求相匹配的坚强电网。而对美国和日本来说，建造智能电网主要为了加强电网的适应能力以便在极端天气事件和自然灾害发生时保持电力的稳定供应。可见，智能电网的目的不同是大家公认的事实，针对各自不同国情发展智能电网也是大家的共识。

2015 年 7 月 6 日，国家发展改革委、国家能源局发布了《关于促进智能电网发展的指导意见》（发改运行 [2015]1518 号），提出了中国发展智能电网的指导思想、基本原则、发展目标、主要任务、保障措施。《意见》提出，到 2020 年，中国将初步建成安全可靠、开放兼容、双向互动、高效经济、清洁环保的智能电网体系，满足电源开发和用户需求，全面支撑现代能源体系建设，推动我国能源生产和消费革命；带动战略性新兴产业发展，形成有国际竞争力的智能电网装备体系。可以说，这是中国自 2009 年国家电网公司、南方电网公司先后提出智能电网发展计划，到 2010 年 3 月"加强智能电网建设"首次在《政府工作报告》中提出，再到 2012 年 3 月中国科学技术部发布的《智能电网重大科技产业化工程"十二五"专项规划》以来，全面、系统阐述中国智能电网发展的权威性、政策性文件。《意见》使中国智能电网建设主要由企业推进、各领域分散探索、局部发展以及技术与政策间不平衡，向有序、协调、规范性的方向发展。

在全球经济一体化的格局下，能源革命、信息革命、电力技术发展和相互间的融合必然影响国际合作；智能电网标准的国际化也将使智能电网的发展具有互相影响、互相借鉴、协调发展的趋势。中国正处在智能电网规划发展的关键时期，为了进一步凝聚国内共识、形成合力，探求智能电网与"互联网＋智慧能源"以及"能源互联网"的关系，加强与世界同行的交流、创新，有必要从本质上进一步厘清智能电网的概念。

（一）智能电网的不同定义（描述）分析

采用规范的文字表达方式定义智能电网。百度百科对"定义"的定义和解释是：定义（Definition）：是透过列出一个事件或者一个物件的基本属性来描述或规范一个词或一个概念的意义；被定义的事务或者物件叫作被定义项，其定义叫作定义项。还有，定义：对于一种事物的本质特征或一个概念的内涵和外延所做的确切表述。最有代表性的定义是"种差＋属"定义，即把某一概念包含在它的属概念中，并揭示它与同一个属概念下其他种概念之间的差别。《GB/T15237.1-2000 术语工作词汇第一部分：理论与应用》3.3.1 中的对"定义"的定义：描述一个概念，并区别于其他相关概念的表述。对"特征（characteristic）"的定义是："一个客体或一组客体特性的抽象结果。特征是用来描述概念的。"

在互联网上可以搜索到大量对智能电网的定义或描述、解释。下面选用美国、中国政府部门、中国国家电网公司对智能电网的定义或者描述，归纳分析智能电网的基本属性。美国《能源独立与安全法案（2007）》（EISA）中的定义：智能电网指的是现代化的电力网络传输系统，可以监测控制每一个用户及节点，并保证信息及电能在发电厂、设备及其间的任意点双向流动，可以监控、保护并且自动优化与之相连的设备运行，这些设备包括集中和分布式的电源，以及通过输电网和配电网与之相连接的工业用户、楼宇化系统、储能装置、终端用户及其自动调温器、电动汽车、电器及其他家用设备。国家发改委、能源局的《意见》中提到：智能电网是在传统电力系统基础上，通过集成新能源、新材料、新设备和先进传感技术、信息技术、控制技术、储能技术等新技术，形成的新一代电力系统，具有高度信息化、自动化、互动化等特征，可以更好地实现电网安全、可靠、经济、高效运行。发展智能电网是实现我国能源生产、消费、技术和体制革命的重要手段，是发展能源互联网的重要基础。国家电网公司对坚强智能电网的表述是：以特高压电网为骨干网架、各级电网协调发展的坚强电网为基础，以信息通信平台为支撑，具有信息化、自动化、互动化的特征，包含电力系统的发电、输电、变电、配电、用电和调度各个环节，覆盖所有电压等级，实现"电力流、信息流、业务流"的高度一体化融合的现代电网。

首先分析"智能""电网"与"智能电网"。智能电网中的"智能"不是指常规的自动化，而是智能化。自动化是相对于由人直接操作而言的，即把人在现场直接操控的一些工作交由机器执行，或者由人在远程指挥完成。即人在自动化中仍然是分析问题、解决问题、发出指令的主体，而自动化只是解决问题的工具，如同无人值守变电站，自动步枪等。智能化是指机器或者系统，根据人设定的目标和条件，自主分析问题、解决问题。虽然自动化及智能化系统仍然受人控制，但是人的作用由发出指令过渡到设定功能。我国一些变电站综合自动化运行管理中的有些环节已经不仅限于常规自动化功能，还能够实现在线自诊断，并将诊断结果送往远方主控端。因此，智能化是构成电网系统区域子系统或者整个电网为了实现新的重大功能所具有的智能。这些重大的功能包括能源变革中的电网安全、经济、绿色运行。

其次，智能电网中的"电网"不是指常规的电网而是新型电网。常规电网是指电力系统中各等级电压的变电所及输配电线路组成的整体，通常包含变电、输电、配电三个单元，电力网的任务是输送与分配电能，改变电压。而新型电网中，"电网"的概念有所拓展，一是增加了大量不同性质的"储电"方式，包括抽水蓄能发电、新型储电系统或设备，包括对高载电生产厂（如电解铝）通过智能化改造以起到移峰填谷的"储电"作用。二是大量可再生能源发电接入电网，使原来的单向电力"用户"成为双向电力"客户"，相应地需要对原有的电网进行硬件改造以满足电网安全的需要。三是电网的概念将延伸到发电端，根据需要包括部分或者全部发电设备。

再次，智能电网是一个整体的新概念，不是"智能"与"电网"的简单叠加。一是不能用"智能"简单定义传统"电网"，智能电网应是智能化及新型电网融合成为一种全新的电网运行形态。二是不能理解为整个电网智能化才是智能电网。智能电网是一个庞大的系统，可以由很多部分组成，如智能变电站、智能配电网、智能电能表、智能调度、智能城市用电网、新型储能系统等，根据需要可将多个系统整合为一个系统。还可以根据需要在电网的某一个局部进行智能化，如既可以优先在输电侧，也可以优先在配电网实现电网的智能化。

基于以上理解，并按照规范的"定义"要素，将三种智能电网描述的内容进行分析。一是对智能电网的描述具有定义要求的定义项、属、种差、基本属性（本质特征）的基本要求，可以较完整地表达出智能电网的本质属性。二是三种描述中的智能电网基本属性无本质区别。即智能电网的名称上无区别，都是表示"智能化"的电网；都是针对包含发电方和用户在内的新型电力系统；被定义项都是电力流与信息流；与传统电网的区别都是实现电力流与信息流的监测与控制，实现电网的自动优化运行。因此，从定义的本质属性上讲，三种对智能电网的定义或描述基本一致。三是在定义中各要素的准确性表达上，三种描述显然是有区别的。相对而言，美国的表述更为抽象，如"电力流和信息流"在"任意节点上的双向流动"，但这种表述更加符合定义的抽象要求。中国的表述易于理解和操作，但从定义本身的要求看有些欠缺。需要说明的是，中国方面对智能电网的描述并没有将其明确为"定义"，只能算是对智能电网的一种解释。四是从智能电网需要的技术手段和达到的目的来看，美国的定义中没有表述，中国方面则分别有较为细致的表述。从定义的要求来看，这两个方面实际上已经不是定义的本身。国家电网的表述侧重于对坚强智能电网的描述，《意见》侧重于表述智能电网的功能和采用的技术，这种区别更加体现出中国在建设智能电网方面的重点和任务。显然，研究智能电网的目的是为了建设和应用智能电网，所以中国对智能电网的描述充分反映了智能电网建设的导向。

由以上分析可以看出，中美两国对智能电网的定义中包含的基本要素及内涵基本相同。用此归纳分析方法分析其他形式的定义或描述时也不难看出，大部分国家及组织所提出的智能电网的内涵也是基本相同的。定义的不同，除了文章开头所分析的3种分歧外，主要体现在对智能电网特征的抽象定义的文字表达上。

（二）智能电网的普遍定义及概念拓展

1. 智能电网的普遍定义

综上分析，笔者给出智能电网的定义是：能够监测分析客户、电网设备及网络节点上电力流与信息流，控制电力流与信息流双向流动，实现电网自主优化运行的新型电力系统。

从以上定义可以看出以下几点：一是在智能电网定义中的"客户"及用户具有模糊性。

不仅包括传统的电力用户、发电厂，也包括供、用经常转换的可再生能源发电客户，分布式发电、用电客户，储电设备等。只要在电力网络上，且具有电量和信息流动的设备都可被视为智能电网的电力客户。二是智能电网的主体"新型电网"（是什么）范围扩大，但仍然是具有物理网络特性，网络之外的系统或设备不属于智能电网的范畴。三是电网所监测、分析、传输的不仅是物理的"电能"还有"信息"（做什么），且电能与信息在电网与客户之间是可以"双向"流动的（做到什么程度）。四是控制电网节点上的电力流与信息流双向流动、"自主优化"电网运行。无论局部还是整体，凡是能够满足（符合）这些要求的就是智能电网，否则就不是。英国《卫报》网站 6 月 22 日撰文提出：智能电网就是把电力网络数字化，数据的流动与电流变得同等重要。依靠家里和办公室装配的智能电表和其他智能设备，智能电网能够使电力公司实时了解电能是如何以及在哪里生产和消费的。这时电网技术可以通过这些信息的双向流动来平衡电力的供需环节。电力生产者和消费者之间的信息流动真正改变了电网规则。这是对智能电网本质的一种通俗解释。

2. 定义的拓展

以上定义显然不能为建设和应用智能电网提出更多的信息。通过对定义进行拓展，可以较好地解决应用的问题。定义拓展主要从两个方面开展，一方面从目的性方面展开，即"为什么"发展智能电网；另一方面从以什么样的技术来支撑智能电网，即"怎么做"才能实现智能电网功能。

将价值目标包含到扩展定义。在基本定义中并没有涉及"为什么"的价值目标内涵，这是因为价值目标不是智能电网的本质。智能电网可以实现的功能和价值在于使用者在什么阶段解决什么问题。由于各个国家、地区甚至客户所面对的问题不同，智能电网的功用也是不同的。但智能电网可根据需要，满足全社会能源资源优化配置、节能环保、电力市场化发展目标，满足电网安全性、经济性目标，以及满足电力生产端及用户端对电能质量、方便性、经济性等各种单一目标或者综合优化目标。

将支撑方法包含到扩展定义。为了实现智能电网的功能，智能电网必须由"硬件"及"软件"两个系统构成，只有其中之一都发挥不了智能电网的基本功能。支撑智能电网的硬件及软件，既包括与电网技术发展密切相关的自动化技术、高速双向通信网络、先进的传感和测量技术、不同电压等级的坚强输电网络，也包括智能化决策支持系统。可以说，硬件支撑系统像人的感觉器官及执行器官，而智能化决策支持软件系统像人的大脑，电网的"自主优化运行"是硬、软件系统联合运行的结果。因此，现在一些没有决策系统支持的所谓智能电网，并不是真正意义上的智能电网，而只是一个"摆设"。由于支持智能电网的软件与硬件都在不断发展，如云计算技术、物联网技术也处于初级发展阶段，所以智能电网的发展必然也需要一个过程，即由初级到中级，再向高级发展。在发展过程中，一些不成熟的软、硬件技术或者设备，并不一定是智能电网的必备条件，如云计算、物联网技术并不是智能电网的必备条件。

从以上概念模型可以看出，从最上层的目的层至概念内涵层，主要是分层表述智能电网做什么以及需要什么样的目标、规划、路线、内容、政策、规则支撑；而从最下层的平台层至概念内涵层，主要是基于什么样的平台、基础技术和核心专有技术支撑。智能电网及与之相关的各要素之间形成不同层面的相关配套、支持的闭环关系。但不管如何拓展，都是在基本定义的基础上的拓展。可以有以下几种拓展：

如：基于坚强电网及智能化决策支持系统，监测发电、储电、输电、变电、配电、用电、储电设备及网络节点上电力流与信息流，控制电力流与信息流双向流动，实现电网自主优化运行的新型电力系统。

再如，为实现能源资源的优化配置及可再生能源发展，以电价机制为导向，基于新材料、新设备、先进的传感技术、自动化技术及数据、云计算技术，监测发电、储电、输电、变电、配电、用电、储电设备及网络节点上电力流与信息流，控制电力流与信息流双向流动，实现电网自主优化运行的新型电力系统。

在现代电网的发展过程中，各国结合其电力工业发展的具体情况，通过不同领域的研究和实践，形成了各自的发展方向和技术路线，也反映出各国对未来电网发展模式的不同理解。近年来，随着各种先进技术在电网中的广泛应用，智能化已经成为电网发展的必然趋势，发展智能电网已在世界范围内形成共识。

从技术发展和应用的角度看，智能电网是将先进的传感量测技术、信息通信技术、分析决策技术、自动控制技术和能源电力技术相结合，并与电网基础设施高度集成而形成的新型现代化电网。这一观点已被世界各国、各领域的专家、学者普遍认同。

二、智能电网的主要特征

坚强：在电网发生大扰动和故障时，仍能保持对用户的供电能力，而不发生大面积停电事故，在自然灾害、极端气候条件下或外力破坏下仍能保证电网的安全运行，具有确保电力信息安全的能力。

自愈：具有实时、在线和连续的安全评估和分析能力，强大的预警和预防控制能力，以及自动故障诊断、故障隔离和系统自我恢复的能力。

兼容：支持可再生能源的有序、合理接入，适应分布式电源和微电网的接入，能够实现与用户的交互和高效互动，满足用户多样化的电力需求并提供对用户的增值服务。

经济：支持电力市场运营和电力交易的有效开展，实现资源的优化配置，降低电网损耗，提高能源利用效率。

集成：实现电网信息的高度集成和共享，采用统一的平台和模型，实现标准化、规范化和精益化管理。

优化：优化资产的利用，降低投资成本和运行维护成本。

三、智能电网对电力系统发展的意义

第一，能有效地提高电力系统的安全性和供电可靠性。利用智能电网强大的"自愈"功能，可以准确、迅速地隔离故障元件，并且在较少人为干预的情况下使系统迅速恢复到正常状态，从而提高系统供电的安全性和可靠性。

第二，实现电网可持续发展。坚强智能电网建设可以促进电网技术创新，提升技术、设备、运行和管理水平等，以适应电力市场需求，推动电网科学、可持续发展。

第三，减少有效装机容量。利用我国时区跨度大，不同地区电力负荷特性差异大的特点，通过智能化的统一调度，获得错峰和调峰等联网效益。同时通过分时电价机制，引导用户低谷用电，减小高峰负荷，从而减少有效装机容量。

第四，降低系统发电燃料费用。建设坚强智能电网，可以满足煤电基地的集约化开发，优化我国电源布局，从而降低燃料运输成本。同时，通过降低负荷峰谷差，可提高火电机组使用效率，降低煤耗，减少发电成本。

第五，提高电网设备利用效率。首先，通过改善电力负荷曲线，降低峰谷差，提高电网设备利用效率；其次，通过发挥自我诊断能力，延长电网基础设施寿命。

第六，降低线损。以特高压输电技术为重要基础的坚强智能电网，将大大降低电能输送中的损耗率。智能调度系统、灵活输电技术以及与用户的实时双向交互，都可以优化潮流分布，减少线损。同时，分布式电源的建设与应用也可减少电力远距离传输的网损。

四、智能电网建设的社会经济效益

智能电网的发展，使得电网功能逐步扩展到促进能源资源优化配置、保障电力系统安全稳定运行、提供多元开放的电力服务、推动战略性新兴产业发展等多个方面。作为我国重要的能源输送和配置平台，坚强智能电网从投资建设到生产运营的全过程都将为国民经济发展、能源生产和利用、环境保护等带来巨大效益。

对电力系统：可以节约系统有效装机容量，降低系统总发电燃料费用，提高电网设备利用效率，减少建设投资，提升电网输送效率，降低线损。

对用电用户：可以实现双向互动，提供便捷服务；提高终端能源利用效率，节约电量消费；提高供电可靠性，改善电能质量。

节能与环境：可以提高能源利用效率，带来节能减排效益；促进清洁能源开发，实现替代减排效益；提升土地资源整体利用率，节约土地占用。

其他：可以带动经济发展，拉动就业；保障能源供应安全；变输煤为输电，提高能源转换效率，减少交通运输压力。

五、我国建设智能电网的有利条件

多年来，我国电力行业大力加强电网基础建设，同时密切关注国际电力技术发展方向，重视各种新技术的研究创新和集成应用，自主创新能力快速提升，电网运行管理的信息化、自动化水平大幅提高，科技资源得到优化，建立了居世界技术前沿的研发队伍和技术装备，为建设智能电网创造了良好条件。

第一，电网网架建设。网架结构不断加强和完善，特高压交流试验示范工程和特高压直流示范工程成功投运并稳定运行。全面掌握了特高压输变电的核心技术，为电网发展奠定了坚实基础。

第二，大电网运行控制。具有"统一调度"的体制优势和丰富的运行技术经验，调度技术装备水平国际领先，自主研发的调度自动化系统相继电保护装置获得广泛应用。

第三，通信信息平台建设。建成了"三纵四横"的电力通信主干网络，形成了以光纤通信为主，微波、载波等多种通信方式并存的通信网络格局。"SG186"工程取得阶段性成果，ERP、营销、生产等业务应用系统已完成试点建设并开始大规模推广应用。

第四，试验检测手段。已根据智能电网技术发展的需要，组建了大型风电网、太阳能发电和用电技术等研究检测中心。

第五，智能电网发展实践。各环节试点工作已全面开展，智能电网调度技术支持系统、智能变电站、用电信息采集系统、电动汽车充电设施、配电自动化、电力光纤到户等试点工程进展顺利。

第六，大规模可再生能源并网及储能。深入开展了集中并网、电化学储能等关键技术的研究，建立了风电接入电网仿真分析平台，制定了风电场接入电力系统的相关技术标准。

第七，电动汽车充放电技术领域。我国在充放电设施的接入、监控和计费等方面开展了大量研究，并已在部分城市建成电动汽车充电运营站点。

第八，电网发展机制。我国电网企业业务范围涵盖从输电、规划、统一标准、快速推进等方面均存在明显的优势。

第五节　数字化变电站

数字化变电站是以变电站一、二次系统为数字化对象，对数字化信息进行统一建模，将物理设备虚拟化，采用标准的网络通信平台，实现信息共享和互操作，满足安全、稳定、可靠、经济运行要求的现代化变电站。数字化变电站的主要技术涉及非常规互感器、IEC 61850 标准、网络通信技术、变电站信息集成、智能断路器技术等。目前，我国已经开始在 500 千伏及以下变电站进行数字化变电站的建设，并已经有多个数字化变电站建成运行。

变电站自动化系统发展概述。

（一）集中式布置自动化系统

变电站自动化系统最初采用二次设备集中布置和常规监控保护方式。它具有简单、直观等优点，有着十分成熟的运行经验。但存在设备和功能重复配置、耗用大量的电缆和连接线、信息采集比较困难的缺点，效益和自动化水平较低。

（二）分层分布式自动化系统

随着计算机技术、网络通信技术的飞速发展，目前普遍采用以双微机为核心的分层分布式综合自动化系统，二次控制保护设备分散布置在配电装置继电器小室内，取消常规控制屏，远动功能和就地功能统一设置等。这种自动化系统存在如下主要问题：信息共享不完善；设备之间不具备互操作性；系统的可扩展性差；系统可靠性受二次电缆影响；不同厂家设备之间的兼容性差。

（三）新技术对变电站自动化系统发展的影响

1.IEC 61850 标准

IEC 61850《变电站网络与通信协议》标准是新一代的变电站网络通信体系，适应分层的 IED 和变电站自动化系统。为电力系统自动化产品的"统一标准、统一模型、互联开放"的格局奠定了基础，使变电站信息建模标准化成为可能，信息共享具备了可实施的基础前提。

2. 网络通信技术

随着二次设备逐步升级换代到微机型设备，光纤通信技术、网络技术飞速发展且在变电站自动化系统中不断应用，用数字通信手段传递电量信号，用光纤作为传输介质取代传统的金属电缆构成网络通信的二次系统已成为可能。分布式变电站自动化系统通过来用以太网技术，使系统的通信具有实时性、优先级、通信效率高等特点。

3. 非常规互感器

非常规互感器有两种基本类型；一是电子式互感器；二是光电效应的互感器。其输出信号，可直接用于微机保护和电子式计量设备。非常规互感器具有良好的绝缘性能、较强的抗电磁干扰能力、测量频带宽、动态范围大的优点。信号处理部分采用先进的数字信号处理 DSP 技术，具有实时性、快速性和便于进行复杂算法处理等特点。

4. 智能断路器技术

非常规互感器的出现以及计算机的发展，使得对于断路器设备内部的电、磁、温度、机械、机构动作状态监测成为可能。据此可实现设备的"状态检修"，减少设备停电检修，降低运行成本及人为因素造成的设备损坏。智能操作断路器是根据所检测到的电网中断路器开断前一瞬间的各种工作状态信息，自动选择和调整操动机构以及与灭弧室状态相适应的合理工作条件，以改变现有断路器的单一分闸特性，以期获得开断时电气和机构性能上的最佳开断效果。

综上所述，新技术的应用和 EIC 61850 标准的发展，使得变电站自动化系统有可能实现应用上的重大突破，从而为实现数字化变电站创造了条件。

（四）数字化变电站技术的发展

非常规互感器的数字输出特性和智能电子设备的特点，决定其应用对变电站自动化装置、网络通信系统、现场试验的影响是全面和深远的，利用非常规互感器的光电转换和数据通信功能，实现过程层和间隔层的点对点／现场总线通信，将会成为变电站自动化系统改造升级的有效途径。建设以非常规互感器和其他智能电子设备为基础的新型变电站自动化系统，实现变电站站内各层间的无缝通信，最大限度地满足信息共享和系统集成的要求，是变电站自动化系统的发展方向。

数字化变电站技术的发展将会是个比较长期的过程，技术的成熟度、方案的可行性均要结合工程应用逐步完善，数字化变电站应用技术采取分步走的策略是比较现实和可行的方案。第一阶段可以结合 IEC 61850 标准实施示范性工程，以积累新一代变电站网络通信协议的应用经验；第二阶段在非常规互感器应用技术成熟的基础上，可以考虑选择采用非常规互感器技术实现信息采集、处理、传输数字化应用；第三阶段基于智能断路器技术的成熟度实现信息采集、处理、传输、从交流量的采集到断路器操作的全数字化应用；最终通过变电站总线与过程层总线的集成，实现数字化变电站集成型自动化的应用。

数字化变电站技术发展过程中可以实现对常规变电站技术的兼容，这表明数字化变电站应用技术的发展可以建立在现有变电站自动化技术的基础上，实现应用上的平稳发展和逐步突破，使新技术的应用能有机地结合电网的发展。未来在数字化变电站应用技术成熟的基础上，将实现新一代数字化电网。

二、数字化变电站主要技术特征和架构基本结构

（一）数字化变电站主要技术特征

数字化变电站采用低功率、紧凑型、数字化的新型电流互感器和电压互感器代替常规的电流互感器和电压互感器，将高电压、大电流直接变换为低电平信号或数字信号；利用高速以太网构成变电站数据采集及传输系统，实现基于 IEC 61850 标准的统一信息建模；并采用智能断路器控制等技术，使得变电站自动化技术在常规变电站自动化技术的基础上实现跨越。数字化变电站主要技术特征体现在数据采集数字化、系统分层分布化、系统结构紧凑化、系统建模标准化、信息交互网络化、信息应用集成化、设备检修状态化、设备操作智能化。

（二）数字化变电站架构体系的基本结构

数字化变电站以常规互感器替代了常规继电保护装置、测控等装置的 I/O 部分；以交

换式以太网和光缆组成的网络通信系统替代了以往的二次连接电缆和回路；基于微电子技术的 IED（智能电子装置）设备实现了信息的集成化应用，以功能、信息的冗余替代了常规变电站装置的冗余，系统可实现分层分布设计。智能化一次设备技术的实现，使得控制回路实现了数字化应用，常规变电站部分控制功能可以直接下放，整个变电站可实现小型化、紧凑化的设计与布置。

从物理上看，数字化变电站仍然是一次设备和二次设备（包括保护、测控、监控和通信设备等）两个层面。由于一次设备的智能化以及二次设备的网络化，数字式变电站一次设备和二次设备之间的结合更加紧密。从逻辑上看，数字化变电站各层次内部及层次之间采用高速网络通信。

变电站层：变电站层的主要任务是通过两级高速网络汇总全站的实时数据信息，不断刷新实时数据库，按时登录历史数据库。按既定协约将有关数据信息送往调度或控制中心。接收调度或控制中心有关控制命令，并转间隔层、过程层执行。具有在线可编程的全站操作闭锁控制功能；具有（或备有）站内当地监控、人机联系功能，如显示、操作、打印、报警等功能以及图像、声音等多媒体功能；具有对间隔层、过程层诸设备的在线维护、在线组态、在线修改参数的功能；具有（或备有）变电站故障自动分析和操作培训功能。

间隔层：间隔层的主要功能是汇总本间隔过程层实时数据信息，实施对一次设备保护控制功能；实施本间隔操作闭锁功能；实施操作同期及其他控制功能；对数据采集、统计运算及控制命令的发出具有优先级别的控制；承上启下的通信功能，即同时高速完成与过程层及变电站层的网络通信功能。必要时，上下网络接口具备双口全双工方式以提高信息通道的冗余度，保证网络通信的可靠性。

过程层：过程层是一次设备与二次设备的结合面，或者说过程层是指智能化电气设备的智能化部分。过程层的主要功能分三类，即实时运行电气量检测、运行设备状态检测和操作控制命令执行。

（三）对变电站二次系统的影响

数字化变电站相关技术的应用对于变电站二次技术的发展影响是全方位的，在交流电气量的采集环节，变电站与 IED 之间的信息交互模式，变电站信息冗余性的实现方式以变电站二次系统的可靠性、安全性、运行检修策略等，均将由于相关技术的应用而发生巨大的变化。这一系列变化意味着变电站二次系统技术将步入一个全新的发展阶段。数字化变电站技术的应用将主要在以下几个环节体现技术应用模式的变更：一、二次系统实现有效的电气隔离；信息交互采取对等通信模式；信息同步采取网络同步机制；系统的可观性、可控性提高；信息的安全性问题凸显。

从数字化变电站的基本特性来看，新技术的应用可以实现一次、二次设备有效隔离，变电站内设备之间的信息通过连接光缆在以太网上实现信息采集、交互、传输等，变电站设备运行状态的可观性大大加强，信息的冗余性、设备的可用率显著提高，变电站自动化系统的安全性增加，设备的配置、变电站的占地面积明显减少，运行维护大大简化。

三、数字化变电站的优势

（一）数字化变电站的特点

1. 智能化的一次设备

一次设备被检测的信号回路和被控制的操作驱动回路采用微处理器和光电技术设计，简化了常规机电式继电器及控制回路的结构，数字程控器及数字公共信号网络取代传统的导线连接。换言之，变电站二次回路中常规的继电器及其逻辑回路被可编程序代替，常规的强电模拟信号和控制电缆被光电数字和光纤代替。

2. 网络化的二次设备

变电站内常规的二次设备，如继电保护装置、防误闭锁装置、测量控制装置、远动装置、故障录波装置、电压无功控制、同期操作装置以及正在发展中的在线状态检测装置等全部基于标准化、模块化的微处理机设计制造，设备之间的连接全部采用高速的网络通信，二次设备不再出现常规功能装置重复的 IO 现场接口，通过网络真正实现数据共享、资源共享，常规的功能装置在这里变成了逻辑的功能模块。

3. 自动化的运行管理系统

变电站运行管理自动化系统应包括电力生产运行数据、状态记录统计无纸化；数据信息分层、分流交换自动化；变电站运行发生故障时能即时提供故障分析报告，指出故障原因，提出故障处理意见；系统能自动发出变电站设备检修报告，即常规的变电站设备"定期检修"改为"状态检修"。

（二）数字化变电站对比常规综自站的优势

数字化变电站就是将信息采集、传输、处理、输出过程完全数字化的变电站。全站采用统一的通信规约 IEC 61850 构建通信网络，保护、测控、计量、监控、远动、VQC 等系统均用同一网络接收电流、电压和状态信息，各个系统实现信息共享。

常规综自站的一次设备采集模拟量，通过电缆将模拟信号传输到测控保护装置，装置进行模数转换后处理数据，然后通过网线上将数字量传到后台监控系统。同时监控系统和测控保护装置对一次设备的控制通过电缆传输模拟信号实现其功能。

数字化变电站一次设备采集信息后，就地转换为数字量，通过光缆上传测控保护装置，然后传到后台监控系统，而监控系统和测控保护装置对一次设备的控制也是通过光缆传输数字信号实现其功能。常规综自站与数字化变电站对比如下图所示。此我们总结出数字化变电站的优势：

1. 高性能

通信网络采用同一的通信规约 IEC 61850，不需要进行规约转换，加快了通信速度，降低了系统的复杂度和设计、调试和维护的难度，进步了通信系统的性能。

数字信号通过光缆传输避免了电缆带来的电磁干扰，传输过程中无信号衰减、失真。无 L、C 滤波网络，不产生谐振过电压。传输和处理过程中不再产生附加误差，提升了保护、计量和丈量系统的精度。

光电互感器无磁饱和，精度高，暂态特性好。

2. 高安全性

光电互感器的应用，避免了油和 SF6 互感器的渗漏题目，很大程度上减少了运行维护的工作量，不再受渗漏油的困扰，同时进步了安全性。

光电互感器高低压部分光电隔离，使得电流互感器二次开路、电压互感器二次短路可能危及人身或设备等题目不复存在，大大进步了安全性。

光缆代替电缆，避免了电缆端子接线松动、发热、开路和短路的危险，进步了变电站整体安全运行水平。

3. 高可靠性

设备自检功能强，合并器收不到数据会判定通信故障或互感器故障而发出告警，既进步了运行的可靠性又减轻了运行职员的工作量。

4. 高经济性

采用光缆代替大量电缆，降低本钱。用光缆取代二次电缆，简化了电缆沟、电缆层和电缆防火，保护、自动化调试的工作量减少，减少了运行维护成本。同时，缩短工程周期，减少通道重复建设和投资。

实现信息共享，兼容性高，便于新增功能和扩展规模，减少变电站投资成本。

光电互感器采用固体绝缘，无渗漏问题，减少了停运检验成本。

数字化变电站技术含量高，电缆等耗材节约，具有节能、环保、节约社会资源的多重功效。

（三）数字化变电站与智能变电站的关系

数字化变电站是由电子式互感器、智能化终端、数字化保护测控设备、数字化计量仪表、光纤网络和双绞线网络以及 IEC61850 规约组成的全智能的变电站模式，按照分层分布式来实现变电站内智能电气设备间信息共享和互操作性的现代化变电站。

智能化变电站是采用先进的传感器、信息、通信、控制、智能等技术，以一次设备参量数字化和标准化、规范化信息平台为基础，实现变电站实时全景监测、自动运行控制、与站外系统协同互动等功能，达到提高变电可靠性、优化资产利用率、减少人工干预、支撑电网安全运行，可再生能源"即插即退"等目标的变电站。

智能变电站与数字化变电站有密不可分的联系。数字化变电站是智能化变电站的前提和基础，是智能化变电站的初级阶段，智能化变电站是数字化变电站的发展和升级。智能化变电站拥有数字化变电站的所有自动化功能和技术特征。智能化变电站与数字化变电站的差别主要体现在以下 3 个方面：

第一，数字化变电站主要从满足变电站自身的需求出发，实现站内一、二次设备的数字化通信和控制，建立全站统一的数据通信平台，侧重于在统一通信平台的基础上提高变电站内设备与系统间的互操作性。而智能化变电站则从满足智能电网运行要求出发，比数字化变电站更加注重变电站之间、变电站与调度中心之间的信息的统一与功能的层次化。需要建立全网统一的标准化信息平台，作为该平台的重要节点，提高其硬件与软件的标准化程度，以在全网范围内提高系统的整体运行水平为目标。

第二，数字化变电站已经具有了一定程度的设备集成和功能优化的概念，要求站内应用的所有智能电子装置（IED）满足统一的标准，拥有统一的接口，以实现互操作性。IED 分布安装于站内，其功能的整合以统一标准为纽带，利用网络通信实现。数字化变电站在以太网通信的基础上，模糊了一、二次设备的界限，实现了一、二次设备的初步融合。而智能化变电站设备集成化程度更高，可以实现一、二次设备的一体化、智能化整合和集成。

第三，智能电网拥有更大量新型柔性交流输电技术及装备的应用，以及风力发电、太阳能发电等间歇式分布式清洁电源的接入，需要满足间歇性电源"即插即用"的技术要求。

第六节　电网环境保护

一、变电站环境保护专业基础知识

变电站环境保护包括电磁辐射污染防治、噪声污染防治、废水污染治理、水土保持和生态环境保护等方面。对环境污染或破坏的治理必须从源头上采取措施进行控制。对废水、噪声、电磁辐射等污染因子必须采取必要的防治措施，以减少对周围环境的影响。对变电站站区及周边地区应进行适当的绿化，恢复和改善变电站周围地区的生态环境。

（一）电磁辐射的防治

变电站电磁辐射主要是变电设施的工频电场、磁场、微波辐射以及无线电干扰对环境的影响。变电站及进出线的电磁辐射对环境的影响应符合《电磁辐射防护规定》（GB 8702-1988）、《环境电磁波卫生标准》（G8 9175-1988）、《高压交流架空送电线无线电干扰限值》（GB 5707-1995）和《500 千伏超高压送变电工程电磁辐射环境影响评价技术规范》(HJ/T 24-1998) 的规定及要求。

（二）噪声防治

变电站的噪声主要是电气设备、导线在运行中发出的噪声和开关设备进行合闸及跳闸时发出的噪声。变电站噪声对周围环境的影响必须符合《工业企业厂界噪声标准》（GB l2348-1990）和《城市区域环境噪声标准》（GB 3096-1993）的规定，以及由环保部门批准的场界达标要求。

（三）废水治理

变电站的废水、污水应按种类分类收集、输送和处理，对外排放的水质必须符合《污水综合排放标准》(GB 8978-1996) 中所规定的最高允许排放浓度，并根据受纳水体水域功能划分，执行相应的环境质量标准。不符合排放标准的废水不得排入自然水体或任意处置。

（四）水土保持

变电站水土保持方案的编制必须符合《开发建设项目水土保持方案技术规范》要求以及《水土保持综合治理技术规范》（GB 16453-1996）的有关规定，并且符合《开发建设项目水土流失防治标准》（GB/T 50434-2008）的规定。

（五）变电站生态环境保护

变电站的建设应符合国家《全国生态环境保护纲要》的有关要求，并应因地制宜在变电站战区外种植树木和草皮等，变电站绿化率一般不宜低于15%。对于湿陷性黄土地区，由于防水的要求，设备区不宜绿化，绿化率可适当降低。

（六）自然保护区的概念和规定

为了加强自然保护区的建设和管理，保护自然环境和自然资源，国家制定了《中华人民共和国自然保护区条例》，自然保护区分为国家级自然保护区和地方级自然保护区，地方级自然保护区可以分级管理。设定自然保护区的部门包括环保、林业、水利、旅游、地质矿产、海洋、农业等。自然保护区可以分为核心区、缓冲区和实验区。核心区禁止任何单位和个人进入。缓冲区只推进入从事科学研究观测活动，禁止开展旅游和生产经营活动。在自然保护区的核心区和缓冲区内，不得建设任何生产设施。在自然保护区的实验区内，不得建设污染环境、破坏资源或者景观的生产设施；建设其他项目，其污染物排放不得超过国家和地方规定的污染物扫的标准。在自然保护区的外围保护地带建设的项目，不得损害自然保护区内的环境质量。

二、输电线路环境保护专业基础知识

输电线路与环境保护专业关系密切。输电线路的路径选择涉及环境保护的方方面面满足各种电磁环境保护要求。

（一）输电工程环境影响因素

线路运行期对环境的主要影响因素包括以下几方面：土地的占用，改变原有土地功能；输电线路下方及附近存在的工频电磁场对人、畜和动植物可能产生的影响；输电线路对邻近无线电装置可能产生的影响；高压线路电晕可听噪声对周围环境的影响；线路沿途砍伐林木，可能改变局部自然生态环境。

线路施工期对环境的主要影响出素包括以下几方面：施工临时占地将使部分农作物、树木等遭到短期损坏；材料、设备运输车辆产生噪声和扬尘；修筑施工道路扰动现有地貌，造成一定量的水土流失，产生扬尘；塔基场地平整、基础开挖等，扰动现有地貌，造成一定量水土流失，产生扬尘、固体废物和噪声等；结构施工时混凝土搅拌及基础打桩等产生噪声； 施工期间生产和生活废水的排放；现场施工人员临时居住场所，可能临时搭建生活和取暖炉灶，产生环境空气污染物；人员及车辆进出等活动将给居民生活带来不便，对野生动物也将产生一定影响。

（二）输电工程环境保护措施

1. 路径选择中的环境保护措施

尽可能使线路远离自然保护区、森林公园、风景名胜区，线路杆塔定位尽可能避开农田和果园，最大限度地减少征地量，保护农田和自然环境；尽可能避让成片林等密集林区，若必须通过，则应采用高跨措施，以减少对林木的砍伐；对运行影响较大的工矿企业应尽量避让，并应充分考虑沿线乡镇的经济发展；当线路跨越河流时，尽可能不在河道中立塔，以避免线路对航运及河道泄洪能力的影响；线路应尽量远离机场、火车站、码头等交通枢纽设施。

2. 线路的生态保护措施

第一，线路的建设应满足电磁环境保护的要求。

第二，清理地面、土石方挖掘转运、道路修建等活动，会造成植被丧失，干扰动物栖息环境，因此施工过程应合理规划施工并尽量减少施工占地，减少土石方的二次倒运。对于无法规避的占地，工程占地补偿费应列专款用于开垦新的耕地，来补偿占用的基本农田数量，尽可能保证当地基本农田数量不减少。

第三，为减少打桩、挖掘机械、设备运输等施工噪声对动物可能带来的影响，工程宜采取低噪声的施工机械，减少打桩、爆破次数，将施工建设噪声对生态环境的影响降至最小。

第四，对山丘地区线路，应采用高低腿与高低基础，使塔基避免大开挖，减少工程土石方虽和水土流失，以较好地保护塔基所在地区自然环境。

第五，对塔基开挖所形成的土方设置临时堆土场地，采用临时挡护措施，以减少堆土过程中可能造成的水土流失。

第六，施工结束后，对施工场地进行整治，恢复植被。

第八章　工程质量和环境管理

第一节　工程质量的概念

一、工程质量的定义

工程质量是指工程满足业主需要的，符合国家法律、法规、技术规范标准、设计文件及合同规定的特性综合。工程质量包括工程实体（即产品）质量，也包括工程项目（即过程）质量及工作质量。一般情况下，工程也可称为工程项目，工程质量也可称为工程项目质量。

从工程的使用价值和功能来看，工程项目质量表现出适用性、耐久性、安全性、可靠性、经济性、协调性等特性。

（一）适用性

即指工程满足使用目的的各种性能，包括理化性能，如尺寸、规格、保温、隔热、隔音等物理性能，耐酸、耐碱、耐腐蚀、防火、防风化、防尘等化学性能；结构性能，如地基基础牢固程度，结构的足够强度、刚度和稳定性；使用性能，如住宅工程能满足生活起居的需要，工业厂房能满足生产活动的需要，道路、桥梁、铁路、航道能通达便捷等。建设工程的组成部件、配件、水、暖、电、卫器具、设备也要能满足其使用功能；外观性能，指建筑物的造型、布置、室内装饰效果、色彩等美观大方、协调等。

（二）耐久性

即指工程在正常条件下，满足规定功能要求使用的年限，也就是工程竣工后的合理使用寿命周期。目前，国家对建设工程的合理使用寿命周期还缺乏统一的规定，仅在少数技术标准中，提出了明确要求。如民用建筑主体结构耐用年限分为四级（15～30年，30～50年，50～100年，100年以上），公路工程设计年限一般按等级控制在10～20年，城市道路工程设计年限，视不同道路构成和所用的材料，设计的使用年限也有所不同。对工程组成部件（如塑料管道屋面防水、卫生洁具、电梯等）也视生产厂家设计的产品性质及工程的合理使用寿命周期面规定不同的耐用年限。

（三）安全性

即指工程建成后在使用过程中保证结构安全、保证人身和环境免受危害的程度。建设工程产品的结构安全度、抗震、耐火及防火能力，抗辐射、抗核污染、抗爆炸波等能力，都是安全性的重要标志。工程交付使用之后，必须保证人身财产、工程整体都要能免遭工程结构破坏及外来危害的伤害。工程组成部件，如阳台栏杆、楼梯扶手、电器产品漏电保护、电梯及各类设备等，也要保证使用者的安全。

（四）可靠性

即指工程在规定的时间和规定的条件下完成规定功能的能力。工程不仅要求在交工验收时要达到规定的指标，而且在一定的使用时期内要保持应有的正常功能。如工程上的防洪与抗震能力、防水隔热、恒温恒湿措施。

（五）经济性

即指工程从规划、勘察、设计、施工到整个产品使用寿命周期内的建设成本和运行维护成本等的费用。包括从征地、拆迁、勘察、设计、采购（材料、设备）、施工、配套设施等建设全过程的投资和工程使用阶段的能耗、水耗、维护、保养乃至改建更新的使用维修费用。

（六）协调性

即指工程与其周围生态环境协调，与所在地区经济环境协调以及与周围已建工程相协调，以适应可持续发展的要求。

二、工程质量的形成过程

任何工程都由分项工程、分部工程、单位工程等组成。

工程的建设过程可以分解为一系列的工序活动，工程质量在工序活动中形成。因此，工程质量由工序质量、分项工程质量、分部工程质量、单位工程质量等组成。

从项目阶段性看，工程建设可以分解为不同阶段，相应地，工程质量包括各阶段的质量及其工作质量。

（一）可行性研究阶段的质量

可行性研究是在项目建议书卡和项目策划的基础上，对拟建工程的有关技术、经济、社会、环境及所有方面进行调查研究，对各种可能的拟建方案和建成投产后的经济效益、社会效益和环境效益等进行技术经济分析、预测和论证，确定工程建设的可行性，并在可行的情况下，通过多力方案比较从中选择出最佳建设方案，作为工程项目决策和设计的依据。因此，可行性研究直接影响工程项目的决策质量和设计质量。

（二）决策阶段的质量

决策阶段是通过项目可行性研究和项目评估。对拟建工程的建设方案做出决策，使工程项目的建设充分反映业主的意愿，并与地区环境相适应，做到投资、质量、进度三者协调统。所以，决策阶段对工程质量的影响主要是确定工程项目应达到的质量目标和水平。

（三）工程勘察、设计质量

工程的勘察是为建设场地的选择和工程的设计与施工提供地质资料依据。而工程设计是根据建设项目总体需求（包括已确定的质量目标和水平）和勘察报告，对工程的外形和内在的实体进行筹划、研究、构思、设计和描绘，形成设计说明书和图纸等相关文件，使得质量目标和水平具体化，为施工提供直接依据。

工程设计质量是决定工程质量的关键环节，工程设计确定了工程项目的平面布置和空间形式、结构类型、材料、构配件及设备等，直接关系到工程主体结构的安全可靠和综合功能等。设计质量决定了工程建设的成败，是建设工程的安全、适用、经济与环境保护等措施得以实现的保证。

（四）工程施工质量

工程施工是指按照设计图纸和相关文件的要求，在建设场地上将设计意图付诸实现，形成工程实体建成最终产品的活动，因此，工程施工活动决定了设计意图能否体现，它直接关系到工程的安全可靠、使用功能的保证。工程施工是形成实体质量的决定性环节。

（五）工程竣工验收质量

工程竣工验收就是对项目施工阶段的质量通过检查评定、试车运转，考核项目质量是否达到设计要求；是否符合决策阶段确定的质量目标和水平，并通过验收确保工程项目的质量。所以工程竣工验收对质量的影响是保证最终产品的质量。

三、工程质量的影响因素

影响工程的因素很多，但归纳起来主要有 5 个方面，即人、材料、机械、方法和环境，简称为 4MIE 因素。

四、工程质量的特点

工程质量的特点是由工程项目的特点决定的。工程项目的特点为单件性，产品的独特性和固定性，生产的流动性，生产周期长，投资大，风险大，具有重要的社会价值和影响等。因此，工程质量的特点可以归纳为：

（一）影响因素多

建设工程质量受到多种因素的影响，如决策、设计、材料、机具设备、施工方法、施工工艺、技术措施、人员素质、工期、工程造价等，这些因素直接或间接地影响工程项目质量。

（二）质量波动大

由于建筑项目的单件性、生产的流动性，不像一般工业产品的生产那样，有固定的生产流水线、有规范化的生产工艺和完善的检测技术、有成套的生产设备和稳定的生产环境，所以工程质量容易产生波动且波动大。

（三）质量隐蔽性

建设工程在施工过程中，分项工程交接多、中间产品多、隐蔽工程多，因此质量存在隐蔽性。若在施工中不及时进行质量检查，事后只能从表面上检查，就很难发现内在的质量问题，这样就容易产生判断错误。

（四）终检的局限性

工程项目建成后不可能像一般工业产品那样依靠终检来判断产品质量，或将产品拆卸、解体来检查其内在的质量，或对不合格零部件进行更换。而工程项目的终检（竣下验收）无法进行工程内在质量的检验，发现隐蔽的质量缺陷。因此，工程项目的终检存在一定的局限性。这就要求工程质量控制应以预防为主，防患于未然。

第二节　工程质量管理的基本原理

一、工程质量管理的概念

工程质量管理就是确立工程质量方针及实施工程质量方针的全部职能及工作内容，并对其工作效果进行评价和改进的一系列工作，也就是为了保证工程质量满足工程合同、设计文件、规范标准所采取的一系列措施、方法和手段。

工程质量的特点决定了项目不同参与者都必须坚持统一的工程质量管理方针和目标。政府部门代表公共利益和社会利益对工程质量进行全面监控，项目业主确定工程的具体质量总目标，监理工程师受业主委托对工程实施全过程的质量控制，勘察设计单位则主要提供合适的勘察设计文件，施工单位按图施工，提交符合质量目标的工程实体和相应的服务。

工程质量管理主体可分为自控主体和监控主体。自控主体是指直接从事质量职能的活动者；监控主体是指对他人质量能力和效果的监控者。

施工承包方和供应方在施工阶段是质量自控主体，设计单位在设计阶段是质量自控主体，他们不能因为监控主体的存在和监控责任的实施而减轻或免除其质量责任。

业主、监理、设计单位及政府的工程质量监督部门。在施工阶段是依据法律和合同对自控主体的质量行为和效果实施监督控制。

自控主体和监控主体在施工全过程相互依存、各司其职.共同推动着施工质量控制过程的发展和最终工程质量目标的实现。

政府的工程质量控制：政府属于监控主体，它对工程质量的控制，主要是以法律法规为依据，通过抓工程报建、施工图设计文件审查、施工许可、材料和设备准用、工程质量监督、重大工程竣工验收备案等主要环节进行的。

工程监理单位的质量控制：工程监理单位属于监控主体，它主要是受建设单位的委托，代表建设单位对工程实施的全过程进行质量监督和控制，包括勘察设计阶段质量控制、施工阶段质量控制，以满足建设单位对工程质量的要求。

勘察设计单位的质造控制：勘察设计单位属于自控主体，它是以法律、法规及合同为依据，对勘察设计的整个过程进行质量控制，包括工作程序、工作进度、费用及成果文件所包含的功能和使用价值，以满足建设单位对勘察设计质量的要求。

施工单位的质量控制：施工单位属于自控主体，它是以工程合同、设计图纸和技术规范为依据，对施工准备阶段、施工阶段、竣工验收交付阶段等施工全过程的工作质量和工程质量进行控制，以达到合同文件规定的质量要求。

二、工程质量管理的原则

我国工程质量管理的原则为：

（一）质量第一

建设工程质量不仅关系到工程的适用性和建设项目投资效果，而且关系到人民群众生命财产的安全。所以，应坚持"百年大计，质量第一"，在工程建设中自始至终把"质量第一"作为对工程质量管理的基本原则。

（二）以人为核心

人是工程建设的决策者、组织者、管理者和操作者。工程建设中各单位、各部门、各岗位人员的工作质量水平和完善程度，都直接和间接地影响工程质量。在工程质量管理中，要以人为核心，重点控制人的素质和人的行为，充分发挥人的积极性和创造性，以人的工作质量保证工程质量。

（三）预防为主

工程质量管理应事先对影响质量的各种因素加以控制，如果出现质量问题后再进行处理，则已造成不必要的损失。所以，质量管理要重点做好质量的事先控制和事中控制，以预防为主，加强过程和中间产品的质量检查和控制。

（四）坚持质量标准

质量标准是评价产品质量的尺度，工程质量是否符合合同规定的质量标准要求，应通过质量检验并和质量标准对照，符合质量标准要求的才是合格的，不符合质量标准要求的就是不合格的，必须返厂处理。

三、工程项目质量管理的基本原理

（一）PDCA 循环原理

PDCA 是质量管理的基本理论，也是工程项目质量管理的基本理论。PDCA 循环为计划→→实施→检查→处置，以计划和目标控制为基础，通过不断循环，使质量得到持续改进，质量水平得到不断提高。在 PDCA 循环的任一阶段内又可套用 PDCA 小循环，即循环套循环。

1. 计划

为质量计划阶段，明确目标并制订实现目标的行动方案。在建设工程项目的实施中，"计划"是指各相关主体根据其任务目标和责任范围，确定质量控制的组织制度、工作程序、技术方法、业务流程、资源配置、检验试验要求、质量记录方式、不合格处理、管理措施等具体内容和做法的文件。"计划"还须对其实现预期目标的可行性、有效性、经济合理性进行分析论证。按照规定的程序与权限审批执行。

2. 实施

包含两个环节，即计划行动方案的交底和按计划规定的方法与要求展开工程作业技术活动。计划交底目的在于使具体的作业者和管理者，明确计划的意图和要求，掌握标准。从而规范行为，全面地执行计划的行动方案，步调一致地去努力实现预期的目标。

3. 检查

指对计划实施过程进行各种检查，包括作业者的自检、互检和专职管理者专检。各类检查都包含两大方面：一是检查是否严格执行了计划的行动方案；实际条件是否发生了变化；不执行计划的原因。二是检查计划执行的结果，即产出的质量是否达到标准的要求，对此进行确认和评价。

4. 处置

对于质量检查所发现的质量问题或质量不合格，及时进行原因分析，采取必要的措施，予以纠正，保持质量形成的受控状态。处置分为纠偏和预防两个步骤。前者是采取应急措施，解决当前的质量问题；后者是将信息反馈至管理部门，反思问题症结或计划时的不周，为今后类似问题的质量预防提供借鉴。

（二）三阶段控制原理

1. 事前控制

要求预先进行周密的质量计划。尤其是工程项目施工阶段，制订质量计划或编制施工组织设计或施工项目管理实施规划（目前这三种计划方式基本上并用），都必须建立在切实可行，有效实现预期质量目标的基础上，作为一种行动方案进行施工部署。目前，有些施工企业，尤其是一些资质较低的企业在承建中小型的一般工程项目时，往往把施工项目经理责任制曲解成"以包代管"的模式，忽略了技术质量管理的系统控制，失去企业整体技术和管理经验对项目施工计划的指导和支撑作用，这将造成质量预控的先天性缺陷。

事前控制，其内涵包括两层意思，一是强调质量目标的计划预控；二是按质量计划进行质量活动前的准备工作状态的控制。

2. 事中控制

首先是对质量活动的行为约束，即对质量产生过程中各项技术作业活动操作者在相关制度的管理下进行自我行为约束的同时，充分发挥其技术能力，去完成预定质量目标的作业任务；其次是对质量活动过程和结束，通过第三方进行监督控制，这里包括来自企业内部管理者的检查检验、来自企业外部的工程监理和政府质量监督部门等的监控。

事中控制虽然包含自控和监控两大环节，但其关键还是增强质量意识。发挥操作者自我约束自我控制，即坚持质量标准是根本，监控或他人控制是必要的补充，没有前者或用后者取代前者都是不正确的。因此，在企业组织的质量活动中，通过监督机制和激励机制相结合的管理方法，来发挥操作者更好的自我控制能力，以达到质量控制的效果，是非常必要的。这也只有通过建立和实施质量体系来达到。

3. 事后控制

包括对质量活动结果的评价认定和对质量偏差的纠正。从理论上分析如果计划预控过程所制订的行动方案考虑得越周密，事中约束监控的能力越强越严格，实现质量预期目标的可能性就越大，理想的状况就是希望做到各项作业活动"一次成功""一次交验合格率100%"。但客观上相当部分的工程不可能达到，因为在过程中不可避免地会存在一些计划时难以预料的影响因素，包括系统因素和偶然因素。因此，当出现质量实际值与目标值之间超出允许偏差时，必须分析原因，及时采取措施纠正偏差，保持质量受控状态。

以上三大环节，不是孤立和截然分开的，它们之间构成有机的系统过程，实质上也就是 PDCA 循环具体化，并在每一次滚动循环中不断提高，达到质量管理或质量控制的持续改进。

（三）全面质量管理 (TQM) 原理

全面质量管理 (TQM)，是指全面、全过程和全员参与的质量管理。

1. 全面质量控制

即指工程（产品）质量和工作质量的全面控制，工作质量是产品质量保证，工作质量直接影响产品质量的形成。对于建设工程项目而言，全面质量控制还应该包括建设工程各参与主体的工程质量与工作质量的全面控制。如业主、监理、勘察、设计、施工总包、施工分包、材料设备供应商等，任何一方、任何环节的怠慢疏忽或质量责任不到位都会造成对建设工程质量的影响。

2. 全过程质量控制

即指根据工程质量的形成规律，从源头抓起，全过程推进。GBT1900 强调质量管理的"过程方法"管理原则，按照建设程序，建设工程从项目建议书或建设构想提出，历经项目鉴别、选择、策划、可研、决策、立项、勘察、设计、发包、施工、验收、使用等各个有机联系的环节，构成了建设项目的总过程。其中每个环节又由诸多相互关联的活动构成相应的具体过程，因此，必须掌握识别过程和应用"过程方法"进行全过程质量控制。主要的过程有：项目策划与决策过程；勘察设计过程；施工采购过程；施工组织与准备过程：检测设备控制与计量过程：施工生产的检验试验过程：工程质量的评定过程；工程竣工验收与交付过程：工程回访维修服务过程。

3. 全员参与控制

从全面质量管理的观点看，无论组织内部的管理者还是作业者，每个岗位都承担着相应的质量职能，一旦确定了质量方针目标，就应组织和动员全体员工参与到实施质量方针的系统活动中去，发挥自己的角色作用。全员参与质量控制作为全面质量控制所不可或缺的重要手段就是目标管理。

第三节　工程质量管理系统

一、工程质量管理系统的概念

工程质量管理系统是针对工程项目而建立的质量管理系统。工程项目的一次性和参与者众多等特点，决定了工程项目质量管理系统的临时性和项目质量责任主体及实施主体的多样性。根据 1SO9000 标准建立的质量管理体系一般用于企业的管理，质量管理体系的责任者、实施者、受益者均为企业。企业的质量管理体系延伸至特定项目管理时，不同的项目参与者虽已建立了相应的质量管理体系，但在适应临时性的工程项目质量管理系统时，彼此会面临较大的挑战。

（一）工程质量管理系统与企业质量管理体系的不同点

目的不同：工程质量控制系统只用于特定的工程项目质量控制，而不是用于建筑企业的质量管理。

范围不同：工程质量控制系统涉及工程实施中所有的质量责任主体，而不只是某个建筑企业。

目标不同：工程质量控制系统的控制目标是工程项目的质量标准，并非某一建筑企业的质量管理目标。

时效不同：工程质量控制系统与工程项目管理组织相融，是一次性的，并非永性的。

质量系统的评价方式不同：工程质量控制系统的有效性一般只做自我评价与诊断不进行第三方认证。

同时，工程质量管理系统与工程项目外部的企业质量管理体系有着密切的联系，如政府实施的建设工程质量监督管理体系、工程勘察设计企业及施工承包企业的质量管理体系、材料设备供应商的质量管理体系、工程监理咨询服务企业的质量管理体系、建设行业实施的工程质量。

（二）工程质量管理系统的分类

1. 按管理对象分

按管理对象分，可分为工程勘察设计质量控制子系统、工程材料设备质量控制子系统、工程施工安装质量控制子系统和工程竣工验收质量控制子系统。

2. 按实施主体分

按实施主体分，可分为建设单位的建设项目质量控制子系统、工程项目总承包企业的项目质量控制子系统、勘察设计单位的勘察设计质量控制子系统、施工企业（分包商）的施工安装质量控制子系统、工程监理企业的工程项目质量控制子系统和材料设备供应企业的项目质量控制子系统。

3. 按管理职能分

按管理职能分，可分为质量控制计划系统，确定建设项目的建设标准、质量方针、总目标及其分解；质量控制网络系统，明确工程项目质量责任主体构成、合同关系和管理关系，控制的层次和界面；质量控制措施系统，描述主要技术措施、组织措施、经济措施和管理措施的安排；质量控制信息系统，进行质量信息的收集、整理、加工和文档资料的管理。

二、工程质量管理系统的建立

工程质量管理系统的建立应遵循以下原则。

分层次规划的原则：第一层次是建设单位和工程总承包企业，分别对整个建设项目和总承包工程项目。进行相关范围的质量控制系统设计；第二层次是设计单位、施工企业（分包）、监理企业，在建设单位和总承包工程项目质量控制系统的框架内，进行责任范围内的质量控制系统设计，使总体框架更清晰、具体，落到实处。

目标分解的原则：按照建设标准和工程质量总体目标，分解到各个责任主体，明示于合同条款，由各责任主体制订质量计划，确定控制措施和方法。

质量责任制的原则：即按照国家有关法律法规以及合同文件的要求，建立相应的质量责任体系。

系统有效性的原则：即做到整体系统和局部系统的组织、人员、资源和措施落实到位。

工程质量管理系统建立的程序为：确定控制系统各层面组织的工程质量负责人及其管理职责，形成控制系统网络架构；确定控制系统组织的领导关系、报告审批及信息流转程序；制订质量控制工作制度，包括质量控制例会制度、协调制度、验收制度和质量责任制度等；部署各质量主体编制相关质量计划，并按规定程序完成质量计划的审批，形成质量控制依据；研究并确定控制系统内部质量职能交叉衔接的界面划分和管理方式。

三、工程质量管理系统的运行

（一）管理系统运行的动力机制

工程质量管理系统的运行核心是动力机制，动力机制来源于利益机制。工程项目的实施过程由多主体参与，只有保持合理的供方及分供方关系．才能形成质量控制系统的动力机制。这一点对业主和总承包方部是同样重要的。

（二）管理系统运行的约束机制

没有约束机制的管理系统是无法使工程质量处于受控状态的，约束机制取决于自我约束能力和外部监控效力。前者指质量责任主体和质量活动主体，即组织及个人的经营理念、质量意识、职业道德及技术能力的发挥；后者指来自于实施主体外部的推动和检查监督。因此，加强项目管理文化建设对于增强、完善工程项目质量管理系统的运行机制非常重要。

（三）管理系统运行的反馈机制

运行的状态和结果的信息反馈，是进行系统控制能力评价，并为及时做出处置提供决策依据。因此，必须保持质量信息的及时和准确，同时提倡质量管理者深入生产一线，掌握第一手资料。

（四）管理系统运行的基本方式

在工程项目实施的各个阶段、不同的层面、不同的范围和不同的主体间，应用 PDCA 循环原理，即计划、实施、检查和处置的方式展开控制。同时必须注重抓好控制点的设置，加强重点控制和例外控制。

第四节 环境管理概述

一、环境管理的概念

建设工程环境管理旨在通过有效的策划和控制在建设工程项目的建造、运营乃至拆除的过程中最大限度地保护生态环境，控制工程建设和运营产生的各种粉尘、废水、废气、固体废弃物以及噪声和振动对环境的污染和危害。考虑建设工程生命周期范围内的能源节约和避免资源浪费。

环境管理是建设工程管理领域中日渐重要的内容之一。传统的项目管理领域所提到的三控制、三管理、一协调中，包括投资控制、进度控制、质量控制、安全管理、合同管理、信息管理和组织协调。其中并没有提及环境管理的问题。实际上，在国际建筑界已经将环境管理作为建设工程管理十分重要的研究课题。目前，落实科学的发展观、实现可持续发展，环境问题是我国亟待解决的问题。因此，必须通过有效的建设工程环境管理才能实现建设业的可持续发展。

二、环境管理体系

国际标准化组织ISO在1993年6月正式成立了环境管理技术委员会（ISO/TC207）专门致力于制订和实施一套环境管理的国际标准。经过三年的努力，在1996年颁布了ISO14000环境管理体系系列标准。

环境管理体系规范和使用指南的总体内容由四部分组成，分别为范围、引用标准、定义以及环境管理体系要求。环境管理体系要求分别由5个一级要素和17个二级要素组成。通过有效地贯彻和实施环境管理体系所要求的各项内容，企业可以建立一套行之有效的环境管理制度和流程。

三、绿色建筑和可持续发展

（一）国际绿色建筑评价体系

目前，可持续发展已经成为我国的一项基本国策。大力发展绿色建筑是实现我国建筑业可持续发展的重要措施。发展绿色建筑的首要任务是做好建设项目的绿色规划和设计工作。建设项目的绿色规划与设计是建设项目环境管理的重要环节之一，也是保护生态环境，实现建筑业可持续发展的重要工作之一。从某种意义上讲，建设项目的绿色规划与设计是建设项目质量策划的一部分，从建设项目质量的属性来说通常包括安全可靠、经济适用和环境适宜性。绿色规划和设计的目的即是通过有效的规划和设计方案最大限度地节约资源和保护生态环境。发展绿色建筑的第二个重要环节是做好绿色施工，在施工过程中避免产生环境污染，节约能源。另外，在绿色建筑的运营过程中也应体现节能和环保的要求，并且能够给用户提供健康舒适的工作和生活环境。

在 1994 年召开的第一届绿色建筑国际会议上，提出了绿色建筑的根本思想，即在建筑物的设计、建造、运营与维护、更新改造、拆除等整个生命周期中，用可持续发展的思想来指导工程项目的建设和使用，力求最大限度地实现不可再生资源的有效利用、减少污染物的排放、降低对人类健康的影响，从而营造一个有利于人类生存和发展的绿色环境。

国际建筑界对于绿色建筑评价的研究已经取得了一定的成果。最初对绿色建筑的评价主要是从某一专业领域着手，如建筑物是否节能，或者在使用过程中是否会造成环境污染等，其反映的仅仅是绿色建筑的一个方面。最早对绿色建筑评价进行全面而系统分析的标准有英国研制的 BREEAM 标准。该标准对于绿色建筑评价起到了很大促进作用。此后，各种基于绿色建筑评价的准则和工具应运而生。其中有代表性的有加拿大的 Cole 等于 1993 年提出的 BE-PAC 标准。后来，美国于 1996 年提出了 LEED 绿色建筑评价体系。LEED 从能源利用和避免大气污染、室内环境品质、工程现场状况、材料的重复利用、水资源的有效利用以及设计过程创新性等六个方面进行绿色建筑评价。

在这些标准的基础上，世界各国研究者逐步加强合作研究并制定世界范围内的绿色建筑评价标准。目前最新的绿色建筑评价工具应属由加拿大、瑞典、挪威、奥地利等国家合作研制的 GBTool 评价系统。其评价指标体系包括资源消耗、环境载荷、室内空气品质、建筑的可使用性能、经济性、运营前的管理以及运输情况等七个方面。该系统可以广泛应用于办公建筑、学校、居住建筑等的评定。GBTool 的构成涵盖了项目的建设、运营及拆除和再利用整个生命周期的绿色评价，其评价体系中包括的内容是十分全面的，但是由于它是世界各国的建筑与环境研究者共同制定的，各国在对房屋进行绿色评价时由于国情不同，绿色评价的指标也不应完全相同，因此造成了其应用的难度。我国根据国际上的绿色建筑评价体系，结合我国的国情，于 2006 年建立了我国的绿色建筑评价标准。

（二）我国绿色建筑评价标准

根据我国 2006 年出版的绿色建筑评价标准，绿色住宅建筑应该从下列几个方面加以考虑：节地与室外环境、节能与能源利用、节水与水资源利用、节材与材料资源利用、室内环境质量、运营管理等。

1. 节地与室外环境

（1）控制项

节地与室外环境的绿色建筑评价标准的控制项分为以下几点：一是场地建设不破坏当地文物、自然水系、湿地、基本农田、森林和其他保护区；二是建筑场地选址无洪涝灾害、泥石流及含氧土壤的威胁，建筑场地安全范围内无电磁辐射危害和火、爆、有毒物质等危险源；三是人均居住用地指标，低层不高于 43m²、多层不高于 28m²、中高层不高于 24m²、高层不高于 15m²；四是住区建筑布局保证室内外的日照环境、采光和通风的要求，满足现行国家标准《城市居住区规划设计规范》GBS0180 中有关住宅建筑日照标准的要求；五是种植适应当地气候和土壤条件的乡土植物，选用少维护、耐候性强、病虫害少、对人体无害的植物；六是住区的绿地率不低于 30%，人均公共绿地面积不低于 1m²；七是住区内部无排放超标的污染源；八是施工过程中制定并实施保护环境的具体措施，控制由于施工引起的大气污染、土壤污染、噪声影响、水污染、光污染以及对场地周边区域的影响。

（2）一般项

节地与室外环境的绿色建筑评价标准的一般项分为以下几点：一是住区公共服务设施按规划配建，合理采用综合建筑并与周边地区共享；二是充分利用尚可使用的旧建筑；三是住区环境噪声符合现行国家标准《城市区域环境噪声标准》GB 3096 的规定；四是住区室外日平均热岛强度不高于 1.5℃；五是住区风环境有利于冬季室外行走舒适及过渡季、夏季的自然通风；六是根据当地的气候条件和植物自然分布特点，栽植多种类型植物，乔、灌、草结合构成多层次的植物群落，每 100m² 绿地上不少于 3 株乔木；七是选址和住区出入口的设置方便居民充分利用公共交通网络。住区出入口到达公共交通站点的步行距离不超过 500 米。住区非机动车道路、地面停车场和其他硬质铺地采用透水地面，并利用园林绿化提供遮阳。室外透水地面面积比不小于 45%。

（3）优选项

节地与室外环境的绿色建筑评价标准的优选项分为以下几点：合理开发利用地下空间；合理选用废弃场地进行建设，对已被污染的废弃地，进行处理并达到有关标准。

2. 节能与能源利用

（1）控制项

节能与能源利用的绿色建筑评价标准的控制项分为以下几点：住宅建筑热工设计和暖通空调设计符合国家批准或备案的居住建筑节能标准的规定；当采用集中空调系统时，所选用的冷水机组或单元式空调机组的性能系数、能效比符合现行国家标准《公共建筑节能设计标准》GB 50189 中的有关规定值；采用集中采暖或集中空调系统的住宅，设置室温调节和热量计量设施。

（2）一般项

节能与能源利用的绿色建筑评价标准的一般项分为以下几点：一是利用场地自然条件，合理设计建筑体形、朝向、楼距和窗墙面积比，使住宅获得良好的日照、通风和采光，并根据需要设遮阳设施；二是选用效率高的用能设备和系统。集中采暖系统热水循环水泵的耗电输热比，集中空调系统风机单位风量耗功率和冷热水输送能效比符合现行国家标准《公共建筑节能设计标准》GB 50189 的规定；三是当采用集中空调系统时，所选用的冷水机组或单元式空调机组的性能系数、能效比比现行国家标准《公共建筑节能设计标准》GB 50189 中的有关规定值高一个等级；四是公共场所和部位的照明采用高效光源、高效灯具和低损耗镇流器等附件，并采取其他节能控制措施，在有自然采光的区域设定时或光电控制；五是采用集中采暖或集中空调系统的住宅，设置能量回收系统（装置）；六是根据当地气候和自然资源条件，充分利用太阳能、地热能等可再生能源。可再生能源的使用量占建筑总能耗的比例大于 5%。

（3）优选项

节能与能源利用的绿色建筑评价标准的优选项分为以下几点：采暖或空调能耗不高于国家批准或备案的建筑节能标准规定值的 80%；可再生能源的使用量占建筑总能耗的比例大于 10%。

3. 节水与水资源利用

（1）控制项

节水与水资源利用的绿色建筑评价标准的控制项分为以下几点：一是在方案、规划阶段制定水系统规划方案，统筹、综合利用各种水资源；二是采取有效措施避免管网漏损；三是采用节水器具和设备，节水率不低于 8%；四是景观用水不采用市政供水和自备地下水井供水；五是使用非传统水源时，采用用水保障措施，且不对人体健康与周围环境产生不良影响。

（2）一般项

节水与水资源利用的绿色建筑评价标准的一般项分为以下几点：一是合理规划地表与屋面雨水径流途径，降低地表径流，采用多种渗透措施增加雨水渗透量；二是绿化用水、洗车用水等非饮用水采用再生水、雨水等非传统水源；三是绿化灌溉采用喷灌、微灌等高效节水灌溉方式；四是非饮用水采用再生水时，优先利用附近集中再生水厂的再生水；附近没有集中再生水厂时，通过技术经济比较，合理选择其他再生水水源和处理技术；五是降雨量大的缺水地区，通过技术经济比较，合理确定雨水集蓄及利用方案；六是非传统水源利用率不低于 10%。

（3）优选项

节水与水资源利用的绿色建筑评价标准的一般项为非传统水源利用率不低于 30%。

4. 节材与材料资源利用

（1）控制项

节材与材料利用的绿色建筑评价标准的控制项为：建筑材料中有害物质含量符合现行国家标准 GB18580 ~ GB18588 和《建筑材料放射性核素限量》OB6566 的要求和建筑造型要素简约，无大量装饰性构件。

（2）一般项

节材与材料利用的绿色建筑评价标准的一般项分为以下几点：一是施工现场500千米以内生产的建筑材料重量占建筑材料总重量的70% 以上；二是现浇混凝土采用预拌混凝土；三是建筑结构材料合理采用高性能混凝土、高强度钢；四是将建筑施工、旧建筑拆除和场地清理时产生的固体废弃物分类处理，并将其中可再利用材料、可再循环材料回收和再利用；五是在建筑设计选材时考虑使用材料的可再循环使用性能。在保证安全和不污染环境的情况下，可再循环材料使用重量占所用建筑材料总重量的10%以上；六是土建与装修工程一体化设计施工，不破坏和拆除已有的建筑构件及设施；七是在保证性能的前提下，使用以废弃物为原料生产的建筑材料，其用量占同类建筑材料的比例不低于30%。

（3）优选项

节材与材料利用的绿色建筑评价标准的优选项分为：采用资源消耗和环境影响小的建筑结构体系和可再利用建筑材料的使用率大于5%。

5. 室内环境质量

（1）控制项

室内环境质量的绿色建筑评价标准的控制项分为以下几点：一是每套住宅至少有 1 个居住空间满足日照标准的要求。当有 4 个及 4 个以上居住空间时，至少有 2 个居住空间满足日照标准的要求；二是卧室、起居室（厅）、书房、厨房设置外窗，房间的采光系数不低于现行国家标准《建筑采光设计标准》GB/T50033 的规定；三是对建筑围护结构采取有效的隔声、减噪措施。卧室、起居室的允许噪声级在关窗状态下白天不大于 45dB（A），夜间不大于 35dB（A）。楼板和分户墙的空气声计权隔声量不小于 45dB，楼板的计权标准化撞击声声压级不大于 70dB。户门的空气声计权隔声量不小于 30dB；外窗的空气声计权隔声量不小于 25dB，沿街时不小于 30 dB；四是居住空间能自然通风，通风开口面积在夏热冬暖和夏热冬冷地区不小于该房间地板面积的 8%，在其他地区不小于 5%；五是室内游离甲醛、苯、氨、酚和 TVOC 等空气污染物浓度符合现行国家标准《民用建筑室内环境污染控制规范》GB50325 的规定。

（2）一般项

室内环境质量的绿色建筑评价标准的一般项分为以下几点：一是居住空间开窗具有良好的视野，且避免户间居住空间的视线干扰。当 1 套住宅设有 2 个及 2 个以上卫生间时，至少有 1 个卫生间设有外窗；二是屋面、地面、外墙和外窗的内表面在室内温、湿度设计条件下无结露现象；三是在自然通风条件下。房间的屋顶和东、西外墙内表面的最高温度满足现行国家标准《民用建筑热工设计规范》GB 50176 的要求；四是设采暖或空调系统（设备）的住宅，运行时用户可根据需要对室温进行调控；五是采用可调节外遮阳装置，防止夏季太阳辐射透过窗户玻璃直接进入室内；六是设置通风换气装置或室内空气质量监测装置。

（3）优选项

室内环境质量的绿色建筑评价标准的优选项为卧室、起居室（厅）使用蓄能、调湿或改善室内空气质量的功能材料。

6. 运营管理

（1）控制项

运营管理的绿色建筑评价标准的控制项分为以下几点：一是制定并实施节能、节水、节材与绿化管理制度；二是住宅水、电、燃气分户、分类计量与收费；三是制定垃圾管理制度，对垃圾物流进行有效控制，对废品进行分类收集，防止垃圾无序倾倒和二次污染；四是设置密闭的垃圾容器，并有严格的保洁清洗措施，生活垃圾袋装化存放。

（2）一般项

运营管理的绿色建筑评价标准的一般项分为以下几点：一是垃圾站（间）设冲洗和排水设施。存放垃圾及时清运，不污染环境，不散发臭味；二是智能化系统定位正确，采用的技术先进、实用、可靠，达到安全防范子系统、管理与设备监控子系统与信息网络子系统的基本配置要求；三是采用无公害病虫害防治技术，规范杀虫剂、除草剂、化肥、农药等化学药品的使用，有效避免对土壤和地下水环境的损害；四是栽种和移植的树木成活率大于90%，植物生长状态良好；五是物业管理部门通过ISO14001 环境管理体系认证；六是垃圾分类收集率（实行垃圾分类收集的住户占总住户数的比例）达90%以上；七是设备、管道的设置便于维修、改造和更换。

运营管理的绿色建筑评价标准的优选项为对可生物降解垃圾进行单独收集或设置可生物降解垃圾处理房。垃圾收集或垃圾处理房设有风道或排风、冲洗和排水设施，处理过程无二次污染。

四、文明施工与环境保护

（一）文明施工

1. 文明施工的意义

文明施工是在工程项目施工现场保持良好的作业环境、卫生环境和工作秩序。具体内容包括遵守施工现场文明施工的规定和要求，保证职工的安全和身体健康，同时，规范施工现场的场容，保持作业环境的整洁卫生，通过科学组织施工，使生产有序进行，并努力减少施工对周围居民和环境的影响。

文明施工是建设工程施工阶段职业健康安全与环境管理的重要内容之一。它不仅能促进安全生产，减少安全事故的发生，而且对于企业提高职工队伍的文化、技术和思想素质有着积极的作用。

2. 文明施工的组织与实施

在工程项目的施工现场，应成立以项目经理为第一责任人的文明施工管理组织。文明施工的组织管理不能和其他施工现场的管理制度分割开来，在实施文明施工的过程中，应根据施工现场安全管理、质量管理的需要而采取相应的措施。在贯彻实施文明施工过程中，应该在管理层和作业层分别贯彻文明施工教育，一方面应要求专业管理人员必须熟悉掌握文明施工的规定，另一方面还要注意对操作层的教育，尤其是要注意对临时工的岗前教育。另外还需要采取多种形式相互配合有力地贯彻执行文明施工的各项规定。

3. 施工现场文明施工的主要内容

文明施工的主要检查内容如表 8-1 所示。

表 8-1 文明施工检查表

检查项目		标准	检查情况	检查人
保证项目	现场围挡	在市区主要路段的工地周围应设置高于 2.5 米的围挡； 一般路段的工地周围应设置高于 1.8 m 的围挡； 围挡材料坚固、稳定、整洁、美观； 围挡应沿工地四周连续设置		
	封闭管理	施工现场进出口设置大门； 设置门卫和设置门卫制度；进入施工现场佩戴工作卡；门头设置企业标志		
	施工场地	工地地面做硬化处理； 道路畅通； 排水通畅； 防止泥浆、污水、废水外流或堵塞下水道和排水河道措施符合规定； 工地无积水； 工地设置吸烟处，不随意吸烟； 温暖季节有绿化布置		
	材料堆放	建筑材料、构件、料具应按总平面布局堆放； 料堆应挂名称、品种、规格等标牌； 堆放整齐； 做到工完场地清； 建筑垃圾堆放整齐、并标出名称、品种； 易燃易爆物品要分类存放		
	现场住宿	在建工程不能作住宿地； 施工作业区与办公、生活区要能明显划分； 宿舍保暖和防煤气中毒措施符合要求； 宿舍消暑和防蚊虫叮咬措施健全； 床铺、生活用品放置整齐；宿舍周围环境卫生、安全		
	现场防火	消防措施、制度和灭火器材符合要求； 灭火器材配置合理； 消防水源（高层建筑）能满足消防要求； 有动火审批手续和动火监护		

检查项目		标准	检查情况	检查人
一般项目	治安综合治理	生活区提供工人设置学习和娱乐场所； 建立治安保卫制度、责任分解到人； 治安防范措施有力，杜绝发生失盗事件		
	施工现场标牌	大门口处挂五牌一图、内容齐全； 标牌规范、整齐； 有安全标语； 设置宣传栏、读报栏、黑板报等		
	生活设施	厕所符合卫生要求； 不随地大小； 食堂符合卫生要求； 有卫生责任制； 有保证供应卫生饮水； 有淋浴室，淋浴室符合要求； 生活垃圾及时清理，及时装入容器并专人管理		
	保健急救	具有保健医药箱； 具有急救措施和急救器材；具有经培训的急救人员； 开展卫生防病宣传教育		
	社区服务	有防粉尘、防噪声措施； 夜间未经许可不能施工； 现场不能焚烧有毒、有害物质； 建立施工不扰民措施		

（二）施工环境保护

1. 环境保护的意义

目前，为了实现人类社会的可持续发展，保护自然环境已经成为我们日常生产生活中不可缺少的一部分内容。建筑业的生产过程和特点决定了建筑施工，过程中存在着很多环境污染的潜在隐患。如果处理不好，会造成严重的环境污染。近些年来，随着人们的法制观念和自我保护意识的增强，施工扰民问题反映突出，因此，采取必要的措施防止噪声污染，也是施工生产顺利进行的基本条件。因此可以看出，环境保护不仅可以保护企业职工的健康、防止自然环境免受污染，而且对企业的生存和发展也是十分重要的。

2. 施工环境保护的要求

施工环境保护的主要目的是防止在施工生产过程中造成的环境污染，识别和控制各种潜在的污染源，并尽量保证在生产过程中有效节约能源和避免资源的浪费。施工过程中的污染源包括粉尘、废水、废气、固体废弃物、噪声和振动以及放射性物质等。

（1）施工过程中大气污染的防治

施工过程中大气污染物的来源主要有烧煤产生的烟尘，建材破碎、筛分等过程产生的粉尘以及施工动力机械尾气排放等。根据其大气污染物的特点，可以分为两类，一类为气体状态污染物，另一类为粒子状态污染物。粒子状态污染物包括降尘和飘尘（粒径小于10微米为飘尘）。飘尘易随呼吸进入人体肺脏，危害人体健康，严重的会造成尘肺等职业病。

在施工过程中为了有效地防止大气污染，应该通过采取清扫、洒水、遮盖、密封等措施。严格控制施工现场和施工运输过程中的降尘和飘尘对周围大气的污染。另外，应严格禁止在工地现场随意焚烧导致产生有毒有害气体的各种物质，同时还需要考虑尽量不使用有毒有害的化学涂料等。

（2）施工过程中水污染的防治

施工过程中水污染的来源主要有包括施工现场产生的各种废水以及固体废弃物随水流流入水体的部分，包括各种泥浆、水泥、油漆、混凝土外加剂等。造成水污染的有毒物质一般包括有机物质和无机物质。

施工过程中水污染的防治主要从两方面加以考虑：一方面要尽量采取合理的施工方案，尽量避免和减少污水的产生，控制污水的排放量；第二方面应通过各种措施尽可能使废水能够循环利用。

（3）施工过程中固体废弃物的处理

建筑施工过程中产生的固体废弃物包括建设工程施工生产和生活中产生的固态、半固态废弃物质。通常，施工工地上常见的固体废弃物包括施工生产中产生的建筑渣土、废弃建筑施工材料和包装材料以及施工人员在生活中产生的生活垃圾以及粪便等。对于建筑施工中固体废弃物的处理。其基本思想是资源化、减量化和无害化。具体地说，可以通过压实浓缩、破碎、分选、脱水干燥等物理方法进行减量化、无害化处理，也可以通过氧化还原、中和、化学浸出等化学方法进行处理，还可以考虑采用好氧和厌氧处理等生物处理方法。另外，对于可以回收利用的同体废弃物应该尽量回收利用，并将经无害化、减量化处理的固体废弃物运到专门的填埋场进行集中处置。对于不宜处理的固体废弃物可以采用焚烧等热处理方法进行处理。

（4）施工过程中噪声的防治

施工现场的噪声污染的主要来源包括施工机械产生的噪声、运输工具产生的噪声，以及人们生产和生活过程中产生的噪声等。施工噪声是危害施工现场生产人员健康和周边居民生活的主要原因。长期工作在90dB以上的噪声环境中，会最终发展为不可治愈的噪声聋。如果长期生活在高达140dB以上噪声的强烈刺激就可能造成耳聋。施工现场噪声的控制措施可以从声源、传播途径、接收者防护等方面来考虑。

五、绿色施工

（一）绿色施工的定义与原则

绿色施工是指工程建设中，在保证质量、安全等基本要求的前提下，通过科学管理和技术进步，最大限度地节约资源与减少对环境负面影响的施工活动，实现四节一环保（节能、节地、节水、节材和环境保护）。

绿色施工是建筑全寿命周期中的一个重要阶段。实施绿色施工，应进行总体方案优化。在规划、设计阶段，应充分考虑绿色施工的总体要求，为绿色施工提供基础条件。实施绿色施工，应对施工策划、材料采购、现场施工、工程验收等各阶段进行控制，加强对整个施工过程的管理和监督。

（二）绿色施工总体框架

绿色施工总体框架由施工管理、环境保护、节材与材料资源利用、节水与水资源利用、节能与能源利用、节地与施工用地保护六个方面组成。这六个方面涵盖了绿色施工的基本指标，同时包含了施工策划、材料采购、现场施工工程验收等各阶段的指标的子集。

（三）绿色施工要点

1. 绿色施工管理

（1）组织管理

建立绿色施工管理体系，并制定相应的管理制度与目标。项目经理为绿色施工第一责任人，负责绿色施工的组织实施及目标实现，并指定绿色施工管理人员和监督人员。

（2）规划管理

编制绿色施工方案。该方案应在施工组织设计中独立成章，并按有关规定进行审批。

绿色施工方案应包括以下内容：一是环境保护措施，制定环境管理计划及应急救援预案，采取有效措施，降低环境负荷，保护地下设施和文物等资源；二是节材措施，在保证工程安全与质量的前提下，制定节材措施。如进行施工方案的节材优化，建筑垃圾减量化，尽量利用可循环材料等；三是节水措施，根据工程那个所在地的水资源状况，制定节水措施；四是节能措施，进行施工节能策划，确定目标，制定节能措施；五是节地域施工用地保护措施，制定临时用地指标、施工总平面布置规划及临时用地节地措施等。

2. 节材与材料资源利用技术要点

（1）节材措施

第一，图纸会审时，应审核节材与材料资源利用的相关内容，达到材料损耗率比定额损耗率降低 30%。

第二，根据施工进度、库存情况等合理安排材料的采购、进场时间和批次，减少库存。

第三，现场材料堆放有序。储存环境适宜，措施得当。保管制度健全，责任落实。

第四，材料运输工具适宜，装卸方法得当，防止损坏和遗洒。根据现场平面布置情况就近卸载，避免和减少二次搬运。

第五，采取技术和管理措施提高模板、脚手架等的周转次数。

第六，优化安装工程的预留、预埋、管线路径等方案。

第七，应就地取材，施工现场500千米以内生产的建筑材料用量占建筑材料总重量的70%以上。

（2）结构材料

第一，推广使用预拌混凝土和商品砂浆。准确计算采购数量、供应频率、施工速度等，在施工过程中动态控制。结构工程使用散装水泥。

第二，推广使用高强钢筋和高性能混凝土，减少资源消耗。

第三，推广钢筋专业化加工和配送。

第四，优化钢筋配料和钢构件下料方案。钢筋及钢结构制作前应对下料单及样品进行复核，无误后方可批量下料。

第五，优化钢结构制作和安装方法。大型钢结构宜采用工厂制作，现场拼装；宜采用分段吊装、整体提升、滑移、顶升等安装方法，减少方案的措施用材量。

第六，采取数字化技术，对大体积混凝土、大跨度结构等专项施工方案进行优化。

（3）围护材料

门窗、屋面、外墙等围护结构选用耐候性及耐久性良好的材料．施工确保密封性、防水性和保温隔热性。

门窗采用密封性、保温隔热性能、隔音性能良好的型材和玻璃等材料。

屋面材料、外墙材料具有良好的防水性能和保温隔热性能。

当屋面或墙体等部位采用基层加设保温隔热系统的方式施工时，应选择高效节能、耐久性好的保温隔热材料，以减小保温隔热层的厚度及材料用量。

屋面或墙体等部位的保温隔热系统采用专用的配套材料，以加强各层次之间的粘结或连接强度，确保系统的安全性和耐久性。

根据建筑物的实际特点．优选屋面或外墙的保温隔热材料系统和施工方式．例如保温板粘贴、保温板干挂、聚氨酯硬泡喷涂、保温浆料涂抹等，以保证保温隔热效果，并减少材料浪费。

加强保温隔热系统与围护结构的节点处理，尽量降低热桥效应。针对建筑物的不同部位保温隔热特点，选用不同的保温隔热材料及系统，以做到经济适用。

（4）装饰装修材料

贴面类材料在施工前，应进行总体排版策划，减少非整块材的数量。

采用非木质的新材料或人造板材代替木质板材。

防水卷材、壁纸、油漆及各类涂料基层必须符合要求，避免起皮、脱落。各类油漆及黏结剂应随用随开启。不用时及时封闭。

幕墙及各类预留预埋应与结构施工同步。

木制品及木装饰用料、玻璃等各类板材等宜在工厂采购或定制。

采用自粘类片材，减少现场液态黏结剂的使用量。

（5）周转材料

应选用耐用、维护与拆卸方便的周转材料和机具。优先选用制作、安装、拆除一体化的专业队伍进行模板工程施工。模板应以节约自然资源为原则，推广使用定型钢模、钢框竹模、竹胶板。施工前应对模板工程的方案进行优化。多层、高层建筑使用可重复利用的模板体系，模板支撑宜采用工具式支撑。优化高层建筑的外脚手架方案，采用整体提升、分段悬挑等方案。推广采用外墙保温板替代混凝土施工模板的技术。现场办公和生活用房采用周转式活动房。现场围挡应最大限度地利用已有围墙或采用装配式可重复使用围挡封闭。力争工地临房、临时围挡材料的可重复使用率达到70%。

3. 节水与水资源利用的技术要点

（1）提高用水效率

施工中采用先进的节水施工工艺；施工现场喷洒路面、绿化浇灌不宜使用市政自来水，现场搅拌用水、养护用水应采取有效的节水措施，严禁无措施浇水养护混凝土；施工现场供水管网应根据用水量设计布置，管径合理、管路简捷，采取有效措施减少管网和用水器具的漏损；现场机具、设备、车辆冲洗用水必须设立循环用水装置。施工现场办公区、生活区的生活用水采用节水系统和节水器具，提高节水器具配置比率，项目临时用水应使用节水型产品，安装计量装置，采取针对性的节水措施；施工现场建立可再利用水的收集处理系统，使水资源得到梯级循环利用；施工现场分别对生活用水与工程用水确定用水定额指标，并分别计量管理；大型工程的不同单项工程、不同标段、不同分包生活区，凡具备条件的应分别计量用水量，在签订不同标段分包或劳务合同时，将节水定额指标纳入合同条款，进行计量考核；对混凝土搅拌站点等用水集中的区域和工艺点进行专项计量考核。施工现场建立雨水、中水或可再利用水的搜集利用系统。

（2）非传统水源利用

优先采用中水搅拌、中水养护，有条件的地区和工程应收集雨水养护。

处于基坑降水阶段的土地，宜优先采用地下水作为混凝土搅拌用水、养护用水、冲洗用水和部分生活用水。

现场机具、设备、车辆冲洗、喷洒路面、绿化浇灌等用水，优先采用非传统水源，尽量不使用市政自来水。

大型施工现场，尤其是雨量充沛地区的大型施工现场建立雨水收集利用系统，充分收集自然降水用于施工和生活中适宜的部位。

力争施工中非传统水源和循环水的再利用量大于30%。

（3）用水安全

在非传统水源和现场循环再利用水的使用过程中，应制定有效的水质检测与卫生保障措施，确保避免对人体健康、工程质量以及周围环境产生不良影响。

4. 节能与能源利用的技术要点

（1）节能措施

制定合理施工能耗指标，提高施公共能源利用率。

优先使用国家、行业推荐的节能、高效、环保的施工设备和机具，如选用变频技术的节能施工设备等。

施工现场分别设定生产、生活、办公和施工设备的用电控制指标，定期进行计量、核算、对比分析，并有预防与纠正措施。

在施工组织设计中，合理安排施工顺序、工作面，以减少作业区域的机具数量，相邻作业区充分利用共有的机具资源。安排施工工艺时，应优先考虑耗用电能的或其他能耗较少的施工工艺。避免设备额定功率远大于使用功率或超负荷使用设备的现象。

根据当地气候和自然资源条件，充分利用太阳能、地热等可再生能源。

（2）机械设备与机具

建立施工机械设备管理制度，开展用电、用油计量，完善设备档案。及时做好维修保养工作，使机械设备保持低耗、高效的状态。

选择功率与负载相匹配的施工机械设备，避免大功率施工机械设备低负载长时间运行。机电安装可采用节电型机械设备。如逆变式电焊机和能耗低、效率高的手持电动工具等，以利节电。机械设备宜使用节能型油料添加剂，在可能的情况下，考虑回收利用，节约油量。

合理安排工序，提高各种机械的使用率和满载率，降低各种设备的单位耗能。

（3）生产、生活及办公临时设施

利用场地自然条件，合理设计生产、生活及办公临时设施的体形、朝向、间距和窗墙面积比，使其获得良好的日照、通风和采光。南方地区可根据需要在其外墙窗设遮阳设施。

临时设施宜采用节能材料，墙体、屋面使用隔热性能好的材料，减少夏天空调、冬天取暖设备的使用时间及耗能量。

合理配置采暖、空调、风扇数量，规定使用时间，实行分段分时使用，节约用电。

（4）施工用电及照明

临时用电优先选用节能电线和节能灯具，临电线路合理设计、布置，临电设备宜采用自动控制装置。采用声控、光控等节能照明灯具。

照明设计以满足最低照度为原则，照度不应超过最低照度的20%。

5. 节地与施工用地保护的技术要点

（1）临时用地指标

根据施工规模及现场条件等因素合理确定临时设施，如临时加工厂、现场作业棚及材料堆场、办公生活设施等的占地指标。临时设施的占地面积应按用地指标所需的最低面积设计。

要求平面布置合理、紧凑，在满足环境、职业健康与安全及文明施工要求的前提下尽可能减少废弃地和死角，临时设施占地面积有效利用率大于90%。

（2）临时用地保护

应对深基坑施工方案进行优化，减少土方开挖和回填量，最大限度地减少对土地的扰动，保护周边自然生态环境。

红线外临时占地应尽量使用荒地、废地，少占用农田和耕地。工程完工后，及时对红线外占地恢复原地形、地貌，使施工活动对周边环境的影响降至最低。

利用和保护施工用地范围内原有绿色植被。对于施工周期较长的现场。可按建筑永久绿化的要求，安排场地新建绿化。

（3）施工总平面布置

施工总平面布置应做到科学、合理，充分利用原有建筑物、构筑物、道路、管线为施工服务。

施工现场搅拌站、仓库、加工厂、作业棚、材料堆场等布置应尽量靠近已有交通线路或即将修建的正式或临时交通线路，缩短运输距离。

临时办公和生活用房应采用经济、美观、占地面积小、对周边地貌环境影响较小，且适合于施工平面布置动态调整的多层轻钢活动板房、钢骨架水泥活动板房等标准化装配式结构。

生活区与生产区应分开布置，并设置标准的分隔设施。

施工现场围墙可采用连续封闭的轻钢结构预制装配式活动围挡，减少建筑垃圾，保护土地。

施工现场道路按照永久道路和临时道路相结合的原则布置。施工现场内形成环形通路，减少道路占用土地。

临时设施布置应注意远近结合（本期工程与下期工程），努力减少和避免大量临时建筑拆迁和场地搬迁。

第九章　工程质量检测

工程质量一直以来都备受国家重视，自新中国成立以来，国家就提出了"百年大计，质量第一"的建设方针。从实践层面来看，由于工程质量关乎经济建设、社会民生及公民安全利益等，需要有效管理工程质量，防止项目建设的偷工减料、弄虚作假等问题；从理论层面来看，由于项目建设具有开发时间长、施工工序冗长、工程管理难度大、责任主体和相关单位关系复杂等特点，任何施工环节或管理环节的差错，都会对工程质量造成一定的影响。而且，从本质上来看，信息的不对称与数据的不可得是影响工程质量管理的核心和关键。因此，在工程质量管理过程中，数据信息的及时获取、数据信息的共享和数据信息的交流成为解决问题的基础。而建立工程质量管理信息系统是有效提升工程质量管理水平的基石。在此基础上，为重大项目、建筑业、房地产等提供监管服务，有助于提高工程质量的管理水平，为建筑业实现信息化管理，提供技术支撑与制度支撑。

从我国当前工程管理的发展现状来看，由于缺乏工程质量监管信息系统，导致工程质量检测数据收集、整理、分析面临着诸多困难，从而对工程质量管理带来了巨大的挑战。随着城市化的快速发展，层出不穷的工程质量问题受到越来越多的关注。在我国城镇化建设过程中，工程质量管理的信息化问题日益突出。具体表现为城市规划滞后、信息化发展水平良莠不齐、技术标准难以统一、信息资源存在隔离等诸多问题，越来越难以适应当前工程质量管理发展的需要。而且，任由这一问题的发展，将会对经济社会的稳健发展产生越来越大的影响。因此，亟待需要研究和建立工程质量管理信息系统，收集工程建设过程的全面的、动态的、及时的生产、施工、安装等数据信息，以数据分析支持现场与非现场工程质量监管，及时发现问题，提出工程整改程序。

第一节　工程质量检测概述

一、工程质量检测的概念

（一）相关定义

工程是将自然科学原理应用到工农业生产部门中去而形成各学科的总称，而本文中的工程则是特指"土木工程""建设工程"，土木工程是建造各类工程设施的科学技术的统称，它不但包括所应用的材料、设备和所进行的勘测、设计、施工、保养维修等技术活动，还包括工程建设的对象，即建造在地上或地下、陆上或水中，以及直接或间接为人类生活、生产、军事和科学服务的各种工程设施，例如房屋、道路、铁路、运输管道、隧道、桥梁、运河、堤坝、港口、给水排水及防护工程等；建设工程是为人类生活、生产提供物质技术基础的各类建筑物和工程设施。我们通常所说的建设工程则是指由住建部→住建厅行使管辖行政权限的房屋建筑与市政基础设施工程。住建厅行使管辖行政权限的房屋建筑与市政基础设施工程。

质量是指一组固有特性满足要求的程度。建设工程质量简称工程质量，是指建设工程满足相关标准规定和合同约定要求的程度，包括其在安全、使用功能及其在耐久性能、节能与环境保护等方面所有明示和隐含的固有特性。工程质量包括适用性、耐久性、安全性、可靠性、经济型、节能性、与环境的协调性等。

检测是指采用特定（设计要求、标准规定、合同约定，下同）的方法检验测试某种物体的方法检验测试某种物体（气体、液体、固体）特定的技术性能指标。工程质量检测的定义是：按照相关规定的要求，采用试验、测试等技术手段确定建设工程的建筑材料、工程实体质量特性的活动。建设工程质量检测，是指工程质量检测机构接受委托，依据国家有关法律、法规和工程建设强制性标准，对涉及结构安全项目的抽样检测和对进入施工现场的建筑材料、构配件的见证取样检测。

（二）工程检测详解

工程检测指的是应工程各利益相关方要求，在工程全寿命周期各阶段，对与工程相关的安全与质量指标进行的检验、测试、评价与判定。

工程检测首先是应工程利益相关各方要求。仅从建设过程而言，与工程相关各方主体至少包括建设、勘察、设计、施工、监理五个方面，更广泛的还应该包括监督部门、使用单位等，他们都有掌握工程安全与质量指标的需求，当然可以据此提出对工程进行特定项目检测的要求。

工程全寿命周期的概念则是指的工程从项目建议书开始，立项、可行性研究、初步勘察、初步或扩大初步设计、详勘、施工图设计、施工准备、开始施工、施工过程、竣工验收、质量保修、使用等全过程，实际上体现的是质量管理的事前、事中、事后控制。

与工程相关的安全与质量指标则是包括所有与工程建设与使用过程中，可能影响到安全与质量的各项要求，包括地质条件、材料质量、安全与防护、主体结构工程、设备安装、装饰装修与防护工程、辅助设施等。

（三）工程质量检测的范围

按照《部颁办法》，将质量检测分为地基基础工程检测、主体结构工程现场检测、建筑幕墙工程检测、钢结构工程检测等专项以及见证取样检测等共五个专业类别，后来又在《部颁办法》的基础上，增加了建筑节能检测、建筑智能化工程检测、室内环境检测、设备安装工程检测等四个专业类别，因此现行规定中对于建设工程质量检测的范围规定为：

第一，地基基础工程专项检测，包括地基及复合地基承载力静载检测，桩的承载力检测，桩身完整性检测，锚杆锁定力检测等。

第二，主体结构工程现场专项检测，包括混凝土、砂浆、砌体强度现场检测，钢筋保护层厚度检测，混凝土预制构件结构性能检测，后置埋件的力学性能检测等。

第三，建筑幕墙工程专项检测，包括建筑幕墙气密性、水密性、风压变形性能、层间变位性能检测，硅酮结构胶相容性检测等。

第四，钢结构工程专项检测，包括钢结构焊接质量无损检测，钢结构防腐及防火涂装检测，钢结构节点、机械连接用紧固标准件及高强度螺栓力学性能检测，钢网架结构的变形检测等。

第五，见证取样检测，包括水泥物理力学性能检验，钢筋（含焊接与机械连接）力学性能检验，砂、石常规检验，混凝土、砂浆强度检验，简易土工试验，混凝土掺加剂检验，预应力钢绞线、锚夹具检验，沥青、沥青混合料检验等。

第六，建筑节能专项检测，包括建筑材料节能性能检测，建筑构件热阻或传热系数检测，建筑外门、外窗气密性检测和保温性能检测（K值）检测，围护结构热阻或传热系数、热工缺陷检测，外墙外保温系统及其组成材料性能检测等。

第七，建筑智能化工程专项检测，包括建筑设备监控系统检测，综合布线检测，信息网络系统检测，有线电视和卫星电视系统检测，安全防范系统检测，电源与接地检测等。

第八，室内环境专项检测，包括室内环境污染物检测，土壤中氡浓度检测等

第九，设备安装工程专项检测，包括建筑给水、排水及采暖工程检测（水压试验），建筑电气工程检测（绝缘电阻、接地电阻），通风与空调工程检测等。

（四）工程质量检测的流程

《部颁办法》要求申请检测资质的机构应具备与所申请检测资质范围相对应的计量认证证书，而按照《实验室资质认定评审准则》(以下简称《准则》)的要求，所有检测机构都应建立并有效运行的质量管理体系；另外《GB50618-2011房屋建筑和市政基础设施工程质量检测技术管理规范》（以下简称《GB 50618》)也对检测完整程序做出了细致的规定，综合可知检测流程如下：

1. 签约

签约不仅是简简单单的签下一个协议，应该包括：商定检测委托意向，对于规模较小且检测费用不高的项目，通常由委托单位通过介绍或询价直接指定意向检测单位，对于规模较大，或检测费用较高的项目，则应采取招投标的方式确定意向检测单位；编制检测方案，具体到一个工程项目应该完成哪些、完成多少检测工作，应该收集施工图设计要求、

施工组织设计、标准规范规定、施工合同约定等，并据此编制检测方案，并应经过项目利益相关各方同意并报项目监督部门备案后，方能成为检测委托合同的专项条款之一；最后才是合同的签订。

2. 取样送检、现场检测

这一步则分为两种，试验室检测针对原材料进场验收检测、半成品质量检验检测，由委托方在工程施工现场按规范要求、在见证人员的见证下制取试样、并送检测单位检测的过程，所制取试样真实性、代表性方面的责任，由取样人员和见证人员及其所在单位共同承担，并以见证取样单等为据。现场检测项目针对建筑结构、使用功能及因运输不便不能送检的大型构件的检测，由委托方组织利益相关各方制定抽样方案，而后具备检测条件前通知检测单位安排人员、设备进入工程现场，在见证人员见证下实施现场检测的过程，该过程中行为规范性方面的责任，应由检测人员和见证人员以及他们所在的单位共同承担，并以现场见证证明材料等记录为据。

3. 数据记录与分析

与上一步一样也分为两种，试验室检测需要记录设备使用情况、试验室环境情况、检测数据与过程情况等信息，现场检测需要记录设备交接情况、现场设备使用情况、检测现场环境情况、检测数据与过程情况等信息，所有计算与分析过程均应在核对三大记录内容相符后进行。

4. 后续处理

所有检测结束后，均应对设备进行必要的维护，对环境进行适当的清理，对现场抽取的样品，或是检测后需要保存的样品进行留样处理。

5. 报告出具

检测数据与计算分析的结果，应该及时、准确出具正式的检测报告；对于检测结果不合格的报告，还应在交付委托单位的同时、报送一份给项目监督部门，并向利益相关各方提出扩大检测或验证检测的建议。检测报告就是检测单位的产品，按照质量管理体系等相关要求，一份检测报告通常应附上 9 份记录以溯源检测过程，它们包括检测方案、检测合同、送检单或抽样通知单、样品或任务接收记录、样品或任务流转单、试样唯一性标识存根、环境监测记录、设备使用或流转记录、检测原始记录。

二、工程质量检测行业监管的内涵

而自 20 世纪 80 年代以来，我国的工程检测任务就一直由第三方独立的检测机构承担，他们就是构成检测行业的基石。前文已经提到，我国当前的工程检测行业大都由或国营、或私营、或合资、或股份的企业组成，基于企业的利润最大化原则必然驱使他们采用各种手段来降低成本、提高利润，并攫取最大的利益。达成目的的手段则是虚假报告，包括根本就不进行实际检测即行出具报告，包括实际检测不按规范要求完成，包括调整检测数据等。工程质量检测行业监管的目的就是规范检测行为，使之真正为保障工程建设质量服务。

（一）国内工程检测行业发展历程

计划经济时期，房屋建筑与市政基础设施工程都是由国家统一投资建设，当时的施工企业大都沿用军队的管理模式，比如计划经济时期，房屋建筑与市政基础设施工程都是由国家统一投资建设，当时的施工企业大都沿用军队的管理模式。同样，基本建设所使用的包括水泥、钢筋、木材等三大主材在内的所有材料几乎都来自政府调拨，自然也就不存在材料进场检验的要求，施工过程的质量检测也只有在施工过程施工单位对钢材等主要建筑材料和混凝土、砂浆等主要半成品制作少量试件用于自行检测。

改革开放之初，引入有计划的商品经济同时，工程检测行业也随之兴起。邓小平同志也说过：在一个房间内，你若想呼吸到新鲜的空气则必须打开窗户，当然打开窗户后新鲜空气进来了，但是苍蝇、蚊子等也跟着进来了。正是在商品经济兴起、极大地丰富了人民群众物质生活的同时，就开始有了极少数建筑公司盲目追求降低成本、提高利润的做法，偷工减料、以次充好、虚报工程量，这些行为给经济建设带来了不少损失，为此，20世纪80年代末至90年代初，本着公正、公平的原则，各地纷纷成立第三方检测机构。据我所知国内最早一批具有独立地位的检测机构，就包括于1985年由中国建筑科学研究院负责筹建的国家建筑工程质量监督检验中心，该中心在1989年通过国家技术监督局的审查认可及计量认证。到90年代中期为止，绝大多数地市一级行政区域都成立了建筑工程质量检测中心。事实上当时的"检测中心"都是直属于当地建设局或建工局、承担一定的行政职能的事业单位，不仅仅只是接受建设或施工单位的委托才能承担检测业务，还是一家依法设置和依法授权的质量监督检验机构。

越来越发达的市场经济，给工程建设领域引入了竞争机制，竞争无非涉及质量、进度、造价、服务等方面，工程检测行业存在的作用，就在于确认有限造价的工程、其质量能够满足使用要求。然而这个时期的工程检测机构已经不再具有行政职能，而转变为社会服务企业，甚至现在绝大多数检测单位的体制已经归于企业，不仅如此，自从20世纪末建设部发文放开检测市场开始，陆陆续续成立了很多或私营，或股份，或合资的检测公司。我国目前有工程质量检测单位约六千家，它们大致可以分为这么几类：

第一类是国家级检测中心，如：国家建筑工程质量监督检验中心、国家水泥混凝土制品质量监督检验中心等，它们大都是与直属各部委的科研院所合署办公，即所谓的一套班子两块牌子；这一类检测单位由于技术力量雄厚，并非仅仅作为一个检测单位存在，通常还承担着监督检验、新项目开发、新方法研究、专业技术咨询与培训、标准编写等任务。

第二类则是所有省级行政区域都有一家住建厅下辖的检测中心，它们在本省内的组成方式、任务职责等都类似于国家级检测中心。

第三类则是全国绝大多数的地级市原本都有直属于当地建设局或建工局的检测中心，如今除小部分仍属事业单位外，大部分都已经改制为企业，但隶属关系没有改变；尽管也开始受到市场竞争的侵扰，但在当地工程检测市场仍然承担较大的份额，这是与当地建设/建工局长对工程质量检测工作的重视程度成正比的。

第四类则是全国绝大多数的县、以及一些比较大的区都有一家直属于当地建设局或建管站的检测中心（站），由于相对而言县级行政区域工程检测市场体量还不够大，作为它们的主管部门为了便于管理，大都维持事业单位的性质不变，并作为当地法定检测结构存在。

第五类原各建筑公司、商品混凝土公司等企业按资质规定本应配备内部试验室，而后又因为市场原因从名义上脱离母公司，成为所谓的独立法人的检测公司。

第六类则是原各检测中心（站）的高层——主任、站长、总工等——从原单位离职后，自筹资金建立的检测公司；这两类检测单位通常既有原本公司的市场，又有机制灵活、市场竞争手段灵活的优势，总能通过市场行为占据较多的份额。

第七类则是社会闲散资金觊觎检测行业的高利润率，却忽视了高责任、高风险，筹集资金建立的检测公司；这一类检测单位中，负责人大都没有检测从业经历，以至于完全没有检测专业技术及其管理能力，同时也就没有了对检测质量风险的承受能力，也没有了对检测市场维护的责任心；它们往往是最容易受利益驱动的一类，同时也最容易受市场冲击。

（二）工程质量检测行业监管的范围

行业的监管，当然不能仅仅只是对行为的监管，而是应该包含从规则的建立、市场的培育、资源的开发、行为的监管等等。我们知道，由于我国工业化进程的历史很短暂，检测行业从起步至今甚至还没有超过三十年，行业主管部门如何通过政策调控来培育检测行业还是一个新的课题；我们可以对比一下我国的交通、建设、电力、铁道等不同部门对于检测行业的监管，就会发现目前的政府还没有一套成熟的、普适的管理机制，因此如何做好检测行业的规划非常重要；规划的重点又在于规则的建立，这就包括检测单位的资格条件、检测人员的资质条件、检测行为的过程要求、检测结果的质量控制等等；另外，又由于目前社会上合格的检测专业技术人员严重不足，还有不少检测单位的人力资源管理还不能自主行事，那么如何在现有条件下提高检测行业技术门槛的同时、又不会阻碍行业的发展，早已是行业主管部门案头的重点问题；行业监管的最终目的还是让检测行业的产品真正为提高工程建设质量水平服务，所以行业监管最终还是归结于行为的监管，因此更应该加强对工程质量检测行为的事前、事中、事后控制。

（三）我国工程质量检测服务体系的管理模式

随着我国社会主义市场经济的不断深入发展以及建设市场的产值在近几年时间里的持续扩大，建设市场对工程检测的服务需求和能力要求也在逐步提升。自工程质量检测市场化改革开始后，检测市场从过去基本由政府性工程检测机构垄断经营，转变为以独立企业形式运作和政府性检测机构并存的市场。检测行业是政策导向性很强的行业，尤其是在工程检测领域，目前我国工程质量检测市场还是一个不完全开放的市场，这一点与大多数商品类检测市场不同。当前，我国政府性的工程检测机构仍占据工程检测市场的主体部分，但在检测市场中所占比例随着检测企业的逐渐增多而逐年递减。这些官方检测机构以政府信用为依托，以国家资金建立，覆盖了所有的检测需求层面，有的作为政府部门直接行使监督管理的行政职能；有的作为国有企业，以企业化运作的方式进入我国检测市场。

政府性检测机构的建立是为了适应在我国市场经济快速发展的需求，也是为政府监管部门对建设行业的质量管理和控制提供准确而科学的技术依托。目前，我国的工程质量检测服务体系已相对完善，几乎覆盖所有的工程质量检测项目。通过依托政府统筹协调能力，官方检测机构与高校和科研机构共同合作推进我国检测技术进步，极大促进了建设施工技术和新型建材研发认证等多方面的发展。在地域性上，也正因为这些检测机构的官方背景，政府检测机构几乎覆盖了我国大多数县市的建设工程和建设材料质量检测工作。这些官方检测机构除了提供常规检测项目服务以外，还承担政府监管部门的监督抽查、司法检验鉴定、新产品认证检验，为保障公共安全、建设市场的有序管理、政府监管提供技术支持；为建设行业建立行业标准化、质量保障体系建立等多方面发挥了技术保障的作用，为我国建设行业的快速健康发展奠定了基础。

质监局和住建委是我国建设工程质量检验检测市场的主要监管机构，无论是官方检测机构还是私营检测机构，全部都要进行资质审查、计量认证，并对检测机构和检测人员进行注册管理，要求检测人员和质量技术负责人必须持证上岗，所有检测数据上传政府监管部门的数据库，同时开展检测机构间的盲样检测比对试验、能力验证试验、人员执业资格再教育考核、年度实验室评审、定期检查、突击抽查等多种监管方式。

我国建设质量工程检测实验室的基础性认证是 CMA 认证，CMA 是 China Metrology Accreditation 的缩写，即"中国计量认证"。

在我国，有法律明确要求建设质量工程检测机构必须通过省级以上政府计量行政部门认证考核才可出具具有法律公正效力的检测数据，且该认证为法制性强制考核，这种考核定名为："计量认证"。计量认证分为国家级和省级两级，根据不同的计量认证需求：国家级由国家认监委组织实施；省级由省级质量技术监督局负责组织实施。检测机构通过计量认证部门的考核评审获得 CMA 认证后，实验室可在其出具的检验报告上可使用 CMA 标记，具有 CMA 标记的报告具有法律效力，可用于质量鉴定、仲裁和司法评定依据，采用未获得 CMA 认证的检测机构出具的数据，该数据在我国不具有法律效力。CMA 计量认证是我国工程质量检测机构开展检测服务、出具质量检测报告合法性的基础性认证。

三、全面质量管理（TQM）理论及其应用

（一）全面质量管理的基本理论

全面质量管理原本是针对企业的一种管理手段，本文是希望能够借鉴全面质量管理这

一手段，引入到对于整个行业进行管理中并成为其中的有效成分。

全面质量管理是一个单位以质量为中心，以全员参与为基础，目的在于通过让顾客满意和本组织所有成员受益，而达到长期成功的管理途径。全面质量管理是企业全员参加的质量管理工作，这体现了它的全员性。质量管理牵扯到上上下下各部门的工作，全员参加质量管理有助于提高人们对质量管理的积极性，可以发挥每一个人的聪明才智，为企业创造效益。企业的领导者是质量方针的制订者，企业职工是质量目标的落实者，企业领导盛须参加全面质量管理，并推进其实施，企业领导必须加强对企业员工的培训、教育，其目的在于提高人员的素质，增强质量意识，用高素质保证高质量。质量目标是企业各项管理目标的核心内容，推行全面质量管理就是围绕着企业的方针目标而展开的一系列的质量管理活动。"用户是上帝"，提高产品质量进行全面质量管理的终极目标是：社会受益、用户满意、企业获利，这三者间是一致的。

（二）如何在行业管理中借鉴全面质量管理的理念

我们将上条中相关内容逐字逐句从企业向行业转化后，得到了全面质量管理在工程质量检测行业监管中的应用：全面质量管理是工程质量检测行业以检测与服务质量为中心，以全体行业单位与从业人员参与为基础，目的在于通过让建设各方主体满意和工程质量检测行业全体单位与从业人员受益，而达到长期成功的监督管理途径。全面质量管理是全行业成员参加的质量管理工作，这体现了它的全员性。质量管理牵扯到各检测单位、各级行业主管部门、各级检测行业协会及其分会、各利益相关方的工作，全行业成员参加质量管理有助于提高人们对质量管理的积极性，可以发挥每一个人、每一个集体的聪明才智，为行业创造社会效益、经济效益。行业主管部门——质监局是行业政策的制订者与执行者，行业成员是检测行为的实施者，行业主管部门必须参与到全面质量管理钟来，并推进其实施，行业主管部门必须加强对行业成员的培训、教育，其目的在于提高成员的素质，增强质量意识，用高素质保证高质量。行业政策是行业各项管理目标的核心内容，推行全面质量管理就是围绕着行业的方针目标而展开的一系列的质量管理活动。"用户是上帝"，提高检测与服务质量进行全面质量管理的终极目标是：政府减少审批、建设领域受益、委托单位满意、行业拓展得力、企业得到实利，共赢的局面才是全面质量管理的目的。

（三）行业管理中全面质量管理的具体应用

理论最终是为了指导实践的，全面质量管理如何应用于工程质量检测行业监管，思路如下：

1. 适时完善行业规则

行业规则体现在法律法规体系和标准规范体系，作为行业主管部门的质监局应该尽早完善工程质量检测行业的相关规则，并根据省质监局应该尽早完善工程质量检测行业的相关规则，并根据所在地区的行业特色做出适时的调整。

首先是规范检测行业从业人员的专业技术水平和职业道德素质。我们知道,不论是依法治国、还是以德治国,最终实施者还是人,所以即使是以法律法规体系最为健全的美国,其行业监管也离不开人,那么如何规范"人"尤为重要。

其次是规范检测用仪器、设备、量具、工器具的质量要求和量值溯源,是规范检测过程中必要的、并且会影响检测结果的材料,尤其是其中标准物质的质量要求和量值溯源。即使在检测行业发育的早期,检测中心与质监站还是同属于建设行政主管部门下辖的两个兄弟单位的时候,通过对比检测中心与质监站的职责我们能发现两者差异之处就在于:前者的工作是将样品制作成检测所需的试件后,采用工具对试件进行检验、测试并对所取得的数据与结果出具报告,后者的工作是由人对感官质量以及前者出具报告中的数据与结果做出评价,因此,对于"机"和"料"的规范同样重要。

再次是规范检测方法与程序,是规范检测现场环境的要求。我们知道,所有材料、制品、构件的性能指标都是与所处的环境有关,也是与检测时的工序与过程有关,例如水在0℃时会结冰、在100℃时会沸腾,又如混凝土在短期受压时所能承受的压力要大于长期受压,再如材料的导热系数与其两侧的温度及其变化情况相关。

2. 通过定期培训与研讨提高行业成员水平

大多建筑业从业人员,尤其是一些技术或技术管理人员都是通过考试、考核取得执业或上岗资格的,但实际上即使是如监理工程师、造价工程师、建造师等全国统一的执业资格考试都做不到完全杜绝舞弊行为,至于其他五大员、见证取样人员、检测人员的上岗考试更是未能起到其应尽的作用,那么如何通过岗前培训、继续教育提高从业人员的专业技术水平是当务之急。

3. 督促企业加强自我审查

自我审查也是源于规则的要求,其中包括《准则》中对于质量管理体系适用性、有效性和持续改进的要求,也包括《GB 50618》对于检测程序的要求。自我审查的形式有多种,包括检测工作监督、结果质量控制、内审、管理评审等。

4. 引导企业成立行业协会并建立行业自律制度

企业的自我审查靠的是自觉而没有强制性,政府的监管可能会因为专业人员的不足而难以实施,行业协会及其技术委员会的建立则能够成为政府监管手段的必要补充;通过行业协会及其技术委员会协调各检测单位抽调公认水平较高的专业技术人员组成专家组,协助行业主管部门对检测单位进行抽查、对检测方案进行审查、对检测过程进行巡查,并根据行业主管部门的要求通报抽查、审查、巡查的结果。

5. 引导建设各方主体的监督

工程质量检测结果的准确与否是与包括建设、勘察、设计、审查、施工、监理等各方的利益相关的,使得这些建筑业企业及其从业人员先天就有对检测行为进行监督的意愿;由于的基数较大且长时间在工程现场工作,并且包括项目经理、项目负责人、技术负责人、五大员等在内的相关各方专业技术人员也具备一定的检测基础知识,这些都使得他们具备对现场抽样制样、以及现场检测过程进行监督的先决条件。

第二节 我国工程质量检测行业存在的问题及改善对策

一、建设工程质量检测行业目前所存在的具体问题分析

（一）工程检测机构的法律责任难以明确

目前，我国政府部门进一步强调了工程质量终身责任制，检测机构虽然已经列为建设工程项目质量责任的六大主体之一，但是针对检测业务的特殊性，法律法规在细节处还需加以完善，如：检测机构中以谁作为检测机构中的责任人去承担终身责任；检测人员和管理人员之间的责任如何进行明确的界定区分；检测合同中应该包括哪些内容，又如何通过合同约定的形式来明确检测业务的委托双方应承担的义务与责任。

对施工过程中所使用的建筑材料的质量，检测机构虽然开展材料质量的检测工作，但一直难以承担明确法律责任。样本的合理性和准确性是保证检测质量的前提，而由于工程检测机构不参与现场施工管理，检测业务开展也只对来样负责，仅仅抽取的样品也不能完全保证工程的质量。在送样检测这一环节来说，无法确定是检测机构弄虚作假，还是送样方送样责任还是施工管理方管理问题。在试样检验环节中，现行标准虽然明确规定了砖砂、钢筋、石、水泥等材料的取样方法，但是对于这种取样方法的监管确没有响应的监管措施，送样人很容易通过一些手段对样品进行替换。质检机构只对送检样本的质量负责，对实际使用材料是否与被检材料在统一抽样样本里或送检材料的抽样方法是否符合规范既无法判定也无权干涉，进而工程检测机构所出具的数据无法确认现场使用的材料质量状况；在施工过程中建设材料不可能一次性全部入场抽检，通常是分批采购入场，检测机构无法判断材料是否同一抽检批次，而施工单位却可能拿着检测机构的样品抽检合格报告，将劣质建材应用于工程导致质量安全隐患。因此，由于这些难于监管的问题和不明确的责任，建设工程检测机构往往对工程的质量问题并不承担具体责任。

（二）工程检测市场管理体系存在缺陷

当前工程检测市场中存在着不正当竞争以及弄虚作假的问题。这种现象出现的原因要从客观与主观两个方面进行分析：客观原因来自当前的市场监管体系尚不完善，犯错成本低，检测工作中马马虎虎，对数据随意编造，对签名的辨伪性差，有冒名顶替或代签名的现象，更有甚者通过更改试验数据来获得可观的非法收入；主观原因在于有的检测单位不珍惜自己的实验室资质，将自己的业务开展资质当作一种可租赁获利的资本，如将资质高

价出让给他人，或承揽检测业务后将其非法转包给不具备相应检测资质和能力的其他检测机构，更严重者直接将盖章后的空白检测报告卖给他人随意填写。

由施工总承包单位委托开展检测服务业务是当前工程检测机构的主营业务，但施工总承包单位的委托检测目的主要是为了获得由合格检测报告所组成的验收资料来使其所建工程通过验收，对工程所使用的工程材料质量和施工质量反而成了其次，且一旦出现检测不合格的情况施工单位的施工进度很可能受到影响，进而导致经济损失。这样就形成了一个有悖于管理逻辑的业务关系：工程检测机构既需要施工单位提供检测业务维持机构运营，又要去给施工单位挑毛病，经济利益和检测公正性出现了冲突。

在这种机制下，认真公正严格的检测机构在检测市场中的竞争力反而不如对施工方的不合理要求"言听计从"的检测机构，出现了劣币驱逐良币的局面，在这样环境中完全不适合建设工程检测机构通过增强自身检测能力和市场信誉度来成长。另外，检测机构因为检测业务的即时性，当没有检测业务委托时人员和设备就会闲置，为此有些检测机构通过压价来承包检测业务，甚至造成检验收费低于额定检测成本，来减少人员和设备的闲置损失；有些检测机构目无法纪，为获取利润按委托方的要求暗箱操作，致使行业内滋生腐败，为工程质量安全留下严重隐患。

（三）检测机构发展观念落后

由于工程检测的地域性特点，一部分建设工程检测机构习惯于把自己放在自身所在的行政区域的垄断位置，缺乏市场竞争意识，不想竞争，也害怕竞争。只要是工程检测机构所属地域内的工程建设项目，这些检测机构就是坐地收钱，等业务上门。也由于过去的工程检测机构并不考虑市场化盈利的问题，工程检测机构在过去的发展重点往往多偏重于检测工作的技术能力发展，对检测的服务观念和市场开拓观念几乎没有，在客户管理、检测市场发展调研分析、在全面质量管理和精细化管理等方面的意识更是空白，管理水平落后，资源配置难以优化，机构运作效率低。

随着检测市场的放开，大量的私人检测机构开始涌现，原有的建设工程检测机构还没有做好竞争准备就从过去的温室里来到了竞争激烈的市场上，一时间不知所措，对市场的规则不熟悉、竞争手段原始低效、没有战略化发展的方向，想要进一步改进又是眉毛胡子一把抓既费时费力又难见成效，对机构的自身管理仍处于粗放型发展阶段。

（四）人力资源管理落后，高素质人才匮乏

随着检测市场的扩大，工程检测机构对技术人才的缺口越来越大，当前检测工作的专业性越来越强、工作覆盖面越来越广，迫切需要大量人才的加入。但是现在的工程检测机构因为涉及不同的检测项目，有不同的检测要求和项目利润，一直缺乏完善的人力资源管理体系。目前工程检测机构技术发展缓慢，很多新技术、新标准不能得到及时地掌握和实施，也由于建设工程检测中一部分技术含量低、利润少的项目的大量重复投入，客观上很

多技术人员只是重复简单的技术劳动，没有接触先进检测技术的机会，也没有可操作的先进检测仪器，更没有学习的企业文化氛围，长期在这种技术环境中工作不可能培养出也无法留得住高层次的专业技术人才。另外，在人员的配置中，由于高学历、高职称的技术人员多在检测管理岗位，很少会在专门的研发岗位，这就导致了工程检测行业严重缺乏对检测技术革新的科研力量，不能及时开发市场急需的检测技术、检测方法、检测设备和手段，习惯依赖于进口，无法通过自身的条件有效满足经济发展社会进步对技术检测的需要，更无法获得世界领先技术。

工程检测项目繁多，涉及专业面较广，一个高素质的工程检测技术人员往往是综合性的人才，不但有全面且扎实的专业基础知识和相应的工作经验，同时还要有紧跟知识与技术更新换代步伐的学习能力；既动手操作能力强，可以熟练操作各类检测仪器，又要有一定的思考判断能力，从整体角度把握检测数据中的自由裁量区间，得出合理的数据结论；除了技术层面，检测技术人员自身的法律意识和思想素质都直接影响着检测结果真实性和准确性，一个高素质的工程检测技术人员还必须具备过硬的思想品质以及一丝不苟的工作态度，可谓是"德才兼备"。

目前，注册管理制还处于建立的初期阶段，检测人员信用档案多没有严格建立。执业资格门槛设置过低，很多上岗人员并不具备相应的检测专业知识，仅经过短期培训和简单考核后就可以获得执业证书，直接造成检测市场人员素质参差不齐，且在这种环境一个高素质的工程检测技术人员因为工作的严谨认真反而会受到排挤，检测行业发展也严重受制。也正是如此，高素质的工程检测技术人员极为匮乏，同时在检测机构落后的人力资源管理模式下，即使培养出来也很难给予其应有的激励。

（五）检测机构应对建设行业发展变革准备不足

随着住宅产业化的扩大，建设现场的工作将会由过去粗放的需要现场大量人力物力支持的土建施工为主转向细致的现场机械化安装为主。大量的建筑基础材料会由工地现场使用转向在预制工厂的机械化集中加工成预制件使用。而这意味着工程检测现在所进行的许多检测项目，诸如砌块、保温板、钢筋、砂、石等材料的现场取样检测项目极有可能会被淘汰。目前作为建筑物一个重要组成的外墙系统，其现有的现场检测技术会随着装配式自保温外墙板的大量应用发展而逐步被新的检测标准及技术完全替代。同时，随着互联网应用技术的发展和电子技术的发展，检测机构作为一个技术服务机构，其业务开展方式和管理方式必然要紧跟技术进步的步伐，应对这些时代的发展变化需求，工程检测机构该如何适应将是一个非常重要的问题。

二、我国工程质量检测行业问题的改善对策

（一）加强监管措施，为工程检测市场的发展建立良好外部环境

1. 明确工程质量检测机构的法律责任

如何改进现有的工程检测机构在发展初期缺乏科学性的组织形式和管理模式，如何推动工程质量检测体系的健康有序发展以尽快适应检测市场的需求，首要内容就是建立完善的法律法规监管体系：在国家法律和地方性行政法规两个层面细化明确工程检测单位的检测行为在工程质量管理中所应承担的责任，从多角度出发以达到对工程质量检测行业的监管有法必依、执法必严、违法必究。

首要明确检测机构内部管理者的责任。检测机构的内部管理者多为检测机构的法人代表，其作为管理者对其所管理的检测机构行为有直接的管理责任。实行检测机构法定代表人在其对机构工作的管理期间内所开展检测工作的工程质量终身承诺责任。检测机构与委托单位签订检测合同或检测协议时，必须同时附属一份具有明确法律效力的检测机构法人代表承诺书，主要内容应包括：

第一，检测机构严格依照自身资质等级和业务范围承担检测任务，从事检测业务的人员须具有执业资格且严格遵守与委托单位签订的检测合同，出具的检测报告签章手续齐全，保证检测报告的真实性并负责。

第二，明确合同中工程检测项目范围，检测单位对合同中的检测项目要有明确质量要求、执行标准以及收费标准，并对于如地基基础、主体结构这一类涉及建筑物安全的重大检测项目应编制检测方案上报工程质量监督机构备案。

第三，检测机构要配合除委托单位外其他相关质量管理方的工作，对按照强制性法律法规以及工程建设强制性标准检测不合格的项目，在规定期限内通告工程项目建设方、监理方并报告政府建设工程管理部门。

完善项目中所签订的检测合同备案管理制度，以合同细则的方式约定双方责任，通过合同备案管理明确检测机构责任和可追溯性。工程检测委托单位必须与被委托单位签订书面检测合同，对合同的签订日期和签订人两项要严格要求，若无检测合同或检测合同存在问题，检测机构所出具的检测报告无效，且不得作为竣工验收资料。对于工程的见证送样工作，检测单位应与现场质量管理单位按照工程施工进度共同编制检测计划，在检测计划中对见证送样工作的送样时间、送样人、送样数量、取样方法等具体内容一并列出，该检测计划由现场质量管理单位和检测单位分别保存，共同对计划的执行进行管理监督。

对于涉及建筑物安全的重大检测项目，如地基基础、主体结构现场检测的委托合同、检测方案实行特殊审查备案制度，在检测单位进场前应将合同及检测方案交由工程所在地的工程质监部门审查批准登记备案后方可开展检测。委托合同和委托方案按照工程质监机构的所提供范本进行编制，合同中要包含范本中的所有条例，不得有空项漏项。工程所在

地的工程质监机构对进行此类重大检测项目的施工工地，随机抽取进行检测旁站监督。

2. 改善工程质量检测机构的市场体系

完善的市场体系建设是检测行业健康快速发展的基础。对于我国工程质量检测机构市场体系的建立，我们应借鉴国内外已经比较成熟的经验，立足于我国当前检测行业发展特点和建筑业未来发展方向的基础，在加强监管力度的同时，对检测市场的各组成主体进行明确定位，将目前多种所有制共存、公私职能混杂、官与民争利的工程检测市场进行改善。加强检测行业市场化运作，根据不同的检测需求对各个层面的检测机构进行定位，明确各方检测机构的职能。我国目前企业性质的检测机构多是作为独立的第三方检测机构来承揽大多数的检测业务需求，在检测市场中占主体地位；政府性检测机构定位为公益机构，发挥监督抽检职能，同时为社会提供司法鉴定和仲裁服务，不参与市场竞争，但承担少量的企业检测机构不能或不愿意承担的检测任务作为过渡。企业检测机构与政府试验室分别管理，但检测人员与企业检测人员纳入统一注册执业资格管理体系，加强企业检测机构的市场竞争能力，强化政府试验室的社会公益性特征。

3. 组建工程检测行业管理协会

行业管理协会是一个非常具有行业特点的服务性组织，它可以将检测企业所提出的问题进行汇总，并以组织的形式和社会各方进行管理、沟通及维护行业利益，有效地起到企业与政府联通交流的桥梁作用。

对于政府部门难以全面监管的问题，可以委托行业管理协会对工程检测行业进行专业细致的管理。行业管理协会可以组织和参加制定行业内规范及标准，对检测行业的有序发展起到一定的规范作用。根据公认的行业规范标准，对行业内的争议进行处理，对违反行业规范的会员单位采取一定的行业自律监管措施，以组织协调的方式建立当前的市场的良性竞争。

对于检测行业中的先进技术，行业管理协会可协调集中各方优势资源，发挥群体智慧，联合学习掌握；对于机构管理中的教训和经验，协会进行分析整理，并组织会员单位学习减少机构发展的试错成本；集思广益对市场发展形势进行分析，使会员单位共同合作建立一个行业内部自我调节的生态系统，抵御市场风险，把握市场发展机会。

4. 推进建设项目管理透明化，搭建质量管理透明平台

进一步完善检测机构的信息公示制度，以行政法规强制要求检测机构的信息必须在检测业务委托办理地点公示，公示内容应包括检测机构的检测人员信息、检测服务条例和服务投诉电话。

推进建设项目管理透明化，积极推行工程质量管理信息网络公示技术，将建设项目的质量信息和检测机构的检测业务工作透明化，在网络平台中公示检测机构的公示信息；通过平台的信息交流管理，检测机构与其余建设项目的各质量责任方互动，联合制定质量管理工作责任细则和管理方法以及管理进度并公示，各质量管理方可随时调取质量信息进行实时监督；借助 BIM 建设项目管理平台，将施工进度与各进度检测数据同步，向各质量

管理方公开施工进度、委托文件、检测流程、检测数据，有效避免检测方与委托方之间存在的不合理利益关系。所有的试验数据都将实时上传，对检测样品、送样人、检测人的信息全部记录，一旦有试验数据修改或试验中出现异常的情况，都会以透明的形式在系统记录以接受监督机构的随时审查。对于某些重大工程，必要时可对社会开放该项目的质量数据平台，媒体和民众可通过数据平台实时了解项目的质量数据，形成一个全社会参与监督的透明质量监督体系。

5. 严格执行检测机构人员执业注册管理制度

严格执行检测机构人员的执业注册管理制度，检测机构中的技术检测人员和管理人员必须获得执业注册资格后方可上岗。工程检测机构首先是一个技术服务机构，它以提供技术服务的营业收入来维持机构的运转，这就对检测机构的人员素质提出了一定的要求。首先，在技术层面检测人员要有扎实的检测技术能力，可以通过检测仪器操作和数据分析判断得出准确的结论；其次，检测人员的思想品德和法制意识对检测中进一个数字就能牵扯到多方利益的工作来说尤为重要，检测工作容不得马马虎虎，更不容易弄虚作假，如果检测人员不能把好自己的思想关，检测机构的公正性就无从谈起。

依据国家法律法规和机构内部管理制度，在内外联合监督管理的基础上，通过借鉴香港地区的检测机构人员执业注册管理制度，可有效地保证检测机构的公正性。如检测人员取得执业资格证书后，由所在检测单位对执业证书进行从业机构注册管理。取得执业资格并与检测机构建立劳动关系后，不得短期内变更注册检测机构。任期内的技术负责人、质量负责人不得随意变更检测机构，变更前必须提前向所在检测机构提出申请并报所在地工程质量监督机构，经批准备案后可予以变更。检测人员没有执业证书或执业证书过期以及执业证书暂停期间如果从事检测工作，该检测人员的注册工作单位将被暂停一切检测业务并强制整改。

完善检测人员的继续教育，对执业证书设立年限要求，通过政策法规强制要求获得执业资格证的检测人员必须参加继续教育。在继续教育中，一方面对新的检测技术和管理方法和国家地方更新的检测标准以及监管制度进行学习，鼓励检测技术人员创新研究，将先进检测机构、检测人员树为榜样进行奖励和学习；另一方面要加强法制教育和思想品德教育，使检测人员充分认识到检测工作的严谨性，通过对违法惩处案例的分析，使检测人员树立检测工作违法必究的法律意识。为了确保继续教育的质量，在继续教育中设立考核标准，考核不通过的执业手册有效期满将不予延期，对采取弄虚作假等手段取得继续考核通过的将取消职业资格并收回证书。

建立检测机构人员信用管理档案和检测机构黑名单制度。一旦检测人员有违反反商业贿赂条例或违反操作规程出现重大失误的问题，将会在人员档案中备案登记并暂停执业证书使用，严重违反者录入黑名单终身不得从事检测行业工作。对于检测机构建立企业档案，该档案同时包含机构检测人员的个人信用档案，并将对检测机构在日常审查、资质延续、项目投标、机构评优等工作中起到重要的参考作用。

6. 创新管理措施

目前我国政府工程质监部门完全承担工程质量监管的具体工作。随着近几年建设市场的规模越来越大，政府承担的监管压力越来越沉重，且政府人力物力有限难以实施全面的现场实时监管。在我国工程质量体系中，监理工程师作为社会力量参与工程质量的管理，我国《建设法》规定强制执行监理制度，但目前国内的监理行业还难以发乎其应有的质量监督责任有待进一步的改革完善。

针对这种情况，可以选择试点工程项目，在这个项目里建立试行类似于国外的工程质量监管体系：由监理、检测和设计三方单位联合组成全权负责的质量监督检查机构，由三方协商委任项目代表人，在项目中建立一个矩阵式组织结构，项目代表人作为管理人对三方联合质量监督检查机构项目部进行管理，全程参与从项目的招标开始至项目的竣工验收全部环节，密切关注施工现场动态，提供全面细致的工程质量监督管理服务并承担质量责任。

独立的质量监督检查机构通过参与建设单位的投标进入建设项目管理中，由建设方委托，负责监督项目施工质量，从图纸设计到竣工验收既负责项目的图纸设计也参与图纸审查，在项目实施中全程参与项目资金管理、质量管理、进度管理，同时也负责全部试验检测工作，保证检测结果的公平公正。政府建设工程管理部门则从以具体的工程监督为主转向对监督单位的管理为主。

（二）加强检测机构的内部管理，提高自身竞争力

1. 运用关键成功因素法，找出检测机构的关键成功因素

关键成功因素法（key success factors，KSF）是对行业的发展关键因素进行有效分析的方法之一，在 1970 年由哈佛大学教授 William Zani 提出的。在此通过关键成功因素探讨工程检测行业的特性与检测机构战略规划之间的关系，结合工程检测行业的发展现状，对应当前检测市场进一步发展所需求的重要条件，通过分析以求检测机构的内部有限资源可以有效地配置利用与关键成功因素中。在当前对工程质量检测行业的分析中存在着多个影响发展的变量。监管层面的法制化建设、市场体系改革、增强工程质量管理透明度、强化监管体系和在机构自身层面市场化意识、服务意识、人员素质、管理水平、技术水平是通过对关键成功因素的调查分析和识别得出的九个对检测行业发展影响的关键信息集合，通过判别矩阵的方法来确定发展侧重点的优先次序，然后再围绕这些关键因素的次序来确定检测行业发展的需求，提出对策。

以下通过判别矩阵的方法来对检测行业关键成功因素进行定性判别，具体操作过程为：采取行业内广泛问询调查的形式，根据近百名检测机构管理人员、检测人员以及政府监管人员、施工企业管理人员的信息反馈，对矩阵中每一个因素在横向和纵向中进行两两比对，横向因素为甲因素，纵向因素为乙因素，基础分数为 1 分，如果甲比乙重要加 1 分，甲与乙同样重要则不加不减，甲不如乙重要则减 1 分，对矩阵所有评分处打分后，对其总分进行排布，排名在前的因素就是广泛认为的行业关键成功因素。

表 9-1 关键成功因素分析表

	完善法制化建设	市场体系改革	增强工程质量管理透明度	强化监管体系	提高市场化意识	提高服务意识	提高人员素质	提高管理水平	提高技术水平	总分
完善法制化建设	1	1	1	1	1	2	1	1	2	11
市场体系改革	0	1	2	1	2	2	1	1	2	12
增强工程质量管理透明度	1	0	1	1	1	2	0	1	2	9
强化监管体系	1	1	2	1	2	2	2	2	2	15
提高市场化意识	0	0	1	0	1	1	0	0	2	5
提高服务意识	0	0	0		1	1	0	0	1	4
提高人员素质	1	1	1	0	2	1	0	1	1	8
提高管理水平	1	1	1	0	2	2	1	2	2	10
提高技术水平	0	0	0		0	1	1	1	1	5

从表中可以看出来，工程检测行业要想进一步发展的关键成功因素依次是：强化监管体系、市场体系改革、完善法制化建设、提高机构自身管理水平、增强工程质量管理透明度。对于检测机构来说提升自身的管理水平成为首要之重，而如何提高人员素质则紧列其后。

项目管理是一种在建设行业中广泛应用的科学管理方式，项目管理贯穿于项目建设的全过程，统筹管理各种资源应用于项目，对建设工期、经济效益、质量的管理发挥着很大的作用，可有效提高建设项目顺利竣工的可行度。在工程检测机构由过去十几人到现在几十人，由小规模到大规模的发展过程中，项目管理的方法越来越适合检测机构的内部管理，可以有效地提升检测机构的内部管理水平。

检测机构中的资源包括：人、设备、资金、信息、技术和市场等。期望目标：费用、质量和信誉。反馈和控制是项目管理的重要特征，通过基于互联网应用技术和新型检测技术的集成应用将有助于检测机构的公正性和市场信用的建立；利用检测管理信息系统进行业务流程简化重组，使管理者跟踪检测业务的各个流程，对检测业务中出现的问题及时解决，对客观条件变化做出定量的判断和变化后果的分析，对可能发生的风险做出预判，对管理者决策提供全方位参考；管理检测机构的资金流程，实时掌握资金信息，保证资金的动态平衡，可有效对机构管理进行成本控制，进而降低运营成本。

2. 推行精细化管理

精细化管理是以精确、细致、深入、规范为特征的全面管理模式，是一种组织严谨、认真、精益求精思想的管理理念；精细化管理的本质在于，它是一种对战略目标分解细化和责任落实的过程，是让企业的战略规划能有效地贯彻到每个环节并发挥作用的过程，同时也是提升企业整体执行力的一个重要途径，是企业适应激烈竞争环境的必然选择，也是企业谋求基业长青的必然选择。在检测机构的检测工作中很多项目是单调的机械式同时也不容偏差的仪器操作，重复性和精确性的特点非常明显，一次意外造成的数据偏差对检测机构的市场信誉可能是致命的。在市场竞争越来越激烈的背景下，工程检测机构迫切需要一种针对检测项目特点的有效管理方式，而精细化管理方式恰好可以满足检测机构的管理需求。如何在检测机构内部建立精细化管理，建立大纲如下：

第一，建立科学量化的标准和工作程序，从注重检测工作细节、立足检测项目专业、科学量化检测业务，这三个侧重点进行落实。检测工作不同的检测项目有不同的工作程序，针对这些大量且不同的工作程序，要借助管理学工具的应用来建立检测机构这一复杂多样的精细化管理制度。

第二，建立完善的检测机构管理程序和制度，如果没有制度保障，精细化管理就是去了落实的基础。管理者从员工角度出发以知人善用的精细化管理思想，从对员工的监督命令转向对员工的服务指导，更多关注满足检测机构员工的需求，充分挖掘人力资源，调动员工的工作积极性。

第三，建立服务平台和云检测平台，为精细化管理提供信息技术的依托。检测机构在实施精细化管理中，实时掌握机构运作信息，对管理中出现的问题快速有效地解决，同时对精细化的管理的落实进行分析和不断改进。

3. 建立科学有效的全面质量管理体系

全面质量管理，即 TQM（Total Quality Management），检测机构的 TQM 体系建立是以检测服务质量为中心，全员参与管理，目的在于通过顾客满意和本机构所有成员及社会受益而达到增强市场竞争力的目的。全面质量管理有三大全面要求，即：对全面质量管理，不仅是对项目所提供的检测技术能力，还有对客户本身的服务质量；对全过程管理，不仅限于检测过程的管理，更要扩展到市场调研、设备采购、售后服务等全过程；全体人员参与管理，将质量责任细化落实到全员，让集体中的每一个人为保证和提高质量而努力。

具体做法是：

第一，通常质量管理由内审部门进行审查管理，但全面质量必须由高层的管理者亲自统筹。检测机构高层管理的领导者，如总经理、总工、总负责人等直接参与全面质量管理，组成的领导小组来组织实施。

第二，质量责任细化落实到全体员工，群策群力，人人为保证和提高质量而努力。要"群策群力"包含着三个基本方面的意思：一是全体员工事都明确知道企业的目标、方向和策略；二是员工充分认同企业的行为并投入；三是把公司的利益与各级员工的利益结合起来，公司利益提高的同时员工获得相应激励，反之亦然。

第三，提供高素质且不断改进的服务，建立以 PDCA 循环为基础的持续改善的管理体系。一方面要提供高品质的服务产品，另一方面要紧跟市场步伐，不断改进的自身服务能力，持续领先。

使用 PDCA 循环管理方法不断改进质量体系建设：

P（Plan）——计划阶段。全员参与，提出在机构存在的问题，包括检测业务的质量问题和管理中存在的问题，尽可能将问题进行数据化分析。由管理层牵头，全面认真分析这些问题的产生因素，找出影响质量的关键因素。针对这些因素采用"5W1H"结构，即：为什么制定这样的措施和计划，预期目标是什么，执行这一措施计划的落实点在哪，由哪个单位或哪个人来执行，何时开始、何时完成，如何执行；从而提出具体、明确、可实施的改进措施，制并预计质量改进效果。

D（Do）——执行阶段。按照上阶段制定的计划，管理层协调资源协助各责任人落实计划，在执行中根据执行的情况和新发现的问题，实时调整计划，以实现质量改进的目标。

C（Check）——检查阶段。对照计划要求，检查、验证各责任人执行计划落实后的效果，严格对照计划目标，实事求是的检查各执行结果是否达到计划预期。

A（Action）——处理阶段。对检查结果进行汇总分析，把执行效果好坏的原因进行论证，对涉及更改重要标准和程序的事项，须多次进行 PDCA 循环验证，最后将这些改进措施正式纳入机构管理的规章流程中，将质量建设的成果进行巩固。

4.加强企业成本管理

加强企业成本管理，不断降低检测机构的运营成本，在降低检测费用的同时保证服务质量不受影响，这一点可以直接增强检测机构的市场竞争力，提高检测机构的市场占有率。对于如何加强检测机构的成本管理，从以下两个方面提出对策：

第一，提高检测机构的检测技术水平。科技是第一生产力，通过搭建将管理科学与新型检测技术结合在一起的检测平台，可有效提升检测机构的工作效率。新的检测技术和检测设备，对与检测准确度的提高和检测周期的缩短大有助益，当前无损检测技术的应用越来越广泛，在建设工程中常常有检测项目必须进行样本破坏性试验，这些样本破损的补偿成本就会在工程造价中体现。如果可以采用无损检测技术，不破坏样品和建筑物的构件，不仅可以更好地避免工程材料耗损更可以免去了破损部件的修复时间和工序。对于建设行业来说时间成本非常重要，检测周期的缩短可以使建设工期也相应地缩短，进而有效降低施工费用。从技术机构的现状来分析，用人成本、检测设备的购买和使用成本、检测技术难易度及检测周期等决定着检测服务的成本。通过检测技术的提高，在缩短检测周期和降低样品的检测消耗成本方面对检测机构的成本管理可以发挥很大的作用。

第二，优化资源配置进行内部资源共享管理。统筹安排不同检测项目中的检测人员的工作内容，提高检测设备利用率和人员工作效率。在检测机构的工作中，并不是所有的检测项目每天都要进行，而是根据接受的检测委托进行工作内容的安排。此外，不同的检测项目需要不同的专业知识和不同的执业资格，如果某检测项目没有委托，那么该检测项目的检测设备和人员就会闲置。如何提高检测设备的利用率和提高工作人员的工作效率一直是检测机构如何提高自身管理水平的一个重点和难点。它与技术机构内部的管理水平有着密切关系的，管理水平越高，资源的闲置率越低。可通过重视信息管理，密切关注市场信息动态，对于不同检测项目的市场需求进行预估，在检测机构的设备和人员配备中基于市场的需求来布置。进行内部资源共享管理，多项目共享检测设备及人力资源。对检测人员的执业证书进行统筹管理，要求检测人员综合发展，具备多项目的检测资质和能力，可同时开展多个项目的检测工作。对检测设备来说，一台综合型的检测设备可同时支持多个检测项目的开展，根据委托业务量和不同项目的检测流程，合理安排设备的使用时间，既避免设备闲置也避免检测设备不足。

5. 完善人力资源管理体系

检测机构间竞争的根本是人才的竞争，核心竞争力中最重要的要素是人才，尤其是两种类型的人才，一种是项目管理人才，一种是检测技术人才。人力资源管理体系是指围绕人力资源管理六大模块，分别指规划、绩效、薪酬、招聘、培训以及员工关系，而建立起来的一套人事管理体系。完善人力资源管理体系，对改进检测机构的用人和选人机制，建立人才优势有着极大的战略意义。

基于马斯洛需求层次理论建立人力资源管理的激励机制，它将人的多种需求由低到高归纳为五个层次，即生理需求、安全需求、情感需求、尊重需求和自我实现的需求，这五种层次的需求由低至高。在检测机构中如果要建立人才培养体系就要在这五个层面入手，加强人力资源的管理运作。

工程质量检测机构由于项目多且各检测项目专业区分度强，技术难度、检测周期、利润都不一样。应根据不同的检测内容对检测人员的不同技术要求，以公平性、竞争性、可操作性、激励性为原则建立一整套检测人员薪酬管理机制。如何建立科学可行的薪酬体系是一项系统工程，对此可借鉴 SGS 公司的人力资源管理体系，如：建立职位薪酬体系，可根据职员不同的业务内容，重要性、技术难度、素质要求，建立以职位工资为主的薪酬结构，从绩效、职位、技能三方面建立薪酬体系；实行员工职业生涯设计与管理，从设计目的、设计原则、职业管理程序、职业管理的组织实施、实施情况检查、实施效果评估和职业计划的修正与改进，从这五个部分入手制定员工的职业生涯管理办法；鼓励成员参与机构内部管理，对自己所从事的检测项目获得更大的自主管理权；积极组织检测机构员工参与集体活动，对各员工制定人性化关怀措施；根据检测项目分布不均性，在检测空置期给员工一定的工作自主安排空间等等措施，都可以使员工在感受信任和尊重的同时，产生一种荣誉感和责任感，进而为工作发挥自身的最大价值。

检测机构建立合理的用人选人机制，要建立培训教育体系，创建学习型组织，培养优秀的专业技术人员，与《职工职业生涯管理办法》相结合，为人才创造的良好的成长发挥空间；加强企业内部环境的建设，营造良好的学习氛围，检测仪器设备厂家往往对检测技术的更新特别关注合作，积极组织员工与仪器设备厂家进行联合学习，可以更多地为员工提供接触检测技术的学习实践机会；扩大人才储备，吸引优秀人才的加入，建立一个有利于人才脱颖而出的激励竞争机制，从而提高检测机构的人才实力和后备发展动力。

（三）对检测服务系统的创新性改进

1. 建立 CRM 检测服务平台

检测行业作为一个服务行业，客户是检测机构运转的业务来源。随着检测市场的放开，检测机构如何提供优质服务，吸引客户的能力变得越来越重要。在检测业务公正的前提下，检测机构应尽可能地吸引客户、开拓市场，这就需要加强检测机构与客户之间的联系，以自身的优质服务获得更多的委托业务订单。目前检测机构很多已设立客服部门来提供委托办理咨询、售后投诉、开拓市场等工作；有的还设立大堂经理，在委托大厅专门负责客户的委托办理及报告领取业务。

随着目前互联网的发展，建立检测服务系统为客户设立便捷的委托服务渠道，使客户通过网上检测业务预约提前填写委托信息及试样编号，来样即检，缩短检测周期。根据当前政府部门关于工程质量管理实时性的要求，实时更新检测进度及检测结果越来越有必要，而建立 CRM 系统即客户管理服务平台正好满足当前检测机构的发展需求。

2. 建立云检测综合服务系统，改进工程检测行业管理机制

云检测服务系统是基于云计算技术和检测技术集成的综合性系统。云通常是网络、互联网的一种比喻说法，云计算（cloud computing）是云系统的核心，目前普遍认同的定义是美国国家标准与技术研究院（NIST）对云计算的定义为：云计算是一种按使用量付费的模式，这种模式提供可用的、便捷的、按需的网络访问，进入可配置的计算资源共享池（资源包括网络，服务器，存储，应用软件，服务），这些资源能够被快速提供，只需投入很少的管理工作，或与服务供应商进行很少的交互。云计算可以实现每秒 10 万亿次的运算能力，通过项目管理各方的数据变化汇总，纳入云管理进行计算，可以模拟项目建设进度、问题模拟解决方案、项目风险预测和项目全面实时管理等等目前难以解决的问题。

在检测行业中，随着数字电子技术的迅猛发展，检测仪器的数据采集在硬件和软件方面都有了很大的发展，部分大型设备的传感器远程遥控和数据远程采集的准确性都可以满足将实时而准确的数据采集并上传到数据中心并按检测需求和项目管理要求进行快速运算及共享，这也将是检测行业的技术发展趋势。

云检测系统有一个非常的突出的特点，即对上传云端的数据可以进行实时的分析计算，通过这一特点在检测机构的日常管理中可以解决许多问题。在全面质量管理体系和精细化管理中，云检测系统实时反馈机构的运行情况，对检测机构的所有数据进行计算分析整理。无论是检测工作的每一个试验数据，还是检测机构中每一项工作的量化参数，即便机构的日常管理中遇到的突发问题，云检测系统都可以进行分析比对，可以有效帮助分析 TQM 的管理成效和尚待解决的问题。在精细化管理中，将机构的运作在数据上进行量化，以实时的数据变化来反馈管理效果。

在企业成本管理中，云检测系统根据收到的检测业务委托，通过对云系统的大数据云计算模式，迅速制定出对检测机构资源利用最优化的检测项目排序，将检测人员和检测设备从云端进行实时任务编排，有效减少人员与检测设备的空置率。

在人力资源管理体系中，因为检测机构的检测项目技术难度各异、检测周期不同等复杂的特点，检测机构人力资源管理中的薪酬与晋升体系一直难以完善，云检测系统对个检测人员的工作量、工作时间、任务完成质量等做出详细记录和系统性的分析，通过详细的工作数据统计为员工计算出合理的薪酬待遇和绩效奖励，为检测机构建立完善且公正的人力资源体系提供技术基础。

在检测结果公正性监管方面，云检测系统会记录和分析全部的试验数据，对已通过检测人员采集上传的原始数据进行判断，对异常数据可与数据库进行比对，找出异常原因，以大数据的计算判断来代替检测人员的人工计算判断，有效保证检测数据的公正性和准确性。

从建设行业角度来说，云检测服务系统是基于云计算技术和检测技术集成的综合性管理系统。建立云检测服务系统，将技术与管理相结合，将六方责任主体纳入一个系统统筹分析管理，将检测实验室同施工现场统一为一个有机整体，结合传感器技术、网络技术、通信技术、计算机技术，对提高检测效率、节省资源、提高检测结果准确度、加快项目进度、加强质量保障，提供更便捷、更高效的服务都有着跨时代的意义。通过云端的数据库对建筑业多个行业乃至全国的市场数据进行汇总，进而通过大数据进行运算，对建设行业从多个角度进行预见性判断分析，找出未来的战略发展方向，为政府的政策制定和企业的战略发展规划提供参考数据，为整个建设行业的发展带来新的动力。

第十章 环境影响评价和工程建设

第一节 环境影响评价法制理论研究

一、国外环境影响评价法制理论研究

随着环境危机的日益加剧，环境影响评价法律制度作为一种环保手段和方法，极大地推进了环保事业的发展。环境影响评价法律制度最早是由美国的柯德尔教授提出的。1964年，他在加拿大召开的国际环境质量评价会议上提出了"环境影响评价"的概念，并得到与会学者们的认同。世界很多国家开始了环境影响评价制度的研究。

早期的研究主要采用"分析评价"的途径。评价的程序为：项目介绍—环境现状调查—环境影响预测—环境影响评价—环保措施与对策。其评价步骤包括：确定开展评价的必要性与可行性、确定评价的范围与分析单元、确定区域性可替代方案、影响识别与筛选、环境影响分析、影响合成与评价建议等七个步骤。在评价方法上，"计划评价"采用了环境容量分析方法和排污总量控制方法。

20世纪80年代初，美国和加拿大开始采用"规划管理"的途径对区域的环境进行研究，在研究方法上主要采用环境经济学方法和生态学方法。该途径主要将环境影响研究视为区域开发规划中的一项内容而纳入区域开发规划之中，使其成为一体化的区域环境—经济开发规划在环境影响进行研究的过程中，诸多学者认识到只有引入生态学理论，深入研究开发活动给生态系统造成效应的规律，才能从理论上建立起开发活动的环境影响预测与规划控制方法。

20世纪80年代中期的研究重点开始由对评价技术的探讨转向对多个开发活动的累积影响研究。累积影响研究从一开始就出现了两种研究观点：一种是"规划管理"观点，即将累积影响评价视为区域规划的一个规划要素，通过选择和优化区域规划方案来达到对区域环境影响的评估与控制；另一种是"分析评价"观点，即将累积影响评价视为提供信息的手段，通过科学的分析为决策者提供区域内过去、现在和将来的环境变化信息。

20世纪80年代末至90年代初，随着可持续发展战略的提出，许多学者又开始对规划层次的环境影响评价的指标体系进行理论上的探讨，提出了"战略环境评价"的概念。

环境影响评价方法同时体现了四个方面的优势：第一，能考虑项目至政策层次的所有开发活动；第二，能更系统的考虑替代方案；第三，便于确认和管理累积影响；第四，成为可持续发展的重要手段之一。

1983 年美国国家科学院出版的红皮书《联邦政府的风险评价管理程序》，提出风险评价"四步法"，即危害鉴别、剂量—效应关系评价、暴露评价和风险表征。这成为环境风险评价的指导性文件，被荷兰、法国、日本、中国等许多国家和国际组织所采用。随后，美国国家环保局根据红皮书制定并颁布了一系列技术性文件、准则和指南。20 世纪 70 年代初期美国《国家环境政策法》，欧共体委员会在环境计划中明确要求其成员国对某些政策规划和计划进行环境影响评价，并于 1991 年提出了战略环境评价规程。

20 世纪 90 年代以后，风险评价处于不断发展和完善阶段，生态风险评价渐成为新的研究热点。随着相关基础学科的发展，风险评价技术也不断完善，加拿大、英国、澳大利亚等国也在 90 年代中期提出并开展了生态风险评价的研究工作。

近年来，环境影响评价研究得到迅速发展，提出了生态环境影响评价。涉及生物学、生态学、经济学、法学、人文、化学、地理学、数学、计算机科学等各门学科。所谓生态环境影响评价，其基本评价对象为生态系统，即评价生态系统在外力作用下的动态变化，预测项目建设中及建成后可能带来的主要生态环境影响，提出防治不利影响的措施，为管理者的环境管理和决策提供科学依据。

纵观国外环境影响评价研究，可分为两个阶段：1985 年以前为第一阶段，该阶段主要是对环境影响评价技术进行探索；1985 年以后为第二阶段，该阶段主要是对工程的累积影响进行研究，同时结合可持续发展战略进行战略层次的评价体系研究。国外的研究始终突出了环境影响评价的"预测分析"功能。所以，在方法研究上主要着重影响分析的技术，而不是规划控制技术。在研究内容上，也体现了多样化的特点。

1969 年，美国颁布《国家环境政策法》，首次在世界上建立了环境影响评价制度。继美国之后，世界上很多国家都建立了自己的环境影响评价制度，每个国家的环境影响评价制度基于的政治制度、经济发展水平、文化传统、历史习惯等方面的差异而有所不同，在一些国家，环境影响评价的对象、范围、程序、方法等方面都有许多变化，出现了新的特点。为各国环境立法所确立。新西兰 1991 年颁布的《资源管理法》、我国台湾 1994 年颁布的《环境影响评估法》、加拿大 1995 年颁布的《环境评价法》、日本 1997 年颁布的《环境影响评价法》、英国 1998 年和 1999 年分别颁布的《城乡规划环境影响评价条例》和《环境评价条例》等都对环境影响评价制度作了规定。同时，为了在全球范围内促进环保活动的发展，有关国际组织也在有关文件中对环境影响评价制度加以规定，如 1989 年世界银行发布《环境评价操作指示》，明确环境影响评价是世界银行贷款借贷的责任，亚洲开发银行在《项目筛选环境指南》《银行程序中的环境考虑》《工业和电力开发项目环境指南》等文件中也做了类似规定。此外，经济合作与发展组织 1992 年发布的《合作项目环境影响评价公约》还对各国在环境影响评价方面的协调和合作问题进行了规定。

下面重点介绍一下美国和德国的环境评价法制。

（一）美国的环境影响评价法制

1. 美国的环境影响评价立法状况

1969 年美国《国家环境政策法》首次规定了环境影响评价制度，并由联邦环境质量委员会颁布《关于实施国家环境政策法程序的条例》。美国自 70 年代初，环境立法开始大规模展开。经过多年的发展，到目前已形成了较为完备的环境法律体系，制定了《清洁空气法》《清洁水法》《固体废物处置法》《安全饮用水法》《联邦农药法》《有毒物质控制法》《综合环境反应、赔偿和责任法》《海洋倾倒法》《资源保护和回收法》《联邦农药法》《噪声控制法》《职业安全和健康法》《多重利用、持续产出法》和《森林、牧场可更新资源规划法》《联邦土地政策和管理法》《合作林业援助法》《国家野生动物庇护体系管理法》《原始风景河流法》《荒野法》《濒危物种法》《露天煤矿控制和复原法》《海岸带管理法》等。除联邦一级法律外，各州也制定了相应的法律，有的比联邦法律还要严格。

2. 美国环境影响评价制度

美国环境影响评价的对象广泛，内容具体，在《环境影响评价报告书》中列出了应载明的事项，规定了美国环境影响评价的程序和监督措施。美国环境影响评价程序一般分为四个阶段决定是否编制报告书、确定评价范围、编制报告书初稿、报告书的评价和定稿。美国环保局及环境质量委员会在环境影响评价中无审批权，仅起建议、指导和协调作用。美国对环境的监督借助于公众参与和司法程序，这与其行政及环保体制相一致。公众参与整个环境影响评价报告的制定与实施的全过程，是美国环境管理战略的一个显著特点。美国建立了完善的环境影响评价实施保障机制。美国环境影响评价制度就其实施的保障机制而言，最显著的一点便是美国法院在国家环境政策法实施中所起的积极作用，美国法院对诉讼资格的确认采取一种比较宽松的态度，最大限度地保障了公众监督联邦机构按照国家环境政策法的要求进行重大的决策活动。

（二）德国的环境影响评价法制

1. 德国的环境影响评价立法状况

德国从 20 世纪 60 年代中期制定的第一部环保法《保护空气清洁法》开始，相继制定了一系列关于垃圾管理、水环境管理、自然保护等方面的环境法律法规。70 年代初期建立了环境影响评价制度并开展了环境影响评价工作。1985 年欧盟通过了环境影响评价指令。1990 年德国发布了正式的《环境影响评价法》。经过十多年的发展，德国无疑已经成为世界范围内环境保护工作进行的最为成功的国家之一。其中由德国建立和发展起来的合理、完善的环评制度在审批建设项目、有效控制污染物排放、持续改善生态环境方面发挥了充分的和富有成效的作用。

2. 德国环境影响评价制度

德国的环评报告由环境可容性调查报告、环境影响预测报告、景观维护伴随规划以及动植物及其生境调查等不同的报告文本组成。针对不同项目开展环境评价，确保环境评价的科学，为政府部门审批项目提供准确依据。德国环评报告的最终审批在德国，环评报告可分不同部分由不同环评机构完成，也可以由企业自己完成环评。各环评单位作为一个中立机构，按照技术要求完成相应的工作，各分报告完成后，统一提交给负责审批的政府机构或环保部门，由审批机构的公务员负责技术把关，确定其环评的结果是否合理，并负责确定最终的各项环保措施，对审批结果负责。这种审批方式保证了责权分明，评价机构中立地位，保证了环评客观公正。

同时政府机构及公务员在行使审批职权时也要承担起相应的责任。公众在德国环境影响评价中具有非常重要的地位及作用。政府部门接受项目的审批申请后，必须向公众公开环评报告的相关资料，认真组织进行公众参与。政府部门必须就公众所提出的意见做出详细的书面解答并保留存档。项目在审批公示一个月后生效，如果在此期间对项目的审批决策有意见，此时应进行异议程序，由负责审批的机构对提出异议人进行解答及说明。如果仍然不能解决问题，则需进入申诉程序，由分别来自联邦政府、州及市三级的专业法律人员组成审判团，申诉方和项目审批的政府方分别依据法律规定陈述己方的理由，由审判团进行最终裁定。这些程序保证了公众进行环境监督的权力，促进了决策的科学性，也促使行政机关正确形式职权，从根本上保证了环境质量。

二、国内环境影响评价法制理论研究

在评价理论研究上，很多研究者都将景观生态学、地理信息系统、遥感运用于环境影响评价。中国科学院生态环境研究中心根据区域生态环境预警的原理，考虑自然资源、生态破坏、环境污染和社会经济发展等因素，应用定性与定量相结合的方法，对我国主要省区的生态环境质量进行了等级划分和排序。

任志远以遥感图像为基本信息源，用景观生态学的理论与方法，结合地面考察资料，对典型地段生态环境质量进行探索性综合评价。以地貌特征作为划分评价单元的主要依据，选取气候、水文、土壤和植被四种环境要素作为评价对象。利用层次分析法对陕北高原神府地区进行了景观生态环境的多要素综合评价。

胡孟春等以景观生态单元为评价单元，选取地形、土壤、植被为评价指标对海南省生态环境质量进行了综合评价。

毛文永对生态环境影响评价的指标、标准、模型进行了阐述，并提出用景观生态学的指标景观多样性指数、优势度指数、生态环境综合指数土地生态适宜性、植被覆盖率、抗退化能力赋值、恢复能力赋值评价生态环境质量。以生态环境功能论为理论基础，系统地阐述了生态环境保护的科学原理和生态环境影响评价的基本概念、思路和原则，讨论了建设项目生态环境影响评价的基本技术和要点，指出生态环境影响的区域性特征和管理的过程特点，介绍了生态环境影响评价的一般方法。

（一）我国环境影响评价的对象

"国务院有关部门、设区的市级以上地方人民政府及其有关部门，对其组织编制的土地利用有关规划，区域、流域、海域的建设、开发利用规划，应当在规划编制过程中组织进行环境影响评价，编写该规划有关环境影响的篇章或者说明""国务院有关部门、设区的市级以上地方人民政府及其有关部门，对其组织编制的工业、农业、畜牧业、林业、能源、水利、交通、城市建设、旅游、自然资源开发的有关专项规划，在该专项规划草案上报审批前，应进行环境影响评价，向审批该专项规划的机关提出环境影响报告书"。

环境影响评价报告当包括下列内容对环境可能造成影响的分析、预测和评估，预防或者减轻不良环境影响的对策和措施，建设项目概况，建设项目周围环境现状，建设项目对环境可能造成影响的分析、预测和评估，建设项目环境保护措施及其技术、经济论证，建设项目对环境影响的经济损益分析，对建设项目实施环境监测的建议，环境影响评价的结论。涉及水土保持的建设项目，还必须有经水行政主管部门审查同意的水土保持方案。环境影响评价的管理机制，环境保护行政主管部门或由政府指定的环境保护行政主管部门或者其他部门召集有关部门代表和专家组成审查小组，对环境影响报告书进行审查后再由设区的市级以上人民政府做出决策。

（二）我国环境评价立法状况

我国环境影响评价制度的法规体系由法律、行政法规、部门行政规章、地方法规组成。借鉴国外的做法，1979年，我国颁布《环境保护法试行》，规定了环境影响评价制度。1981年，原国务院环境保护委员会、国家计委和国家经委联合发布了《基本建设项目环境保护管理办法》，对环境影响评价的范围、内容、程序作了具体规定。1982年，颁布了《海洋环境保护法》对海洋环境影响评价，1984年，颁布了《水污染防治法》水资源环境影响评价，1986年，国家对《基本建设项目环境保护管理办法》作了修订，颁布了《建设项目环境保护管理办法》，把评价的范围从原来的基本建设项目扩大到所有对环境有影响的建设项目，并针对评价制度实行几年的情况对评价内容、程序、法律责任等作了修改、补充和更具体的规定，从此，确立了内容较为完整的环境影响评价制度。

1987年，颁布了《大气污染防治法》大气环境影响评价，1988年，颁布了《水法》水环境影响评价，1988年，颁布了《野生动物保护法》野生动物环境影响评价，1988年，国务院审议通过了《建设项目环境保护管理条例》加强对建设项目环境保护的管理，并对1986年的《基本建设项目环境保护管理办法》进行补充、修改、完善，并提升为行政法规。至此，我国的环境影响评价制度进入一个新的发展阶段。为了贯彻实施《建设项目环境保护管理条例》，1999年国家环境保护总局公布了《建设项目环境影响评价证书管理办法》

《建设项目环境保护分类管理名录》《关于执行建设项目环境影响评价制度有关问题的通知》等，形成了较为完善的环境影响评价法律制度体系。

2002年10月，经第九届全国人民代表大会第三十次会议审议通过了《中华人民共和国环境影响评价法》《环境影响评价法》完善了原有的环境影响评价制度，该法不仅要求对建设项目要进行环境影响评价，而且还进一步要求对土地利用规划、区域开发、流域、海域的建设、开发利用规划，以及工业、农业、畜牧业、林业、能源、水利、交通、城市建设、旅游、自然资源开发等专项规划进行环境影响评价。2004年2月，国家人事部和环保总局在全国建立环境影响评价工程师职业资格制度，对从事环境影响评价工作人员进行了规范化管理。2004年实施建设项目环境风险评价技术导则。2005年底，国家环保总局发布了环发[2005]152号"关于防范环境风险加强环境影响评价管理的通知"，对新上项目严把环境影响评价关，从源头防范环境风险，防止重大环境污染事件对人民群众生命财产安全造成危害和损失，加强环境影响评价管理，对环境风险评价提出新的要求和具体排查措施。2006年2月，国家环保总局颁布《环境影响评价公众参与暂行办法》，保证了公共事务公众参与的合法性，以此推进决策的民主化和科学化。

我国环境评价制度立法比较全面，几十年来，建立了比较完善的环境影响评价法律制度体系。我国环境评价制度强调对政策法律等宏观性、战略性行为的评价，使环境影响评价真正成为影响重大决策的重要工具。不断完善对具体建设项目的环境影响评价的同时，向区域环境影响评价和规划环境影响评价扩展。具体建设项目环境影响评价向宏观规划环境影响评价扩展的过程。强调对经济、社会和环境发展的一体化评价，使环境影响评价成为协调经济、社会、环境发展的重要手段。

实行可持续发展战略，实现经济、社会和环境的可持续发展是我们坚持的大政方针。强调环境风险，我国环境风险评价纳入到环境影响评价管理范畴，对新上项目严把环境影响评价关，从源头防范环境风险，防止重大环境污染事件对人民群众生命财产安全造成危害和损失，加强环境影响评价管理，对环境风险评价提出新的要求和具体排查措施。比如，水利工程环境风险评价是环境影响评价的新领域之一，水利工程环境风险是指水利工程在特定时空条件下发生的非期望事件及其引起的环境风险，这里所说的环境风险，既包括自然灾害风险，又包括工程技术风险和社会经济风险。进行水利工程环境风险研究，就是要在识别各类环境风险因子、估计单一风险和系统风险发生的可能性、评价风险事件的后果及影响的基础上，提出环境风险管理对策，为决策提供科学依据。强调公众参与的作用。与很多国家一样，公众参与已成为环境影响评价法律制度的一个重要环节和特点。

现行《中华人民共和国环境影响评价法》随着经济社会的发展，该法在实施过程中显现出滞后性、机械性，不能有效防止环境违法事件的出现，因此需要进行相应的修改。既包括在立法内容上进行完善，例如扩大环境影响评价的范围，实行战略环境影响评价，引进替代方案机制，健全和完善公众参与制度，补充、完善法律责任等，还包括在立法技术上做到内容明确，前后一致，增强环境影响评价制度的可操作性，例如对环境法律法规中义务性条款设置相应的法律责任和处罚条款。

环境影响评价制度未与"三同时"制度紧密结合，未能使环境影响评价中的环保措施落到实处，往往在建设项目环评阶段要求过高，而在投产后的治理和监督工作没有跟上。环境教育宣传力度不够，公众环境参与意识不强。建设项目环境影响评价只对具体项目表示认同或否决，没有充分考虑区域发展战略和多个项目的累积、间接及协同的影响。环境影响评价科技的开发投资较少，环境影响评价审批制度不健全。环境保护行政主管部门对规划环境影响报告书只有审查权而无审批权。环评法律责任制度不完善，无论是没有报批而擅自开工建设还是已报未批而擅自开工建设，都构成违法行为，都应该责令停止建设，并给予行政处罚。环境影响评价制度某些条款缺乏可操作性，环境影响评价制度实施中存在问题。建设单位违反环境影响评价制度实施的程序规定，导致环境影响评价成为摆设，环评机构也存在违反原则编制虚假报告的现象。

三、国际、国内环境影响评价法制理论的比较

（一）中美两国环境影响评价制度比较

环境影响评价对象方面：我国环境影响评价的对象是建设项目和规划。美国环境影响评价的对象是联邦政府的行为。

环境影响评价目的方面：我国的环境影响评价最终目标是为了实施可持续发展战略。美国环境影响评价实施的最终目标是帮助"促进人类与环境的充分和谐"，也就是帮助最终解决"环境问题"。

环境影响评价内容方面：我国的环境影响评价制度缺乏对替代方案的规定，这是我国今后完善修订环境影响评价法律法规和规章时应重视的内容。美国的环境影响评价制度十分重视替代方案，美国把可供选择的方案分为建议行动和替代方案两类。按照替代方案的性质，又可分为基本替代方案、二等替代方案和推迟行动。

环境影响评价程序方面：我国环评的程序则包括环评报告书的编制及审批两个阶段。美国环境影响评价的程序一般可分为四个阶段，通过公开听证会的形式邀请各方参与评论，在充分讨论的基础上形成最终报告书。

环境责任体系方面：我国环境影响评价法制中环境责任体系规定不清晰。美国各方主体责权利清晰环境法制实施力度方面，我国环境评价法制实施偏软，监督不力。美国环境评价法制执行严格，监督严格。

公众参与方面：我国环境影响评价制度中，公众参与力度不够，未落到实处。美国环境影响评价明确了公众参与环评的权利，规定了参与环评的具体范围、程序、方式和期限，保障了公众的环境知情权利，调动了各相关利益方参与的积极性。

（二）中德两国环境影响评价制度比较

环评报告书形式方面：我国的环境影响评价报告一般将各项内容汇总到一本报告书中进行全面的分析，由环评编制单位给出一个关于该项目上马的环保可行性的明确结论。德国环评报告的形式复杂，由不同的报告文本组成。

环评报告审批方面：我国一般是环保主管部门接受项目建设方提交的由专业环评单位编制的环境影响报告书后，组织环保专家对报告书进行技术审核，然后提出审批意见。在德国，环评报告的不同部分可以由不同的专业环评机构分别完成，当项目建设方的企业规模较大并拥有环保专业技术机构及人员时，也可以由企业自己完成环评。环评单位不必给出项目的环保可行性结论，只是作为一个中立机构，按照技术要求完成相应的工作。各分报告完成后，统一提交给负责审批的政府机构或环保部门，由审批机构的公务员负责技术把关，确定其环评的结果是否合理，并负责确定最终的各项环保措施，对审批结果负责。

环评中公众参与方面：我国《环评法》中虽然规定了公众参与的原则，但范围不清晰、途径不明确、程序不具体、方式不确定，公众难以实际操作。德国的环境影响评价制度中，公众参与具有非常重要的地位及作用。

环境影响评价的质量保障与实效方面：我国存在环评单位违背职业准则，对环保不可行的项目下可行性结论的事件，不能保证该结论的客观性和科学性。德国评价机构可以从技术层面客观公正地开展工作，政府机构及公务员在行使审批权的同时也必须承担起相应的责任，环境影响评价的每个环节注重实效。

四、我国环境影响评价法制的缺陷

通过比较我们非常清楚了我国环境影响评价法制中的"短肋"和不足之处。

（一）公众参与的实际效用缺失

我国《环评法》鼓励有关单位、专家和公众以适当方式参与环境影响评价。2006年通过的《环境影响评价公众参与暂行办法》是我国环保领域第一部有关公众参与的规范性文件，对于保障公众的环境知情权、增强社会民主具有重要的意义。但是，总体而言，我国关于环境影响评价公众参与的规定还存在许多缺陷，公众参与环境影响评价范围过窄、参与时间太晚、参与方式单一、参与程序缺乏法律责任的保障等，这导致实践中公众参与的积极性不高，实效性不强，不能充分发挥公众参与应有的作用。

（二）环境影响评价法律责任不健全

我国《环境影响评价法》关于法律责任的规定只有条，其中条针对规划环境影响评价，条针对建设项目环境影响评价。但总体而言，这些规定都比较概括，程序语言多，具体内容少，缺乏违法行为法律责任的完整规定。例如，《环评法》第20条属于禁止性义务条款，在后面却没有规定违反该条应承担的法律责任。《环评法》第27条规定建设项目环境影响的后评价，但是对于审批部门以及建设单位违反后评价并没有规定法律责任，这种立法规定难免导致环境影响的后评价制度流于形式。此外，《环评法》也未规定规划环境影响跟踪评价的法律责任，也缺乏对违反公众参与法律责任的规定，特别是《环境影响评价公众参与暂行办法》40条却唯独没有法律责任的内容。

环境影响评价法律责任不健全的主要原因在于人们对于环境评价立法的责任意识不够，重视工程项目建设，而忽视了环境的保护，尤其是生态环境的保护。另外，人们对于工程建设项目各方主体的责任认识存在偏差。

（三）环境影响评价法的规定不完善、不具体、存在漏洞

在环境评价的对象、内容和程序上存在不足。在环境影响评价对象方面我国环境影响评价对象的范围仍有局限性，现行立法仍未把重大决策、政策以及各种立法活动列入环境影响评价对象，也没有把环境影响评价作为一个项目建设过程来规定各阶段的评价内容，比如跟踪评价、后评价的具体相关内容。也没有充分考虑区域发展战略和多个项目的累积、间接及协同的影响，即战略环境影响评价的内容。

在评价内容方面替代方案是环境影响评价的重要组成部分，环境影响评价程序的核心即对替代方案进行分析。通过替代方案对环境影响的比较，可选择最佳经济、环境效益的行动方案。因此，在西方很多国家都把替代方案作为环境影响评价制度的一项重要内容加以规定。然而，我国一的《环评法》没有关于替代方案的规定。在评价程序方面我们缺少有效的听证会制度，不能保证环评单位的绝对中立性，在环评报告审批方面存在诸多问题，导致最后不能保证环评结论的科学性、公正性。

（四）缺乏环境公益诉讼法制保障

我国环境公益诉讼目前存在困境：第一，起诉资格的限制使众多原以为环境公益献力者无法用法律手段保护环境；第二，是环境诉讼费用捆绑了公众提起公益诉讼的手脚。因为要打官司就要花钱、交诉讼费、请律师，还有一些交通费等费用也是很多的，也影响了公众提起公益诉讼。环境污染的受害人往往众多而分散，单个人维权的成本太大，个人和一般团体难以承受；第三，取证难。权益侵害所涉及的因果关系的证明、科技知识的运用、专业技术的要求很高，而且需要专业和中立的环境监测机构提供协助。

（五）缺乏有效的监督机制

我国环境保护行政主管部门主要是通过行政监督来管理建设项目的环境影响评价。目前，我国环保部门和建设单位在环评工作上有一种类似行政隶属上下级的关系，环保部门"派"给建设单位需做"环境评价"的任务，任务完成即发给项目上马的"通行证"，某些建设单位仅把环评看成是一种"形式"，甚至一边工程已破土动工，一边寻找环评单位"补票"，完全失去了环境评价"预防为主"的意义，通过行政管理来达到行政监督的目的是不可能的。由于公民、法人或者其他组织对于环境保护行政主管部门违法通过环境影

响评价报告审批的行为还不具有诉讼主体资格，对于这样的争端案件还不能在法院得到解决，公众权利缺乏司法保障和救济，不可能形成有效地公众监督。在我国的环评立法中未规定对违反环评制度的行政行为的司法审查，只做出对直接责任人员"依法给予行政处分"的规定，在行政诉讼法规中也无可适用的条款。由于缺乏这种为公众参与提供保障的司法审查机制，实践中很难形成对公众参与的有力支持，最终环评成为一种形式。

五、影响评价的基本理论

环境影响评价理论是对三十多年来一百多个国家环评实践的经验和教训的总结，是环评实践的科学指导，其贡献在于实现环境影响评价的目标。没有环境影响评价理论的指导，环境影响评价的实践将是盲目的、低水平的。环境影响评价的理论应该具有以下几种作用：第一，使我们更深刻理解人类活动、环境以及这两者之间的关系；第二，对环境影响评价的实施目的和含义进行解释；第三，针对不同的实际情况，为环境影响评价提供相对精确的评价方法和模型；第四，为环境影响评价的完善和发展提供指导，建立能使环境影响评价发挥最大实际效用的工作模式。此外，理论还应该起到的作用是将环境影响评价中的观念连接起来，并使它们成为理论体系中的一部分。

（一）可持续发展理论

可持续性发展理论为规划环境影响评价和项目环境影响评价提供明确的目的和目标，作为识别和评价拟议活动的影响、权衡利弊和解决矛盾的指标和准绳。可持续发展是指"既满足当代人的需求，又不对后代人满足需求的能力构成危害的发展"，是一种新的发展理论和发展模式。可持续发展的核心是社会、经济与环境的协调发展，即要求在发展过程中，使经济、社会和环境目标相互结合，相互协调，从而使经济持续性、社会持续性和环境持续性得以共同实现。

可持续发展是具有经济持续、生态持续和社会持续的三元复合系统的持续发展。经济持续发展，就是要保持经济的稳定增长，就是要通过节约能源、减少废物、改变传统的生产和消费方式，提高产品质量、提高效益。生态持续发展，就是要以保护自然为基础，要与资源和环境承载力相适应，要使人类的行为不超过环境的环境容量。社会持续发展，是以摆脱贫困，控制人口等主要内容为中心，以改善和提高生活质量为目的，创造一个保障人人平等、自由、安全健康的社会环境。经济、生态、社会的持续发展之间是相互关联不可分割的。这三个持续发展中，生态持续是基础，经济持续是条件，社会持续是目的。只有经济与生态的协调持续发展，才能达到社会持续发展的目的。

（二）生态学理论

生态学是研究生物与其生存环境之间的相互关系的科学，其基本观点包括如下几个方面：
第一，所有生物的生长和发育都离不开环境，在环境中，对生物的生长和发育起直接和间接作用的环境要素称为生态因子，包括生物因子与非生物因子生物受到的环境要素的影响不是单因子的，而是综合的、多因子的共同影响因此，我们在考虑环境因子时，不能孤立地强调某一因子而忽视与其他因子的综合作用。

第二，生物在自然界中不是孤立地生存，它们总是结合成生物群落而生存的，生物群落和非生物环境之间相互联系、相互制约，形成生态系统。

第三，生态系统的特点是开放的，能量、物质处于不断输入和输出之中，生产者、消费者和分解者之间，物质和能量的输入和输出之间存在着相对的平衡状态。

第四，生物多样性主要包括景观多样性、生态系统多样性、物种多样性和遗传多样性等，生物多样性关系到人类所需要的最基本的生物资源，对维持全人类的生存环境也有十分重要的作用。

第五，外界因素（主要是人为因素）对生态系统的干扰一旦超出了它的承载能力，就会打破生态平衡，使人类赖以生存的环境发生恶化。

（三）环境经济学理论

环境经济学是研究如何运用经济科学和环境科学的原理与方法，分析经济发展和环境保护的矛盾，以及经济再生产、人口再生产和自然再生产三者之间的关系，选择经济、合理的物质变换方式，以便用最小的资源消耗为人类创造清洁、舒适、优美的生活和工作环境的新兴学科。

环境经济学的形成和发展，同时在两方面为人类知识的发展做出了贡献：一是扩展了环境科学的内容，使人们对于环境问题的认识增添了经济分析的视角；二是增强了经济学对于生态环境和人类行为的解释力，它为人类克服环境危机的现实行动提供了极大的理论支持。环境经济学中宏观经济分析的主要目标，是把环境资本的消耗和增值，定量地纳入国民收入均衡分析之中。

1. 效率理论

微观经济学的研究核心是资源的有效配置，而社会资源配置效率也就是整个社会的经济效率。环境资源价值理论环境资源一方面作为人类生存和活动环境的基本要素，另一方面也是人类生存和发展的物质基础。环境资源价值理论是环境经济的主要理论之一。

2. 环境费用效率分析理论

人类的任何社会经济活动，包括政策和开发项目都会对环境及自然资源配置造成影响。因此需要评估这些影响的范围，以确定是否应该颁布或执行某项政策、是否应该开发和建设某个项目。费用效益分析既是用来评估这些影响的评价技术，也是鉴别和量度一个项目或规划的经济效益和费用的系统方法。

（四）系统科学理论

系统理论是指把对象视为系统进行研究的一般理论，相关的理论包括系统学一般理论、灰色系统论、模糊系统论、非线性系统论以及开放的复杂巨系统论对于规划环境影响评价和建设项目环境影响评价理论研究和工作开展具有指导意义。

1. 系统学的一般理论系统

一般被定义为"具有特定功能的、相互间具有有机联系的许多要素所构成的一个整体"而我们规划环评的研究对象就是特定的经济环境系统，因而我们需要借助系统的一些基本原理来指导规划环评工作；如根据系统的整体性原理来综合考虑经济效率、社会可接受程度以及战略环境效应，利用相关性原理来指导环评中的环境影响识别，利用层次性原理来指导不同层次规划环评方法的选择等等。另外，系统的最优化方法、模型化方法、系统分析方法、系统预测方法、系统决策方法等也都是规划环评的有力工具。

2. 灰色系统理论

规划环评的研究对象是社会、经济和环境复合系统，由于这一系统具有复杂性、动态性等特点，再加上人类对于该系统认识能力上的局限性，使得系统对于人类来说是一个信息不充分、不完全的系统，即灰色系统。在规划环评中，一些较成熟的灰色系统理论方法可以得到很好的应用；如可以利用灰色关联分析进行规划环评中的环境影响识别，利用灰色预测模型来预测环境影响的总费用或总效益，利用灰色决策方法为替代方案的优选提供科学依据等。

3. 模糊系统理论

一般来说，一个系统越复杂、组织水平越高，其模糊性也就越强。在规划环评中，评价对象、评价的区域边界、评价的时间尺度以及评价因子选择等都具有模糊性的特点，因而，我们可以将一些相应的模糊数学方法，包括模糊分析、模糊预测、模糊综合评价、模糊决策等应用于规划环评的战略分析、环境影响预测等环节。

4. 非线性系统理论

作为规划环评的研究对象，人类社会经济环境系统是一个复杂的巨系统，非平衡性、非线性、多尺度性、突变性、自组织性、自相似性、有序性和随机性等是该巨系统的最本质的属性。而这些属性是非线形理论关注的焦点同时，对于该系统结构、功能、行为进行的描述和分析也必须借助非线性理论与方法，尤其可以作为战略环境评价中不确定性分析的研究方法。

5. 开放的复杂巨系统理论

开放的复杂巨系统理论是指子系统种类很多并有层次结构，他们之间关联、关系又很复杂，又是开放的系统。

第二节 规划环境影响评价和建设项目环境影响评价的技术方法

一、基本原则

环境影响评价作为我国一项重要的环境管理制度，在其组织实施中必须坚持可持续发展战略和循环经济理念，严格遵守国家的有关法律、法规和政策，做到科学、公正和实用，为环境决策和管理提供服务。为此，开展规划和建设项目环境影响评价应遵循以下几个基本技术原则：一是与拟议规划或拟建项目的特点结合；二是与拟议规划或拟建项目可能影响的区域环境相结合；三是遵循国家和地方政府的有关法规、标准、技术政策和经审批的各类规划；四是正确识别拟议规划或拟建项目可能的环境影响；五是适当的预测评价技术方法；六是促进清洁生产；七是环境敏感目标得到有效保护，不利环境影响最小化；八是替代方案和减缓措施环境技术经济可行性。

二、基本内容和工作程序

（一）规划环境影响评价的基本内容和工作程序

规划环境影响评价的内容包括以下八个方面：

第一，规划分析，包括分析拟议的规划目标、指标、规划方案与相关的其他发展规划、环境保护规划的关系。

第二，环境现状与分析，包括调查、分析环境现状和历史演变，识别敏感的环境问题以及制约拟议规划的主要因素。

第三，环境影响识别与确定环境目标和评价指标，包括识别规划目标、指标、方案包括替代方案的主要环境问题和环境影响，按照有关的环境保护政策、法规和标准拟定或确认环境目标，选择量化和非量化的评价指标。

第四，环境影响分析与评价，包括预测和评价不同规划的方案包括替代方案对环境保护目标、环境质量和可持续性的影响。

第五，针对各规划方案包括替代方案，拟定环境保护对策和措施，确定环境可行的推荐规划方案。

第六，开展公众参与。

第七，拟订监测、跟踪评价计划。

第八，编写规划环境影响评价文件（报告书、篇章或说明）。

（二）建设项目环境影响评价的基本内容和工作程序

建设项目环境影响评价的基本内容包括以下九个方面：

第一，工程分析，包括对工程选址选线的分析、工程规模与布局的分析、工艺流程的分析、清洁生产分析等。

第二，环境现状调查与评价，包括收集有关的环境保护规划、环境功能区划文本，对拟建项目可能影响区域的自然环境、生态环境、社会环境和环境质量现状进行调查与评价，识别现有的敏感环境问题和环境保护目标。

第三，环境影响识别、评价因子筛选与评价等级，包括根据工程特点和环境特征，识别建设项目可能带来的主要环境影响，筛选主要评价因子，确定环境保护目标、环境影响评价深度和评价范围，以及适用的环境标准。

第四，环境影响分析、预测和评价，包括对环境水文、污染气象等特征分析，不同工程规模和方案的环境影响情景分析，采用适当的分析、预测技术方法对环境影响进行预测和评价。

第五，环境保护措施及其技术、经济论证，包括拟定减缓或消除拟建项目可能带来的不利环境影响措施，以及对其有效性进行技术经济分析论证。

第六，对拟建项目的环境影响进行经济损益分析。

第七，开展公众参与。

第八，拟定环境监测与管理计划。

第九，编制环境影响报告书。

环境影响评价工作大体分为三个阶段。第一阶段为准备阶段，主要工作为研究有关文件，进行初步的工程分析和环境现状调查，筛选重点评价项目，确定各单项环境影响评价的工作等级，编制评价大纲第二阶段为正式工作阶段，其主要工作为进一步做工程分析和环境现状调查，并进行部境影响预测和评价环境影响；第三阶段为报告书编制阶段，其主要工作为汇总、分析第二阶段工作所得的各种资料、数据，给出结论，完成环境影响报告书的编制。

三、基本方法

（一）建设项目环境影响评价方法

定性分析方法，有特尔斐法和头脑风暴法等；数学模型法，这类方法是传统建设项目环境影响评价方法中最为广泛的定量分析方法；系统模型方法，这类方法主要是根据系统学原理并结合技术发展起来的最为先进、最有前景的定量方法。

综合评价方法，它是定性方法与定量方法的最佳结合，包括矩阵法、清单法和流程图法环境经济学方法，比如资源核算法、费用效益分析法、投入产出分析法等。

（二）规划环境影响评价方法

规划环境影响评价方法根据其来源可以分为以下三类：

1. 传统建设项目环境影响评价的方法

由于规划环境影响评价作为传统建设项目环境影响评价在政策、规划和计划层次上的应用和延伸，从环境影响评价技术角度来看，现有项目环境影响评价方法在规划环境评价中依然可以发挥作用脾、。但建设项目的环境影响评价方法不完全适用于规划环境影响评价，需要经过适当修正后可用于规划环境影响评价。

2. 政策评价方法

规划环境影响评价既是传统建设项目环境影响评价在战略层次上的应用，同时还是政策评价向环境领域的延伸，政策评价的一些方法也可以用于规划环境影响评价。这类方法有：

对比分析法，包括类比分析、前后对比分析、有无对比分析法等。

成本效益分析法，政策成本包括政策制定费用、政策衔接成本、政策摩擦损失、政策操作费用、"对策"行为的损耗及政策造成的环境退化的损失六种形式。评价原则有三条效益相等时，成本越小的系统越优成本相等时，效益越大越好效益成本比率越大越好。

统计抽样分析法，在进行规划环境影响评价时不可能获得全部资料，统计抽样法是通过选择和调查对象总体的一部分，并基于对这一部分的分析评价对总体进行研究。统计抽样法包括任意抽样法和非任意抽样法两种类型。

情景分析法，对于某一战略实施前后或有关该战略实施的不同情况下社会经济环境系统状况进行定型地描述、预测，以确定战略环境效应和环境影响。

3. 新发展的评价方法

李巍等提出了综合集成战略环境影响评价方法的基本构想，即以系统、综合和集成为基础的三大方法定性与定量相结合的系统研究方法，"要素论"与"整体论"相结合的综合研究方法以及"环境、经济、社会"三效益相结合的集成研究方法。

规划环境影响评价的研究对象—社会经济环境是一个复杂、开放、动态的巨系统。信息不完全、关系不明确是这一系统的突出特点，灰色系统理论恰为规划环境影响评价提供了可行、可靠的研究方法灰色关联分析，用于界定规划与环境影响的关联程度灰色预测，用于预测规划对未来的影响灰色决策，用来进行规划方法的优化多维灰评估，基于灰关联分析，评定环境系统在规划影响下所处的状态。

四、规划环评与建设项目环评的比较

（一）评价内容

从以上规划环境影响评价和建设项目环境影响评价的基本内容来看，规划环境影响评价和建设项目环境影响评价有着共同的评价内容。就环境现状调查和环境影响预测与评价两个专题而言：

根据《环境影响评价法》规定，已进行环境影响评价的规划所包含的建设项目，其环境影响评价中有关现状调查的内容是可以简化的。

对于环境影响预测与评价专题，规划环境影响评价与建设项目环境影响评价所关注的重点是不同的：通常施工期的环境影响不作为规划环境影响评价的主要内容，往往放到建设项目环境影响评价中考虑得更详细些；建设项目环境影响评价往往考虑的是对敏感点的影响，而规划环境影响评价，关注的则是不同规划方案（包括替代方案）对环境保护目标、环境质量和可持续性的影响。

（二）评价的技术路线和工作程序框架

规划环境影响评价和项目环境影响评价一般都是从环境调查或工程分析入手，综合分析可能对环境产生影响的各种因素，论证拟采取的环保对策、措施和替代方案的可行性、合理性及预测效果，预测和评估环境受影响的范围和程度，提出以最小的环境代价获取最大经济和社会效益的优化方案。

（三）评价方法

目前规划环境影响评价尚处于发展阶段，有关规划环境影响评价采用的评价方法，其中一类就是建设项目环境影响评价中采取的，如识别影响的各种方法（清单、矩阵、网络分析）、描述基本现状、环境影响预测模型等。但是规划环境影响评价的方法不是建设项目环境影响评价的方法直接简单地从项目层次移植到战略层次上，而是建设项目环境影响评价的原则在战略层次的应用，在具体应用时应该做适当的调整。

（四）技术特点

由于规划环境影响评价对象宏观性强、范围更广、时间跨度更长、涉及因子更多，因子间关系更复杂，故在技术特点上与建设项目环境影响评价是有所区别的。

第三节　规划环境影响评价与建设项目环境影响评价的衔接研究

（一）有关规划环境影响评价与建设项目环境影响评价的衔接问题的认识

在我国颁布的《环境影响评价法》中，提出了规划和建设项目开展环境影响评价的要求。宏观上可划分为规划环境影响评价和建设项目环境影响评价。规划环境影响评价针对国家、省级、地市级的规划（包括区域社会经济发展规划中所有拟开发行为）进行，不同决策层次（国家级、省级、地市级）规划和计划涉及不同区域或行业部门。所需要评价的规划或计划可能是区域发展性质的规划，也可能是相应区域内行业部门的发展规划，有些规划和计划本身可能就涉及一系列具体开发建设项目。不同的规划，规划环境影响评价与建设项目环境影响评价之间的关系也是不同的。

一类是规划所涉及的建设项目是确定的。如企业规划，完整的企业规划应包括对国内外市场以及本地区市场的预测、对竞争者的估计、对产品方案和生产工艺路线和设备的选择、对公用辅助设施的配套建设、对建设投资和生产流动资金的估算、对企业组织机构的设定、对劳动定员的确定和企业规划总体经济效益的分析等许多方的研究分析来组成。它所解决的主要是发展规模、产业结构和生产力的布局问题，企业规划目标的实现需要具体项目提供支持，因此所涉及的具体项目是确定的。对这类规划进行环境影响评价时，可以采用建设项目环境影响评价的方法，来解决建设项目环境影响评价所关心的问题，在规划环境影响评价之后可以不进行具体建设项目的环境影响评价。

另外一类规划本身就包括几个层次的规划的实施，最后才涉及具体项目。如城市规划分为总体规划和详细规划两个阶段，城市详细规划分为控制性详细规划和修建性详细规划。

城市总体规划包括市域城镇体系规划和中心城区规划。城市近期建设规划，依据已经依法批准的城市总体规划，明确近期内实施城市总体规划的重点和发展时序，确定城市近期发展方向、规模、空间布局、重要基础设施和公共服务设施选址安排，提出自然遗产与历史文化遗产的保护、城市生态环境建设与治理的措施。城市分区规划，依据已经依法批准的城市总体规划，对城市土地利用、人口分布和公共服务设施、基础设施的配置做出进一步的安排，对控制性详细规划的编制提出指导性要求。

城市控制性详细规划，依据已经依法批准的城市总体规划或分区规划，考虑相关专项规划的要求，对具体地块的土地利用和建设提出控制指标，作为建设主管部门城乡规划主管部门做出建设项目规划许可的依据。

编制城市修建性详细规划，应当依据已经依法批准的控制性详细规划，对所在地块的建设提出具体的安排和设计。

从上述内容可以看出，城市总体规划、控制性详细规划、修建性详细规划都涉及了建设项目的内容，但其所解决的问题是不同的。城市总体规划主要解决的是项目的建设布局问题控制性详细规划解决的是项目建设的布局、占地和规模问题；修建性解决了建设项目具体安排和设计问题。像这一类经过几层规划的实施才引发建设项目具体问题的规划，将其环境影响评价与建设项目衔接起来较难设计和应用的。

还有一类是规划所涉及的具体建设项目是不确定的。如区域开发规划，由于在区域开发规划中引发的具体建设项目是通过招商引资的方式实现的，项目的实际落实情况常常与规划中的项目有很大不同，因此此类规划所涉及的项目带有不确定性。以某经济开发区规划为例，在该开发区的工业发展规划中规划项目如下：粮油运转加工中心占地 20 公顷，建设加工 60 万吨大豆植物油及 40 万吨小麦面粉的加工厂；1000 万吨炼油厂；LNG 接收终端及发电厂；十万吨修船基地，建设十万吨级干船坞一座及相应船舶集装码头和设施；5万吨特种钢厂，年产2万吨不锈钢及电站用钢。经过几年的开发建设，开发区实际的项目实际落实情况如下：中海石油高等级道路沥青、烟台万华 MDI、三菱化学 PTA 等临港石化项目，以及中石化原油中转基地、液化石油气（LPG）基地站、中石油奥里油中转库等能源储运项目和招商国际集装箱码头项目。对比规划与实际情况，具体项目发生了很大变化，但是开发区内项目的类型却没有发生改变，与原来规划中的用地类型是相符的。

这类规划进行的环境影响评价时，由于受到规划不确定性和具体工程信息的限制，为环境影响预测带来了困难，很难保证其评价结论的有效性，不能够很好的指导其下一层次建设项目的环境影响评价。对这一类规划环境影响评价和建设项目环境影响评价的衔接进行研究，具有积极的现实意义。

二、规划环境影响评价与建设项目环境影响评价衔接的理据

（一）环境影响评价的层次性

环境评价的层次性取决于决策过程的层次性。总体而言决策过程具有自上而下的层次关系。一个完整的决策链应该是遵循"政策—规划—计划—项目"的顺序。首先是在较高层次上形成政策，其次是规划、计划，最后则是具体的项目。政策可以视为行动的方针和指南，规划是实施政策的一套具体的时空目标，计划则是在特定区域内实施规划目标的一系列项目。因此，政策、计划、规划和项目在同一决策过程中具有自上而下的层次联系，上一层次的决策为下一层次提供背景和依据。

由于决策过程中政策、计划、规划和项目具有如上层次关系，而环境影响评价又是决策的各个阶段相对应的环境影响分析手段，因此也应具有层次联系。首先是在政策、规划和计划层次上进行战略环境影响评价，然后再在项目层次进行环境影响评价。因此，环境影响评价分为两个主要层次战略环境影响评价和项目环境影响评价。

规划环境影响评价在国外被认为是战略环境影响评价，是环境影响评价在战略层次上的应用。因此，规划环境影响评价和建设项目环境影响评价分别属于同一个环境评价系统的两个不同层次，即战略和项目层次。两者基于相同的原理和目标，但在评价对象、评价范围及功能和作用方面各不相同。

规划环境影响评价和项目环境影响评价则可通过层次联系，将可持续性目标自上而下从政策、计划、规划到项目进行传递和贯彻，并在此过程中将其变得更为具体和更具操作性。通过规划环境影响评价和项目环境影响评价的层次联系，不仅使可持续性目标在从政策到项目的整个决策过程中得以实施，而且使规划环境影响评价和项目环境影响评价相互补充，使各自的过程更为集中、简化、有效，从而提高整个环境评价体系的效率和有效性。

环境评价系统的这种层次性要求将规划环境影响评价和项目环境影响评价进行衔接，而这种衔接应遵循如下原则：首先进行较高层次的环境评价，并为其下面层次的环境评价提供背景和分析框架；环境影响分析在决策过程中的适当层次进行，其详细程度及所需资源应以在该层次上能做出恰当的决策为依据；不同层次的环境评价应相互一致并互为补充，避免不必要的重复网。

（二）关注重点不同，存在模糊地带

1. 规划环境影响评价需要回答的基本问题

对一项政策、规划或计划的决策，可能引发或带动一系列的经济活动和具体项目的开发建设，或者规划、计划本身就包括了一系列拟议的具体建设项目，从而可能导致不利的环境影响，而且这些影响可能是大范围的、长期的、具有累积效应的。

将环境影响评价纳入到政策、规划和计划的制定与决策过程中，实际上是在决策的"源头"避免、防护不利的环境影响。

宏观上，规划、计划的环境影响评价重点解决与战略决策有关的三个方面的问题，一是"是否需要""何处实施""选择何种类型"的"3W"问题，当然，在规划、计划层次上也需要考虑"如何实施"的问题。

2. 建设项目环境影响评价需要回答的基本问题

在建设项目环境影响评价层次上，主要回答"如何实施"的问题，也考虑"在何处实施"的问题，但只是在一定的范围内考虑。具体表现在以下几个方面：建设项目选址选线的环境合理性；建设项目规模、布局的环境合理性；工艺流程的环境合理性和可行性；污染物排放的环境可行性与不利环境影响的最小化；不利环境影响的公众接受程度公众参与意见。

（三）规划环境影响评价弥补建设项目环境影响评价的不足

1. 建设项目环境影响评价的局限性

（1）仅仅是针对项目建议做出的反应，难以影响战略决策

尽管建设项目环评基本上能够保证决策部门获得较为系统的、关于建设项目的环境影响信息，但由于项目决策经常处于整个决策链（法律、政策、计划、规划、项目）的末端，其评价是一种被动反应过程，即建设项目环评常常是在政策、规划和计划实施以后，针对具体项目开展的，并没有在决策过程中从战略源头进行。这样，项目 EIA 认将受限于最初的决策，无法影响到项目的选址、布局等，而只是确定出其有害的环境影响，进而提出相应的减缓措施。因此，建设项目环评不能影响最初的战略决策和布局，它只停留在项目层次上做减污的努力，并不能解决环境问题的根源。

（2）评价范围狭窄

由于建设项目环评只是针对一单个项目，时间范围主要考虑项目的施工期和运营期，一般不考虑长期影响；空间范围一般只考虑项目影响范围，往往只局限于项目的地理覆盖

地区和项目直接影响地区。因而建设项目环评无法从区域范围充分考虑资源利用和环境保护，也无法考虑建设项目生产建设的全过程，显得时空范围狭窄，从而不能全面识别项目环境影响，无法实现社会、经济和环境在时空上的协调发展。

（3）不能考虑积累影响

建设项目环境影响评价由于只针对某一具体项目所产生的环境影响进行预测和评价，而对于同一区域内的开发活动或一系列有关联的开发活动（如流域开发规划或土地利用规划）所产生的累积环境影响，单个项目环境影响评价则难以对其进行评价。这样，则会造成某些项目作为单个项目对环境不会产生明显影响，但这些项目合在一起时却会对环境产生显著影响。

（4）不能考虑间接影响

建设项目环评只是关注一定范围内该项目在建设、运行期间的直接环境影响，而没有研究该项目诱发的新项目及项目废弃后的环境影响。实际上，一个大型项目的开发往往会诱发一些新的开发项目，如公路项目的沿线两侧可能会诱发房地产、工业、农业和商业等新项目的出现。这些被诱发的新项目的环境影响在主项目的环境影响评价中很难得到评价，此外，这些被诱发的新项目的环境影响可能会超过主项目的环境影响。再如，核电站废弃后其环境影响可能会延续到未来的几十年甚至是上百年，这一环境影响也同样很难体现在建设之初的认中。此外，项目环境影响评价也缺乏对项目建成后的环境影响后评价。

（5）难以全面考虑替代方案和减缓措施

多数情况下，建设项目环评开始时，这个项目往往已经设计到相当细的程度，或者已经做出了无法更改的决策，对选址、布局和生产工艺等进行改变的可能性极小，某些关于技术、资源能源利用方面的替代方案也已很难再加以考虑，限制了减缓措施的正确选择。由于难以全面考虑真正合适的替代方案及减缓措施，解决问题的思路很受限制，减少环境影响的途径也就单一化。

（6）不能客观评价

建设项目环境影响评价一般是由建设单位直接委托有环境影响评价资格的单位进行，而不是由一个独立的机构来进行委托。这样，建设单位与环评单位在互利原则的驱使下，可能会联手隐瞒某些项目环境影响评价的客观事实，从而破坏环境影响评价的客观性并损害公众的环境利益。

2. 规划环境影响评价弥补了建设项目环境影响评价的不足

传统的建设项目环境影响评价在实践中的局限性，以及可持续发展战略实施的要求促使了规划环境影响评价的产生，规划环境影响评价弥补了项目环境影响评价的不足，完善了面向可持续发展的环境影响评价体系。

（1）介入时机较早，为战略抉择提供依据

规划环境影响评价一开始就介入发展规划的制定过程，并且贯穿始终。这样能够及早预测和防止可能出现的各种问题，并对发展战略进行不断的选择和调整。从而真正从源头上解决环境问题，实现经济与环境协调发展。

（2）拓宽评价范围

规划环境影响评价评价的范围在地域上更广泛，不仅包括区域级、国家范围的而且包括全球范围的；时间尺度上，规划环境影响评价开展于项目立项前期，先于项目环境影响评价进行，以便在规划决策中考虑其可能带来的显著环境影响。因此，规划环境影响评价能够从区域环境范围充分考虑资源的可持续利用，并能对项目生命周期进行全过程评价。环境影响识别时空范围的扩大，促进全面识别环境影响，保证可持续发展战略实施。

（3）实现累积影响评价

规划环境影响评价能够在早期的区域范围或行业范围内开展多个开发项目的综合环境影响评价，并能考虑多个"小"建设项目影响造成的显著性累积影响，从而解决项目环境影响评价在累积影响上所遇到的难题。

（4）考虑间接环境影响

规划环境影响评价通过介入规划战略决策，把项目附带的环境影响以及项目废弃后的环境影响纳入规划环境影响评价考虑。从而在全局上把握住直接间接影响，保证对环境影响的全面考虑。

（5）能够实施替代方案

由于规划环境影响评价在抉择早期介入，对不适的选址、布局和生产工艺进行调整和重新选择的空间余地很大。因此能够真正考虑替代方案，选择更加合适的场址，确定更加合理的布局。

（6）能够保证评价的客观性

SEA 由负有公共责任的国家机构和政府部门组织进行，可以进行自我评价，也可以委托环评单位进行。因为介入时机早，方案未确定，有利于评价单位提出不同意见，通过部门间的合作和有关专家和公众的参与，保证评价结论的客观和公正。

三、规划环境影响评价与建设项目环境影响评价的衔接途径分析

（一）评价时间顺序上的衔接

环境影响评价的次序与决策形成的时间顺序是相关的。根据本文节中所述，一个完整的决策链应该是遵循"政策—规划—计划—项目"的顺序，环境影响评价是决策的各个阶段相对应的环境影响分析手段。规划环评评价的对象是在政策法规制定之后，项目实施之前，对有关规划的资源环境可承载能力进行科学评价。从理论上讲，按照决策形成的时间顺序，政策环评应先行之，区域与行业的规划环评次之，而建设项目的环评则再次之。

（二）评价内容上的衔接

规划环境影响评价由于其主动性强，评价目的和范围广，因此更适合考虑和解决高层次的普遍性、根本性问题，识别有关战略目标和战略替代方案，而建设项目环境影响评价则集中考虑与拟建项目有关的具体问题及项目层次的替代方案；规划环境影响评价能更有效地分析在项目环境影响评价中被忽视或难以考虑的大尺度影响、累积影响和协同效应，而建设项目环境影响评价则集中分析可能被规划环境影响评价忽略的与具体地点有关的特殊影响；规划环境影响评价着重考虑环境问题和非持续性的来源即政策、计划和规划等战略决策，而建设项目环境影响评价重点分析和处理环境问题的后果。

规划环境影响评价的筛选程序可以减少项目环境影响评价数量或简化项目环境影响评价的内容某些项目在规划环境影响评价中已经得到充分的评价而不需要再进行项目环境影响评价，或只需在项目环境影响评价中分析一些与具体项目有关的特殊影响，而其他一些项目则可能因为明显违背规划环境影响评价的目标而不予考虑。

（三）决策上的衔接

规划环境影响评价属于战略层次上的评价，其不仅在评价层次上，而且在决策层次上也要高于建设项目环境影响评价。

规划环境影响评价对项目环境影响评价起指导作用，可基本决定建设项目选址、选线等战略性问题。在建设项目环保审批中，符合规划是其重要原则之一，就充分说明了这种关系。规划环境影响评价为项目环境影响评价提供可靠的政策和规划背景及一致的分析框架。除此，规划环境影响评价对建设项目环境影响评价对象筛选和评价重点方法等加以界定。也就是说规划环境影响评价可以识别和解决有关战略目标和战略替代方案等根本性问题，并为项目环境影响评价确立项目选址、设计和审查的指标，限制项目环境影响评价的评价范围及不利影响减缓措施的选择范围，从而使项目环境影响评价重点考虑某些与项目特征和选址有关的具体问题项目环境影响评价则参照高层次规划环境影响评价预先确定的目标、指标和要求，从而增加项目决策的连贯性，减少任意性。

参考文献

[1] 南红宾.公路概论 [M]. 2 版北京：人民交通出版社，2006

[2] 王云江.市政工程概论 [M]. 北京：中国建筑工业出版社，2007.

[3] 李绪梅.道路程概论 [M].重庆：重庆大学出版社，2006.

[4] 白淑毅.桥涵设计 [M].北京：人民交通出版社，2002.

[5] 王文辉.公路概论 [M].北京：人民交通出版社，2005

[6] 张银峰.道路桥梁工程概论 [M].黄河水利中版社，2007

[7] 张启海.城市给水工程 [M].北京：中国水利水电出版社，2002.

[8] 严煦世.给水工程 [M].4 版北京：中国建筑工业出版社，1999

[9] 戴慎志.城市给水排水工程规划 [M].合肥；安徽科学技术出版社，1999

[10] 王全金.给水排水管道工程 [M].北京：中国铁道出版社，2001.

[11] 吴俊奇.给水排水工程 [M].北京：中国水利水电出版社，2004

[12] 孙慧修.排水工程 [M].4 版北京：中国建筑工业出版社，1999

[13] 邢丽贞.给排水管道设计与施工 [M]：北京：化学工业出版社，2004

[14] 张培红，土增欣.建筑消防 [M].北京：机械工业出版社，2008.

[15] 蒋志良.供热工程 [M].北京：中国建筑工业出版社，2005.

[16] 赵丙峰.建筑设备 [M].北京：中国水利水电出版社，2007.

[17] 焦双剪，魏巍.城市防灾学 [M].北京：化学工业出版社，2006

[18] 刘兴昌.市政工程规划 [M].北京：中国建筑工业出版社，2006.

[19] 王济川，贺学军.建筑工程质量检验与质量控制 [M].长沙：湖南科学技术出版社，
1998.

[20] 苏振民.建筑施工现场管理手册 [M].北京：中国建材工业出版社，1999.

[21] 刘莹.成功项目管理的秘密 [N].西安华鼎项目管理资讯，2008.

[22] 刘志才，张守健，许程杰.建筑工程施工项目管理 [M].哈尔滨：黑龙江科学技术
出版社，2006.

[23] 刘立户.全面质量管理 [M].北京：北京大学出版社，2003.

[24] 成虎.工程项目管理 [M].北京：中国建筑工业出版社，1999.

[25] 应可福.质量管理 [M].机械工业出版社，2004.

[26] 赵晓航.环境影响评价中公众参与存在的问题及对策 [J].科技经济导刊.2017(17).

[27] 王蕾，郁金国 . 新形势下环境影响评价研究现状、存在的问题及对策 [J]. 资源节约与环保 . 2016(12).

[28] 陈红燕 . 浅谈环境影响评价工作中存在的问题及对策 [J]. 河南建材 .2016(05).

[29] 吕陪陪，李亮 . 环境影响评价存在的问题及改进对策 [J]. 绿色科技 .2016(04).

[30] 程美莉 . 现阶段环境影响评价中的问题及对策分析 [J]. 科技与创新 .2015(24).

[32] 王顺 . 中小企业环境影响评价存在的问题及对策 [J]. 中国高新技术企业 .2013(07).

[33] 晁彩霞 . 建筑工程质量检测中的问题分析 [J]. 居舍 .2017(22).

[34] 毕丹 . 建设工程项目的质量检测规范化管理 [J]. 河南建材 .2018(01).

后　记

本书由阚小生、裴承润、张建恪担任主编，王琼、靳昭辉、侯高峰担任副主编，其具体分工如下：

阚小生（国网福建省电力有限公司建设分公司）负责第一章、第七章、第八章内容撰写，共计10万字符；

裴承润（北京市政路桥股份有限公司）负责第五章、第六章以及第三章的前四节内容撰写，共计8万字符；

张建恪（北京市政路桥股份有限公司）负责第四章以及第三章后二节内容撰写，共计6万字符；

王琼负责第十章内容撰写，共计3万字符；

靳昭辉（中煤科工集团北京华宇工程有限公司）负责第二章内容撰写，共计3万字符；

侯高峰（安徽省建筑工程质量监督检测站）负责第九章内容撰写，共计3万字符；

其他参编人员有：梁余泉（国网山西供电工程承装有限公司）、张世锋（河北省石津灌区管理局）、王哲（上海山恒生态科技股份有限公司规划设计研究院）、曹伟（东莞英达士声学设备有限公司）、冯子平（广东省东莞市生态环境局麻涌分局）、苏小剑（西安市城中村（棚户区）改造办公室建设工程监管中心）、马峰（北讯电信（天津）公司）、邹丹（广东泛达智能工程有限公司）、葛晓红（中钢集团邢台机械轧辊有限公司）、邢满江（建投承德热电有限责任公司）、陈光（天津市地下铁道集团有限公司）、刘欣（天津市地下铁道集团有限公司）。